U0180798

边坡地质调查方法丛书

采矿工程岩石力学分析
——以磁异常区多金属矿为例

Rock Mechanics Analysis of Mining Engineering
—A Case Study of Polymetallic Ore in Magnetic Anomaly Areas

陶志刚　曹　辉　施婷婷　庞仕辉　秦秀山　著

北　京

冶 金 工 业 出 版 社

2022

内 容 提 要

本书以牛苦头矿区 M1 矿体露天开采项目为对象，对露天金属矿山开采面临的边坡安全和经济效益等问题进行了阐述。全书共分 6 章，主要内容包括：露天矿边坡稳定性分析与牛苦头矿区地质概况，牛苦头矿工程地质调查及分析，牛苦头矿表层岩土体物理力学性质及岩体工程力学参数，矿区工程地质分区和岩体质量分级评价，边坡稳定性分析及边坡角优化研究，以及牛苦头矿边坡稳定性安全防护措施。

本书可供从事矿山开采、地质灾害防护等方面的工程技术人员阅读，也可供高等院校地质工程、岩土工程等专业的师生参考。

图书在版编目 (CIP) 数据

采矿工程岩石力学分析：以磁异常区多金属矿为例 / 陶志刚等著 . — 北京：冶金工业出版社，2022.9
ISBN 978-7-5024-9255-7

Ⅰ. ①采…　Ⅱ. ①陶…　Ⅲ. ①矿山开采—岩石力学　Ⅳ. ①TD8

中国版本图书馆 CIP 数据核字（2022）第 153956 号

采矿工程岩石力学分析——以磁异常区多金属矿为例

出版发行	冶金工业出版社	电　　话	(010)64027926
地　　址	北京市东城区嵩祝院北巷 39 号	邮　　编	100009
网　　址	www.mip1953.com	电子信箱	service@mip1953.com

责任编辑　刘林烨　美术编辑　燕展疆　版式设计　郑小利
责任校对　石　静　责任印制　禹　蕊
北京捷迅佳彩印刷有限公司印刷
2022 年 9 月第 1 版，2022 年 9 月第 1 次印刷
710mm×1000mm　1/16；18.5 印张；357 千字；283 页
定价 98.00 元

投稿电话　(010)64027932　投稿信箱　tougao@cnmip.com.cn
营销中心电话　(010)64044283
冶金工业出版社天猫旗舰店　yjgycbs.tmall.com
（本书如有印装质量问题，本社营销中心负责退换）

前 言

露天矿边坡稳定性研究是伴随露天开采始末的一个长期性摸索过程，也是影响或困扰露天矿山，特别是深凹露天矿山生产与安全的重大难题之一。露天矿边坡稳定性研究工作经历了由表及里，由浅入深，由经验到理论，由定性到定量，由单一评价到综合评价，由传统理论方法到新理论、新技术应用的发展阶段。

在我国，金属矿山中尚有相当比重的露天开采工程，边坡失稳已经成为影响、困扰矿山安全作业和顺利经营的重要问题。利用边坡稳定性分析的结果，可以对工程实践起到一定的指导作用。一方面，通过对边坡稳定性分析，及时掌握边坡发展的趋势，对有可能发生的破坏做到提前发现，采取相应措施及早防止，以避免不必要的损失；另一方面，边坡稳定性分析又能为边坡角的优化设计提供依据。一般来说，边坡角越大，开采时的剥岩量就越少，可以节省大量的资金，但同时边坡却会因此而加陡，导致稳定性减弱。因此，需要在稳定性分析的基础上，合理解决两者的矛盾，在保证矿山安全作业的同时又为矿山创造更大的经济效益。

青海鸿鑫矿业有限公司牛苦头矿区边坡的岩石强度高，岩石质量好，岩体稳固性好，能很好地形成露天边坡。矿区降雨量很少，对地下水的补给相当少，靠南部裂隙岩溶水的补给为主，主要充水含水层、构造破碎带富水性中等。依据现有资料无法对露天边坡开挖过程进行优化分析得到合适的边坡角，须尽快进行深入的岩石力学实验和分析，进而得到露天开采最佳边坡角，以便为后续开采设计工作提供依据。

　　本书通过矿区相关资料的收集与分析，确定研究的范围与内容，并制定相关研究方案；通过现场采样与实验室试验，确定岩石的物理力学性质基础数据；通过现场工程地质调查及测试分析，对岩体质量进行评价；根据岩石的力学性质和岩体质量评价，得到岩体的力学性质参数并进行矿区岩体工程地质分区；根据矿山地质数据、获得的岩体的力学性质参数和岩体工程地质分区结果，建立矿山边坡三维模型，进行边坡稳定性分析，确定牛苦头矿区 M1 矿体露天开采最优边坡角和边坡安全监控方案，并对后期地下开采对边坡稳定性的影响进行综合评价。

　　随着浅部资源的日益枯竭，我国露天矿山呈现出边坡越来越高、越来越陡的状况，很多露天矿山边坡不同程度出现过边坡稳定性问题。由于地质条件和开采条件的复杂性和多样性，不同的边坡有其各自特点和问题。本书与国内外同类书相比，具有如下特色。

　　1. 针对性强。选择青海鸿鑫矿业有限公司牛苦头矿区为研究对象，在矿山开采初期系统开展矿区岩石力学方面的实验与研究工作，有助于确定矿山安全可靠、经济合理的整体开采规划设计方案，减少后续开采过程中由于前期设计参数的不适宜而造成的经济损失，从而实现矿山安全高效开采，具有较强的针对性。

　　2. 内容丰富。本书针对目前青海鸿鑫矿业有限公司牛苦头矿区露天开采面临的边坡稳定性问题，运用工程地质学、工程岩体力学、软岩工程力学、赤平极射投影法和极限平衡法等理论知识，采用现场工程地质调查、现场测试、室内试验、数值模拟和理论分析等手段，系统研究绘制出"青海鸿鑫矿业牛苦头矿区 M1 矿体工程地质分区""青海鸿鑫矿业牛苦头矿区 M1 矿体边坡岩体分区"。确定最终边坡以 $F_s = 1.15$ 为稳定性分析安全系数标准参考值，并为矿区后期开采提出相关合理化建议及相关灾害防控措施。

3. 实践性强。根据现场数据分析提出的对策及方案，对露天矿山边坡的地质调查、无损探测、稳定性评价、危险性区划、防治对策等进行了系统研究。研究成果对认识露天矿边坡稳定性分析及边坡角优化研究具有重要指导作用和借鉴意义。

由于作者水平所限，书中不妥之处，希望读者批评指正。

作　者
2021 年 12 月

目 录

1 露天矿边坡稳定性分析与牛苦头矿区地质概况

1.1 露天矿边坡稳定性分析国内外研究现状

随着国民经济的高速发展，各个行业对能源需求日益增加。对煤炭、有色金属等战略性矿产资源的需求和开采强度不断加大。我国大型冶金露天矿山多数逐步由山坡露天开采进入深部凹陷开采，开采深度已延深至地表下 100~300m，最大凹陷深度将达到或超过 500m，如首钢水厂铁矿最终边坡垂直高度为 760m、最终凹陷开采深度为 540m[1]。开采深度的增加，导致露天矿边坡失稳灾害频发，严重威胁矿山的安全持续生产。

露天矿边坡稳定性分析研究一直是国内外专家学者研究的热点问题。利用边坡稳定性研究的成果，可以对工程实践起到重要的指导作用。一方面，通过对现有边坡详细地质勘查，掌握目前边坡所处的状态，预测边坡的发展趋势，从而避免滑坡带来的人员及财产损失；另一方面，在现有边坡稳定性研究成果的基础上进行矿山开采边坡角优化设计，在保证矿山边坡稳定的前提下，尽可能地开采出大量的矿石，提高矿山的开采年限和经济效益。

1.1.1 相关技术理论国内外研究现状

1.1.1.1 边坡工程地质调查研究现状

1916 年 7 月，中国自主培养的第一批地质专业毕业生（18 人）正式进入农商部地质调查局工作，成为引领中国近现代国家地质调查工作的先驱，如图 1-1 所示。自此，中国地质调查事业拉开帷幕[2]。

新中国成立以来，国力日益增长，矿产建设也迈上一个新台阶，大量矿区处在规划建设阶段，而矿区边坡地质概况的特点对矿区建设意义重大。为保证安全建设，促进经济发展，提高矿产效益，需对整个矿区边坡进行工程地质概况调查。为了解矿区边坡整体情况及其分布特点，会对矿区及其相应影响范围进行地质概况调查。国内对边坡工程地质调查研究一般分为三个阶段。

（1）被动治理阶段（20 世纪 50 年代至 60 年代中期）。我国各项产业和研究基本才起步，对边坡欠缺科学的认识，对其破坏规律、致灾机理、产生条件等都认识较浅，导致在工程建设施工中，边坡事故频发，造成大量人员伤亡和经济损

图 1-1　农商部地质研究所教员与众毕业生合影

失。工程人员被迫对已发生滑坡的边坡进行研究和治理。在不了解滑坡机理情况下，制定的治理方案可能并未对症下药，导致治理效果也不尽人意。

（2）专题研究阶段（20 世纪 60 年代中期至 80 年代初）。科研工作者和工程人员逐渐认识到若要有效防治边坡灾害，必须对边坡从其致灾机理至其诱发因素，再到各类边坡的最终表现形式都做深入研究。于是他们开始系统地研究各种边坡的类型、分布、产生的条件、作用因素及其发生和运动的机理，对此列出了若干个专题进行研究。

（3）由"治理"为主发展到以"预防"为主阶段，逐步形成不稳边坡防治的理论体系（20 世纪 80 年代至今）。随着国力日益强盛，科研手段的逐渐丰富，以及各种滑坡模型和理论的提出，再加上对防灾减灾的要求也更高，边坡工程的研究也大大加快。

1.1.1.2　边坡稳定性分析及边坡角优化研究现状

边坡的稳定性分析是边坡问题中最重要的部分之一，分析边坡稳定性研究边坡滑坡致灾机理，有利于边坡治理。尤其在露天矿中，边坡治理显得尤为重要，因为每一度坡角的改变都会牵扯上亿元的建设成本，所以国内外岩土工程师都致力于研究边坡稳定性分析与致灾机理，寻求一种针对不同岩体的科学合理的边坡评价方法，在保证安全建设的前提下，让剥采比趋于最小化，利益趋于最大化。分析边坡稳定性的方法大致归纳如下。

A 定性分析法

定性分析法主要是根据工程勘察所得的数据和资料，综合考量结构面、坡角等组合关系，能较快对边坡稳定性作出评价。但是其受人主观影响较大，根据研究人员的职业素养关系较大，难以进行系统传授。国内学者进行了大量的研究，取得了一些成果，王森等[3]以刚果（金）SICOMINES 大型露天矿山为实例，从定性角度分析评价边坡稳定性，得出可靠的边坡稳定性分析结论，用以指导矿山安全生产。刘强等[4]基于岩质边坡中常见的楔形体破坏，改进了楔形体分析方法，更能代表现场的实际情况，便于岩质边坡的定性分析，为岩质边坡工程的安全施工提供依据。伍法权等[5]基于已有的岩土体边坡研究成果和相似理论，探讨边坡在几何相似放大过程中所表现出的应力场、位移场及强度等工程特性的变化规律，以此由已发生或小规模的滑坡案例中去推断高边坡工程性态提供一个新的思路。

常用的定性分析方法主要包括地质分析法（历史成因分析法）、工程地质类比法、边坡稳定专家系统、图解法和 RMR-SMR 法。

a 地质分析法（历史成因分析法）

此方法是根据边坡的地形地貌形态、地质条件和边坡变形破坏规律，追溯滑坡演变的全过程，预测边坡稳定性发展的总趋势及其破坏方式，对边坡稳定性作出评价。由于主要依靠经验和定性分析进行边坡的稳定性评价，此方法多用于天然斜坡的稳定性评价。

b 工程地质类比法

工程地质类比法是一种经验性的方法，广泛适用于中小型边坡工程的设计，它是将已存在的自然或人工边坡的研究设计经验应用到地质条件相似的新边坡研究设计中去。该方法需要全面掌握新边坡和原有边坡的工程地质资料，全面分析工程地质因素的相似性和差异性，分析影响边坡稳定性发展的主导因素的相似性和差异性；同时还应结合工程的类别、等级及其对边坡的特定要求等。但传统工程地质类比法又存在一系列的弊端，过分依赖专家的经验。对于工程中出现的以往未曾接触过的问题以及偶然因素的产生，专家的判断就可能会受到不同程度的影响，而在工程当中，丝毫的影响所造成的结果就是不可预估的损失。1997 年，杨志法提出了可比度的概念，以两个工程的地质环境所包含的一系列影响因素为基础，来确定两个工程之间的可比成度。

c 边坡稳定专家系统

专家系统是一种计算机程序，具有类似于某特定领域专家的某种程度的智能，已经广泛应用于天气预报、医疗诊断及作战指挥等领域。边坡稳定专家系统主要由三部分组成，包含知识库、推理机构和用户接口系统。专家系统使得一般工程技术人员在解决工程地质问题时，能像有经验的专家一样给出比较正确的判断，并作出结论。因此，专家系统的应用为工程地质的发展提供了一条新思路。

　　d　图解法

　　图解法可以分为两类：第一类为诺谟图法，用一定的曲线和诺谟图来表征边坡有关参数之间的定量关系，由此求出边坡稳定性系数，或已知稳定系数及其他参数（ϕ、c、r、结构面倾角、坡脚、坡高）仅一个未知的情况下，求出稳定坡脚或极限坡高，这是力学计算的简化；第二类是赤平投影图法，利用图解求边坡变形破坏的边界条件，分析软弱结构面的组合关系，分析滑体的形态、滑动方向，评价边坡的稳定程度，为力学计算创造条件。图 1-2 为蒋爵光[6]在分析岩体稳定性时所画全空间赤平投影图。由于其简单、直观等优点，图解法在工程当中比较常用；但又存在一定的缺点，即带有一定的经验性与概念性。

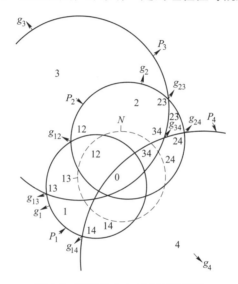

图 1-2　某岩体全空间赤平投影图

　　e　RMR-SMR 法

　　对岩体进行分类的方法中，较著名的有巴顿（N. Badon）等人提出的 Q 值分类法（主要用于隧道支护设计的岩体工程分类）、RMR 值分类法、SMR 方法[7]（SMR 分类方法是从 RMR 方法演变而来的）。利用 SMR 方法来评价边坡岩体量的稳定性，方便快捷，且能够综合反映各种因素对边坡稳定性的影响。RMR-SMR 体系既具有一定的实际应用背景，又是在国际上获得较广泛应用的方法，在我国工程界对此体系的研究也是十分活跃的[8]。

　　B　定量分析法

　　定量分析法在工程中应用广泛，其根据工程勘察所得数据和资料，运用相应的计算法则，对边坡稳定性进行计算，所得计算结构即为评定边坡稳定性的参考值。从严格方面来讲，目前对于边坡稳定性的分析还远远没有达到定量的层次，称之为半定量更为合适。如今，定量分析法都是基于定性分析之上，虽然在分析过后得出了具体的数值，最终的判定仍依赖人为的判断。陈祖煜[9]回顾了岩土工程中引入可靠度分析和分项系数设计方法，认为岩土工程中量化指标不仅更具有操作性，也更有利于工程设计规范和标准的制定。定量分析法简单明了，经过合理的受力分析及准确的计算，所得结果也更让人信服；但在复杂地质情况下，计算过程可能较为复杂。定量分析方法主要包括极限平衡法和数值分析法两大类。

a 极限平衡法

极限平衡法是工程实践中广泛使用的方法。极限平衡法的代表之一就是由 Petterson 于 1915 年提出的瑞典圆弧法[10]，该方法假定边坡破坏时沿一个固定圆心的圆弧面滑动，滑体作为一个整体计算，由圆弧面上的力矩关系计算边坡稳定系数，适用于均质的土坡或松散碎裂结构的岩质边坡，又由后来学者不断改进[11,12]。20 世纪 50 年代中期，Janbu[13] 和 Bishop[14] 进一步发展了条分法，学者们开始关注不同滑动面的形状以及划分条块间的作用力关系，衍生出多种适用不同地质情况的条分法。

潘家铮[15]首次提出边坡稳定性分析的最大最小值原理。

卢坤林等[16]提出一种适用于一般空间形态滑面的边坡三维极限平衡法，该方法基于将离散后的条柱间作用力等效成滑面正应力，所得结果精度与严格三维极限平衡法相近，且该方法易于编程，也是目前岩土工程发展的一个方向。

郭子仪等[17]提出浅变质岩边坡潜在滑动面上的切向和法向弹簧模拟滑坡和滑床之间的接触摩擦的构思，经数值模拟和计算，发现该模型能真实反映边坡潜在滑动面上应力重分布过程和特点。

曾亚武等[18]提出将边坡稳定性分析的有限元法和极限平衡法相结合，其利用有限元软件等分析边坡的应力状态，利用所得结果再根据极限平衡法得出边坡稳定性安全系数。

张均锋等[19]基于 Janbu 条分法，将其扩展为三维极限平衡边坡稳定性分析方法，可用于更加复杂的地质条件，并进一步分析边坡的潜在滑动方向。

b 数值分析法

随着计算机技术的发展以及理论系统的逐渐完善与丰富，数值模拟在边坡稳定性分析中得到广泛应用。数值模拟具有低成本、可重复、模拟结果显示直观等特点，让专家学者在对边坡进行初步分析时更愿意采用数值模拟的方法。在 20 世纪 60 年代，便有学者尝试边坡稳定数值计算方法的研究。1984 年，Wong 等人就利用有限元分析方法对边坡进行分析[20]。在此期间，Cundall 提出了离散单元法（DEM）[21]、快速拉格朗日分析法（FLAC）[22]，石根华和 Goodman 提出了不连续变形分析法（DDA）[23]，再此基础上石根华又提出了流形元法（NMM）。

辛格等[24]分析了露天矿边坡二维有限差分模型，研究某露天铜矿边坡稳定性，结果与极限平衡法结论相对比，发现结果一致，认为可采用二维有限差分模型进行分析露天矿边坡稳定性和坡角优化。

蔡跃等[25]利用 UDEC 对反倾层状岩体边坡进行了数值模拟，发现岩体边坡不仅受岩层间的力学参数影响，还受岩层的厚度、倾角/走向以及人工边坡倾角的影响，这些因素相互影响相互制约边坡的稳定性。

林杭等[26]为探讨锚杆长度对边坡稳定性的影响，利用 FLAC^{3D}建立数值模型，分析锚杆长度对边坡安全系数和滑动面的影响，表明在一定范围内，增加锚杆长度是有利于边坡稳定性提高的。

有限元强度折减法最早由 Zienkiewicz[27] 提出，该方法结合了强度折减概念、极限平衡原理和弹塑性有限元计算原理，以此来分析边坡失稳时的应力场，应变场和位移场。

赵尚毅等[28]通过对节理岩质边坡非线性有限元模型进行强度折减，使边坡达到不稳定状态时，有限元静力计算将不收敛。此时的折减系数就是安全系数，该方法解决了传统条分法无法获取节理岩质边坡的滑动面与稳定安全系数。

Ugai 和 Leshchinsky[29]将强度折减方法引入弹塑性有限元法中进行边坡三维稳定性分析，其结果与极限平衡法结果相对比发现趋于一致，一定程度上也证明了强度折减法的科学性。马建勋等[30]也是利用折减系数算安全系数的方法应用于边坡稳定性的三维分析，并结合工程实例验证了该方法的可行性。

C　不确定分析法

边坡稳定性分析是一项极其复杂的分析过程，且影响边坡稳定性的因素众多，这些信息也往往是不完整或者不一定准确的，具有模糊性和不确定性。不同的处理模型和计算公式，都可能会有不尽相同的结果。在工程中，人为因素影响极大，这也让边坡稳定性分析中也具有随机性、模糊性和不确定性。目前也没有一种精确的方法可以克服以上的边坡稳定性评价工作中的随意性，因此国内外专家学者尝试应用数学的方法去定量或半定量评价过程中边坡的性质。

a　可靠性分析法

确定性分析方法中经常用到安全系数的概念，其实际上只是滑动面上平均稳定系数，而没有考虑影响安全系数的各个因素的变异性，这就有时会导致与实际情况不相符的计算结果。所以要求人们在分析边坡的稳定性时，充分考虑各随机要素的变异性，而可靠度分析方法则考虑了这一点。可靠度方法在分析边坡的稳定性时，充分考虑各个随机要素的变异性，比如岩体及结构面的物理力学性质、地下水的作用（包括静水压力、动水压力、裂隙水压力、软化作用、浮托力，各种荷载等）。

b 灰色系统方法[31,32]

灰色系统信息部分明确，部分不明确。灰色系统理论主要以信息的利用与开拓为宗旨，以客观现象量化为目标，除对事物进行描述外，更侧重对事物发展过程进行动态研究。该方法应用于滑坡研究中主要有两方面：一是用灰色预测模型进行滑坡失稳时间的预报，实践证明该理论预测精度相当高；二是用灰色聚类理论进行边坡稳定性分级、分类。该方法的局限性是聚类指标的选取、灰元的白化等带有经验性质。

c 模糊数学评判法

模糊数学对处理经验模糊性的事物和概念具有一定的优越条件。该方法首先找出影响边坡稳定性的因素，并进行分类，分别赋予一定的权值，然后根据最大隶属度原则判断边坡单元的稳定性。实践证明，模糊评判法效果较好，为多变量、多因素影响的边坡稳定性的综合定量评价提供了一种有效的手段。其缺点是各个因素的权重选取带有主观判断的性质。对于模糊分级评判方法的运用，白明洲等[33]引入模糊信息的概念，以大量既有隧道围岩分级的信息提取为基础，建立了隧道围岩分级的模糊信息分析模型；李华[34]提出了基于模糊 AHP 的岩体分级算法，并编程实现其算法；柳厚祥等[35]结合模糊聚类理论与模糊模式识别，建立了公路边坡稳定性模糊聚类迭代评价模型；邬书良等[36]提出将直觉模糊集逼近于理想解的排序法（TOPSIS）用于工程岩体质量评价。

除了以上几种常用的不确定分析方法外，还有概率分析法[37,38]、信息量模型法、数量化理论方法、定量表格法、人工神经网络评价法[39,41]、蒙特卡洛法[42]、遗传进化法[43]以及其他不确定性分析方法。

D 物理模拟方法

物理模拟方法的最早起源是倾斜台面模型技术。1971 年，帝国学院将其用于研究滑坡破坏。在随后几年里，又有学者制作了基底摩擦试验模型，被广泛应用于边坡块状倾倒及弯折倾倒，并在 1981 年通过计算分析，提出了基底摩擦理论；1990 年，Prichard 将基底摩擦试验模型与数值模拟结果进行对比分析，发现该模型得出的结果与数值模拟所显示边坡破坏过程相契合。

然而，在对大型复杂工程进行边坡稳定性分析时，单独使用模型技术对工程进行模拟，其真实度就相形见绌，更不必说二维、三维模拟。针对这种工程要求，国外在 1930 年开始就提出了离心模型试验技术，该技术一经运用便得到快速地发展，在国内外各种大型工程之中广泛运用。离心模型试验主要模拟以自重为主荷载的岩土结构，在模型试验过程中模型出现了与原型相同的应力状态，从而避免了使用相似材料，可以直接使用原型材料。因此，这项技术已被广泛地应用在滑坡研究的各个方面。但离心模拟实验的理论是从材料出发进行模拟，而滑坡的产生是结合环境因素、土质以及地形等条件的综合作用下的产物，所以往往构建的模型并不能满足所有的条件，从而会存在一定的误差。总结国内外的相关文献，具体研究进展如下。

张子新等[44,45]研究了边坡稳定性极限分析上限解法；Razdolsky 等[46-49]通过分析对比滑动力和抗滑力来研究边坡稳定性；郭明伟等[50,51]基于力的矢量特性和边坡体真实应力场的分析方法进行了边坡稳定性分析；吴顺川等[54]分别基于离散元、Dijkstra 算法、广义 Hoek-Brown 的强度折减法分析岩质边坡稳定性；李湛等[56]提出了渗流作用下边坡稳定性分析的强度折减弹塑性有限元法。唐春安等[57,58]提出了基于 RFPA 强度折减法的边坡稳定性分析方法；Cheng 等[59,60]进行了基于极限平衡和强度折减法的二维边坡稳定性分析；蒋青青等[61-63]研究了基于有限元方法的三维岩质边坡稳定性分析；Lu 等[64]应用有限元法分析边坡稳定性；DAcunto 等[65]研究了地下水条件下的边坡二维稳定性模型；Li[66]应用非线性破坏准则和有限元方法来分析边坡稳定性；陈昌富等[67]基于 Morgenstern-Price 极限平衡三维分析法进行边坡稳定性分析；邓东平等[68]提出了一种三维均质土坡滑动面搜索的新方法。

Brideau 等[69,70]进行了三维边坡的稳定性分析；Griffiths 等[71]进行了三维边坡稳定的弹塑性有限元分析；孙书伟等[74]分别研究了基于蚁群聚类算法、多重属性区间数决策模型、基于模糊理论、均匀设计与灰色理论、自组织神经网络与遗传算法、FCM 算法的粗糙集理论、AHP 的模糊评判法的边坡稳定性分析；Xie 等[79]研究了 RBF 神经网络在边坡稳定性评价中的应用；Sengupta 等[80,81]研究了采用遗传算法来定位边坡的临界破坏面和稳定性；刘立鹏等[82]进行了基于 Hoek-Brown 准则的岩质边坡稳定性分析；邬爱清等[83]研究了 DDA 方法在岩质边坡稳定性分析中的应用；高文学等[84]研究了爆破开挖对路堑高边坡稳定性影响分析；沈爱超等[85]研究了单一地层任意滑移面的最小势能边坡稳定性分析方法；许宝田等[86]研究了多层软弱夹层边坡岩体稳定性；黄宜胜等[87]研究了基于抛物线型 D-P 准则的岩质边坡稳定性分析；张永兴等[88]研究了极端冰雪条件下岩石边坡倾覆稳定性分析；周德培等[89]基于坡体结构的岩质边坡稳定性分析；姜海西等[90]水下岩质边坡稳定性的模型试验研究；李宁等[91]提出了岩质高边坡稳定性分析与评价中的四个准则；Zamani[92]研究了适用于岩质边坡稳定性分析通用模型；Hadjigeorgiou 等[93]采用断裂理论来研究岩质边坡的稳定性；陈昌富等[94]考虑强度参数时间和深度效应边坡稳定性分析；Kyung 等[95]研究了边坡稳定性分析和评价方法；Turer 等[96,97]研究了土层边坡的稳定性分析的方法；Conte 等[98]研究了边坡稳定性分析中的土体应变软化行为；Huat 等[99]研究了非饱和残积土边坡的稳定性；Chen 等[100]进行了边坡稳定性分析系统的开发；Roberto 等[101]进行了尾矿边坡的动态坡稳定性分析；Kalinin 等[102]提出了边坡稳定性分析的一种新方法；Perrone 等[103]研究了孔隙水压力作用下边坡稳定性分析方法；Navarro

等[104]研究了将灵敏度分析应用于边坡稳定破坏分析；Bui 等[105]进行了基于弹塑性光滑粒子流体力学（SPH）的边坡稳定性分析；王栋等[106]考虑强度各向异性的边坡稳定有限元分析；周家文等[107-109]基于饱和-非饱和渗流理论进行了降雨和渗流作用下的边坡稳定性分析；刘才华等[110-112]研究了地震作用下岩土边坡的动力稳定性分析及评价方法；Presti 等[113,114]研究了位于地震区中的边坡的稳定性；Chehade 等[115]进行了地震作用下已加固边坡的非线性动力学稳定性分析；Li 等[116]采用性极限分析方法研究了地震区岩石边坡的稳定性。高荣雄等[117,118]进行了边坡稳定的有限元可靠度分析方法研究；吴振君等[119]提出了一种新的边坡稳定性可靠度分析方法；Abbaszadeh 等[120,121]研究了可靠性分析在边坡稳定性中的应用；徐卫亚等[122-124]较系统地研究了边坡岩体参数模糊性特点及其对边坡稳定性影响，同时也初步研究了基于参数模糊化的边坡稳定性分析方法。蒋坤等[125,126]进行了节理岩体的边坡稳定性分析；陈安敏等[127,128]从地质力学角度出发，研究了边坡楔体稳定性问题；李爱兵等[129]进行了三维楔体稳定性分析；陈祖煜等[130,131]从塑性力学角度出发，在理论上对楔体的稳定性问题进行分析，从而证明了边坡稳定性分析的"最大最小原理"；Nouri 等[132,133]对考虑了地震影响下的楔体滑动稳定性进行了分析；McCombie 等[134]研究了多楔边坡的稳定性；刘志平等[135]进行了基于多变量最大 Lyapunov 指数高边坡稳定分区研究；黄润秋等[136]研究了边坡的变形分区；曹平等[137]研究了分区搜索方法确定复杂边坡的滑动面；Nizametdinov 等[138]研究了露天矿边坡稳定性分区的方法。

1.1.1.3　边坡稳态综合监测预警网络构建研究现状

我国山岭峡谷较多，滑坡灾害频发，每年因滑坡造成多起伤亡，经济损失多达几十亿元人民币。这在科技文明高度发达的时代，已经是一个令人惊讶的数据，而有效减少损失减少伤亡的手段就是研究滑坡机理。掌握滑坡规律，能有效地预警预报滑坡灾害。滑坡监测便是重要的研究手段之一。

一般来说，不同类型不同滑坡机理的滑坡，监测手段与监测内容不尽相同，大致分为地表位移监测、深部位移监测、地应力测量、水文监测四种方法。

A　地表位移监测

地表位移的监测方法主要为大地测量法和 GPS 测量法。大地测量法的主要内容是测量滑坡灾害中滑坡体表面的位移，主要测量方法包括两方向（或三方向）前方交会法、双边距离交会法、视准线法、小角法、测距法、几何水准测量法、精密三角高程测量法等；GPS 测量法采用自动化远距离监测，设定待测点的三维坐标，根据坐标的变化确定位移变化量，其基本原理是 GPS 卫星发送的导航定位信号进行空间后方交会测量。GPS 卫星测量法由于其自动远距离监测的特点，节省了大量的人力物力，而且可以实时获取位移量值。

B　深部位移监测

对于地下空间位移的监测，一般可采用钻孔侧斜法。钻孔测斜技术就是采用某种测量方法和仪器相结合，测量钻孔轴线在地下空间的坐标位置。通过测量钻孔测点的顶角、方位角和孔深度，经计算可知测点的空间坐标位置，获得钻孔弯曲情况。

C　地应力测量

应力测量方法包括应力解除法、水压致裂法和声发射法。

a　应力解除法

应力解除法能够相对准确地确定岩体中某点的三维应力状态，应力解除法现已形成了一套标准化的程序。在三维应力场作用下，一个无限体中钻孔表面岩石及围岩的应力分布状态可借助现代弹性理论给出精确解答。利用应力解除测量钻孔表面的应变，即可求出钻孔表面的应力，进而能够精确地计算出原岩应力的状态。对于钻孔表面应变的测量方法，可分为孔径变形测量、孔底变形测量、孔壁应变测量、空心包体应变测量、实心包体应变测量等方法。

对于应力解除法的研究，乔兰等[139]对空心包体测量法进行了一系列的技术改进，包括温度补偿系统及自动测量应变和记录系统；刘允芳[140]在同一钻孔中运用应力解除法和水压致裂法对地应力测量结果进行了对比，发现实测成果基本一致；张飞等[141]等提出了地应力测量的智能化；王衍森等[142]提出了可适用于非理想岩性岩体的基于岩体三维有限元模型的地应力求解方法；葛修润等[143,144]提出了钻孔局部壁面应力全解除法，进而在 2011 年运用了钻孔局部壁面应力解除法（BWSRM）；杨仁树等[145]对影响应力解除法测量地应力精度的因素进行了细致研究。

b　水压致裂法

水压致裂法是指在钻孔中取一段封存，并在封存的钻孔中注入液体（一般为水），通过增加压力使钻孔的孔壁微裂纹萌生、扩展、贯通，直到宏观裂纹产生，并导致低渗性岩石破裂的过程。该方法既是岩体工程领域的一种天然行为，又是改变岩体结构形态的重要人为手段，同时也是测量地应力、岩石断裂韧度等相关参数的重要手段与方法，在煤矿突水、水电工程建设、地下核废料储存岩体注水弱化或提高渗透率等工程领域得到了广泛应用。对于水压致裂法的应用，国内外学者进行了大量的研究。Hubbert 等曾对水压致裂的理论开展了大量研究；Haiimson 等研究分析了压裂液渗入的影响，并将研究成果应用于实际地应力测量；刘世煌[146]对在峡谷地区用水压致裂法测量原始地应力的精度进行了探讨；刘允芳等[147,148]对水压致裂法测量地应力的结果进行校核和修正的建议，并在 1998 年对三维地应力测量进行修正和工程应用；韩金良等[149]通过测量，比较了水压致裂法与 AE 法地应力测量的结果。

c　声发射法

声发射是指固体在产生塑性变形或破坏时，由于贮存于物体内部的变形能被释放出来而产生弹性波的现象。岩体受力后，内部会存在一定的缺陷，不均质区会出现一定的应力集中现象，而受力过程中产生的应变能会随着破裂的发展以波的形式释放出去，通过对波的分析可推断岩石内部的形态变化，反演岩石的破坏机制。

岩体声发射技术是国际上工业发达国家积极开发、应用于岩质工程稳定性评价或失稳预测预报的有效办法。该技术的研究始于 20 世纪 50 年代，早在 80 年代初期，美国、苏联、加拿大、南非、波兰、印度、瑞典等国已开始应用岩体声发射技术，从而实现了矿井大范围岩体冒落的成功预报，露天边坡岩体垮落等事故的提前预警，以及岩土工程的稳定性监测、安全性评价等。中国声发射技术的研究始于 20 世纪 70 年代。1998 年，煤炭科学研究总院抚顺分院研究了声发射监测与预测边坡变形的可行性，并取得了一定的研究成果，同时提出了进行边坡稳态预测的研究思路[150]；2010 年，中国矿业大学将声发射与电磁辐射原理结合，在将两者优势充分结合后，成功运用于采矿监测领域[151]。目前，应用较多的声发射测试设备包括声发射仪和地音探测仪，该仪器具有灵敏度高、可连续监测的优点，且相比于位移信息，测定的岩石微破裂声发射信号能够提前 3~7 天[152]。

D　水文监测

对于边坡稳定性的研究，水是研究过程中最不可忽视的因素之一，其对边坡的危害包括冲刷作用、软化作用、静水压力和动水压力作用，以及浮托力作用等。从边坡稳定性方面来讲，监测内容通常为降雨监测、地表水的监测和地下水的监测，而地表水与地下水的主要来源为降雨。抛却工程因素，在自然状态下，多数滑坡均属于降雨诱发，因此监测降雨对滑坡的影响就显得尤为重要，而更加重要的是寻找一种降雨诱发滑坡的阈值问题。20 世纪的 80 年代，国外的学者们对该专题进行了大量研究[153-157]。而国内对于降雨阈值诱发滑坡的研究是从 21 世纪初开始的，谢剑明等[158]对滑坡灾害预警预报的降雨阈值进行了研究；张珍等[159]分析历史上的大量滑坡资料，得出连续降雨 3 天，发生滑坡的概率显著提高；丁继新等[160]提出了降雨因子的概念；李铁锋等[161]将 Logistic 回归模型与前期有效降雨量结合，形成一套对降雨诱发型滑坡进行定量预测预报的方法。

地表水监测包括与边坡岩体有关的江、河、湖、沟、渠的水位、水量、含沙量等动态变化，还包括地表水对边坡岩体的浸润和渗透作用等信息。观测方法分为人工观测、自动观测、遥感观测等。地下水监测内容包括地下水位、孔隙水压，以及水量、水温、水质、土体的含水量、裂缝的充水量和充水程度等。通过观测滑坡体前部的地下水动态，能够预测分析边坡的稳定状况。Hosseyni 等[162]采用 RFID 技术监测地下水位进行滑坡实时监测和预警。欧洲大多数国家地下水监测始于20世纪70年代；美国从20世纪50年代开始设置地下水数据的贮存与检索系统；我国地下水监测网分属原地矿部、建设部、水利部、地震局、环保局规划和管理，20世纪60年代以来，水利部门开始监测地下水水位、开采量、水质和水温等要素[163]。

关于我国边坡监测的历史发展，大致可以分为三个阶段[164]：第一阶段为20世纪60年代以前（起步阶段），主要进行表面位移监测；第二阶段为20世纪60~80年代（初步发展阶段），边坡自动化监测设备的研制和应用，监测精度也在原基础上有所提高；第三阶段为20世纪80年代至今（高速发展阶段），该阶段爆发式地出现了更多种类的监测设备，GPS技术、光纤传感器（TDR）和InSAR等新型技术出现和应用，标志着自动化水平和监测精度也是达到更高水平，并在国内外大量运用。

何秀凤等[165]针对大坝、矿山等大型工程采用GPS无线技术对边坡进行变形监测，经过长期监测，发现水平方向精度达2~3mm，垂直方向精度达5~6mm。

王劲松等[166]根据一机多天线的思想建立了GPS公路边坡监测系统，采用双频GPS接收机的方法，提高了监测精度，优化了卫星信号在不同天线通道间切换产生的周跳问题。

21世纪初，三维激光扫描还处在起步阶段，Strozzi[167]、董秀军等[168,169]将三维激光扫描应用于岩土、地质等工程的测绘工作，发现其广阔的应用前景。

杨红磊等[171]将InSAR技术应用于露天边坡实时、精确测量，可获取多时相变形图和形变速率图，反映边坡的整体位移趋势，为露天矿边坡的运动历程提供了可靠的信息。

谭捍华等[172]将时域反射法（TDR）应用于边坡工程监测，研究不同型号同轴电缆在相同剪切变形条件下TDR波形的不同反映，对比分析其与钻孔测斜技术的监测结果，认为TDR技术能快速、经济、安全、准确确定边坡滑动面的位置。

彭小平[173]采用TDR技术对公路边坡进行高精度监测，同时加入自动化系统，让监测工作更高效化。

大量边坡监测工程也开始运用光时域反射技术（OTDR）[174,175]，实践后认为该方法适用于边坡内部的应力和位移安全监测。

监测手段发展的同时，科研和工程人员也着眼于整个监测系统的建立，对于一个边坡，导致其灾变的因素不只一个，而是多元耦合的结果，因此需要建立能综合监测并处理多项数据的系统，且能实时无限传输至监控平台。早在21世纪初，李爱国等[176]在香港某边坡上设计建立了综合多项监测数据的自动化监测系统，不过该系统还只是综合自动化监测系统的开端，诸多专家学者还在继续研发更智能更准确的监测预报系统。

1.1.2　本书内容与分析方法

　　青海鸿鑫矿业有限公司牛苦头矿区边坡的岩性主要有矽卡岩、花岗岩和大理岩等，岩石强度高，岩石质量好，岩体稳固性好，能很好地形成露天边坡。矿区降雨量很少，对地下水的补给相当少，主要靠南部裂隙岩溶水的补给为主，充水含水层、构造破碎带富水性中等。但依据现有资料分析，无法对露天边坡开挖过程进行优化分析得到合适的边坡角。

　　因此，针对牛苦头矿区 M1 矿体露天开采项目，在矿山开采初期开展矿区岩石力学方面的实验与研究工作，有助于确定矿山安全可靠、经济合理的整体开采规划设计方案，减少后续开采过程中由于前期设计参数的不适宜而造成的经济损失，从而实现矿山安全高效开采。

1.1.2.1　矿区资料收集分析

　　（1）收集并整理矿区已有的水文地质资料、工程地质资料、勘探资料等相关资料，制定边坡补充勘察方案及编制边坡工程勘察任务书。

　　（2）在已有勘探成果、现场露头、钻孔岩芯等资料的基础上，对结构面特征进行调查和统计分析，现场完成岩体声波测试试验，同时分析矿区水文地质特征及对其边坡稳定性的影响。

　　（3）根据已有地质资料和开采规划建立露天边坡三维地质模型。

1.1.2.2　岩石及结构面物理力学性质试验

　　（1）采集矿区具有代表性的各种岩性岩样和包含各种典型结构面的岩样，系统地开展完整岩样和包含结构面岩样的物理力学特性试验。试验内容包括岩石密度试验、岩石劈裂试验、岩石单轴压缩及变形试验、岩石三轴压缩及变形试验、岩石结构面剪切试验、岩石水理性质试验、岩石声波试验等。

　　（2）针对牛苦头矿区冬夏季温差较大的特点，进行冻融试验。

1.1.2.3　边坡岩体质量评价及工程地质分区

　　（1）根据现场工程地质调查及岩石、结构面物理力学性质试验，确定边坡岩体的工程级别，对边坡岩体质量进行评价和工程地质分区。

　　（2）依据岩石与结构面物理力学参数试验结果及工程地质岩体质量评价和分类指标，确定边坡主要岩组岩体及结构面的工程力学参数。

1.1.2.4　边坡岩体稳定性分析及边坡角优化

　　（1）根据工程地质分区，对各区段代表性剖面采用赤平极射投影法和极限平衡法。

（2）从定性与定量的角度对最终境界边坡进行稳定性分析，对边坡的稳定性进行弹塑性有限元分析。

（3）综合各分析结果提出安全前提下的最优边坡角，为边坡参数优化设计提供依据。

1.1.2.5　后期开采对露天边坡稳定性的影响分析

（1）根据矿山开采后期地下开采技术方案，建立有限元分析模型，分析研究地下开采对露天边坡的稳定性影响特征，对于露天转地下过渡方案提出合理化建议。

（2）结合开采设计方案，对后期开采露天边坡挂帮矿量时，对边坡稳定性情况的影响情况综合分析，并提出相关合理化建议及相关灾害防控措施。

1.2　牛苦头矿区地质概况

1.2.1　地理位置及气候特征

牛苦头矿区详查区域位于祁漫塔格山北坡，行政区划隶属格尔木市乌图美仁乡管辖。由格尔木市出发往乌图美仁方向有格茫公路相通，可行至甘森下便道，路程约250km；由甘森向西南方向行驶110km至野马泉，由野马泉向东20km即可到达矿区，交通较方便。

该详查区地处柴达木盆地西南缘山前地段，区内地势南高北低，平均海拔3800m左右，最高为3860m，最低3760m，相对高差50～100m，属盆地边部浅-中切割高山区，气候以高寒、多风少雨、蒸发强烈、昼夜温差大为特点，发育高寒荒漠土，属高寒、干旱的典型内陆性气候。区内水系不发育，牛苦头沟为干沟，仅在7～8月份雨季时局部小支沟中见间歇性流水。

区内人烟稀少，经济落后。近年来，矿区东南约7km处有个体户对铅、锌、铜矿进行小规模开采，具有较好的经济效益。区内无其他工农业生产，生活物资均需从格尔木市供应。

1.2.2　区域地质

详查区所在区域对应的构造单位是东昆仑晚加里东造山带中的祁漫塔格-都兰造山亚带，源自元古宙古陆解体形成的槽地或裂谷，由造山期以沉降作用主导的奥陶纪的物质所充填，当区域上进入造山期由隆升作用主导的志留纪时，本槽地即率先闭合成为褶皱带而缺失志留纪沉积。沉积盖层主要为上泥盆统、石炭系以及第三系和第四系，区域内侵入岩发育，以华力西期和印支期花岗岩类岩体为主。

1.2.2.1 地层

矿区所在区域在地层区划上属柴达木地层区柴达木南缘分区，出露地层主要有元古界金水口群下岩组（Ptjna）、上奥陶统铁石达斯群（O3ts）、上泥盆统契盖苏群（D3qg）、石炭系（C）、下二叠统（P1）、上第三系（N）及第四系（Q）。

1.2.2.2 构造

在漫长的地质年代里，区域上经受了多次复杂的构造变动。不同规模、不同力学性质的构造形迹发育良好，形成了一幅复杂多样的构造形变图像。北西西向构造形迹组成了区域上的主干构造，它包括结构面为北西西向的褶皱、片理、压性断裂等，且以断裂构造为主，褶皱构造不发育，多是小规模的，不完整的。

区域内共发现不同规模的断裂 40 条，综合分析该 40 条断裂的规模、产状、力学性质等特征，它们可大致分为三组，分别为北西西向压性断裂组、北北西向压扭性断裂组和北北东向张扭性断裂组。

1.2.2.3 地球物理特征

矿区所在区域于 1966 年和 1975 年先后两次进行了航空磁测工作。在航磁测量的基础上，从 1968 年起，青海省地质局物探队、原第一地质队对该区进行了系统的地面磁法普查工作。通过航空磁测及地磁普查，区域内共发现磁异常近 73 处，经对异常进行检查验证发现了一批矿（化）点及矿床。

1.2.3 详查区地质

详查区地处祁漫塔格-都兰铁多金属成矿带西部，区内出露地层主要是上石炭统四角羊沟组碳酸盐岩；区内构造不发育，未见具规模的断裂和褶皱，仅在地层中见有节理裂隙、褶曲及小揉皱等；区内地层为单斜构造，总体北倾，倾角多为10°~30°；区内岩浆活动强烈，侵入岩发育，多为隐伏岩体，岩石类型主要为灰白色-浅肉红色二长花岗岩，它们与区内铁多金属矿化的关系密切，往往在二长花岗岩与上石炭统碳酸盐岩接触时形成含矿矽卡岩带，是区内主要的赋矿层位。

1.2.3.1 地层

详查区出露地层主要有上石炭统四角羊沟组（C2s）和第四系（Q）。

（1）上石炭统四角羊沟组（C2s）。该套地层主要在详查区南、东侧出露，为一套浅海相碳酸盐沉积，地层总体倾向北北东，产状 10°~50°∠10°~30°，主要岩性为大理岩、结晶灰岩。据本次详查地质测量成果，结晶灰岩一般以夹层的形式存在，少量的没有规则地分布于局部大理岩之中，无法单独划分出来，能单独填图的岩性只有大理岩。

大理岩呈灰白色-浅肉红色，一般为中细粒粒状变晶结构，块状或条带状构造，岩石变质程度较浅，多保留了其原岩的组构特征；矿物成分主要为方解石，含量（质量分数）为 80%~95%，多呈他形粒状集合体，少数为半自形晶，粒径为 0.05~0.15mm，质较纯；局部岩石中含碳质（质量分数）较高（5%~30%），成为含碳质大理岩，呈现灰白-灰黑色。

该套地层为详查区内主要赋矿地层，与区内多金属矿化关系密切，已发现的多金属矿（化）体均产于该套地层中。

（2）第四系全新统（Q）。主要分布在山前地段，按成因类型可分为风积砂土和残坡积砂、砾等，且残坡积砂、砾仅在钻探工程中见到，地表多为风积砂土覆盖。

1.2.3.2 构造

详查区内未见成型的、具规模的断裂和褶皱。区内地层为单斜构造，在其中发现有大量的节理裂隙和蚀变破碎带。

（1）单斜构造。详查区内上石炭统四角羊组碳酸盐岩走向为北西西向，倾向均为北东，表现为单斜构造，倾角一般在 10°~30°。

（2）节理裂隙和蚀变破碎带。详查区内上石炭统四角羊沟组不论在地表还是在深部，岩石中多分布有剪节理、张节理等规模较小的裂隙构造，局部地段因这些小裂隙构造较为密集，还可形成蚀变破碎带，破碎带中的岩石多具有较强烈的碎裂岩化作用，形成碎裂岩。这些较小的裂隙和蚀变破碎带中多充填有方解石细脉，局部地段还见有褐铁矿化、绿泥石化、钾化、矽卡岩化等蚀变矿化现象。这些裂隙和蚀变破碎带是区内有利的热液运移通道和容矿空间，对区内的矽卡岩和硫铁多金属矿的形成具有重要的控制作用。

1.2.3.3 变质岩

详查区内有两种形式变质作用存在，主要为区域变质作用和接触变质作用，由此形成两类各具特色的变质岩。

A 区域变质岩

区域变质岩石主要见有上石炭统四角羊沟组中的结晶灰岩、大理岩等，其变质程度较浅，多保留有原岩的组构特征。

B 接触变质岩

接触变质岩石主要是受到印支期二长花岗岩体的侵入影响产生的，岩石类型主要为矽卡岩，是详查区内主要赋矿地质体。详查区内矽卡岩主要埋藏于深部，隐伏于地下，据钻孔资料，在矿区深部较普遍存在矽卡岩，埋深从几十米至一百余米，岩性主要为透辉石矽卡岩、石榴石透辉石矽卡岩、石榴石矽卡岩、绿帘石透辉石矽卡岩、透闪石矽卡岩、绿帘石矽卡岩等。各钻孔中矽卡岩出露厚度不等，一般单层厚度约0.50～20.00m，最厚32.50m（M1-ZK0801），总厚一般约0.90～42.50m，最厚52.97m（M1-ZK0801）。矽卡岩中常见赋存有方铅矿、闪锌矿、黄铁矿、黄铜矿、磁铁矿、磁黄铁矿等金属矿物，局部可富集成矿。

总体来看，矽卡岩距离花岗岩较近时，其产状受花岗岩产态控制明显；距离花岗岩较远时则大多顺地层产出，但亦有与地层斜交的现象。据其分布特征判断，矽卡岩的成因应为"以层间渗滤交代作用为主并受构造裂隙控制"的复合型成因。

1.2.3.4 矿体特征

A 矿体赋存特征

详查区内圈出的不同规模的矿体共22条，均为隐伏矿体，最下部的矿体靠近二长花岗岩，距岩体最远的矿体在岩体之上约80m处，这些矿体在岩体上方构成厚约50～80m的含矿带。这些矿体的赋矿围岩均为矽卡岩，而矽卡岩为以层间渗滤交代作用为主并受构造裂隙控制的复合型成因，从而使得这些矿体多顺地层产出，局部地段也有与地层斜交、在构造裂隙中赋存的现象。

B 矿化分带特征

详查区内矿化以Cu、Pb、Zn、SFe为主。铜在最下部的靠近花岗岩体的矿体中富集，向上逐步减少，硫铁在含矿带中、下部相对富集，铅、锌在含矿带中、上部相对富集。由此可以看出，下部矿体直接与岩体接触，矿石矿物以磁黄铁矿、磁铁矿、黄铜矿为主，成矿温度相对较高，成矿温度逐渐降低，以方铅矿、闪锌矿为主。

C 矿体特征

本次详查圈定的矿体多为透镜状或似层状，规模不一，矿体的长度、宽度和厚度变化较大，一般长100～300m，最长950m（5号矿体）；宽100～300m，最宽处可达700m（5号矿体）；厚度0.65～20.00m，最厚处可达38.22m（5号矿体ZK0805），平均6.38m，全区厚度变化系数为84.40%；矿体的矿石类型复杂，可在同一矿体中见磁黄铁矿石和铜铅锌等多种矿石类型。

1.2.4 矿区水文地质特征

矿区在区域上处于低山丘陵区，牛苦头沟从距矿区西侧约2.0km处通过。由于沟谷内地表水和地下水出山口后的迭水作用，矿区第四系松散岩类孔隙中基本没有地下水存在，为疏干状态。因此，矿区只跨越了基岩（花岗岩）裂隙水、碳酸盐岩类裂隙岩溶水两个水文地质单元，静止水位为 14.75~18.30m。该矿区最低侵蚀基准面为 3591m，矿坑水自然排泄面标高 3600m，首采地段或第一期开拓水平和储量计算底界的标高未定。矿区的水文地质周边界以矿区边界为准，因矿区降雨量很小对地下水的补给没有意义，主要靠南部裂隙岩溶水的补给为主，因此确定以地下水最低侵蚀基准面作为矿区水文地质的上部边界，下部边界以矿床底板花岗岩面下 100.00m 为准。

1.2.4.1　矿区含水层的性质特征

在以上水文地质边界范围内，自上部边界之下，含水层从上至下主要分为以下两层。

A　第一层——碳酸盐岩类裂隙岩溶水

水平上分布于整个矿区，垂向上分布于水文地质上部边界至矿床顶板范围，部分延伸至矿床内。岩性主要以中上奥陶统滩间山群和上石炭统四角羊沟组的大理岩、矽卡岩化大理岩和灰岩为主，大理岩呈现晶-粗晶结构，块状构造，主要成分为方解石，岩心呈块状-长柱状；层中以裂隙为主，岩溶次之。

层中结构面发育间距极不均匀，岩石中靠近破碎带的裂隙较发育；这些裂隙的连通性较好。如前所述，区内未见成型的、具规模的断裂和褶皱。区内地层为单斜构造，在其中发现有大量的蚀变破碎带。

在比拟区水文地质工程地质岩心编录过程中，发现沿裂隙面不同程度的伴随有溶蚀现象，主要为小溶孔、溶蚀面、溶蚀孔道及少量的蜂窝状溶蚀。局部有溶洞发育，钻进时漏浆较严重，溶洞发育规模 0.1~1.5m 不等，溶洞两壁的风化程度较高，目前这些溶洞发育的具体位置和产状尚难确定，岩溶中多被泥质所充填。

该碳酸盐岩类裂隙岩溶水，除破碎带富水性较好外，其他地段水量较小，水质较差，呈淡黄色，有咸苦味，据比拟区水质资料，矿化度 1698mg/L，水质类型为：$CL \cdot SO_4\text{-}Na \cdot Ca$ 型水，SWZ001 孔（井径 80mm），抽水时降深 28.70m，单井出水量 20m³/d，单位涌水量 0.01L/s·m，渗透系数为 0.023m/d。另外，蚀变破碎带中，富水性能较好，单井出水量最大可达 3000m³/d（经验值）。地下水的补给以水文地质边界南部的基岩裂隙水和裂隙岩溶水补给，向北部边界以北的基岩裂隙水和裂隙岩溶水排泄。

矿区碳酸盐岩作为矿床顶板，与矿床直接接触，是矿床直接充水的最主要的含水层，岩层中破碎带也是矿床充水的主要含水层。两者对矿床充水的影响极大，当采矿过程中揭露这些含水层时，可能会导致含水层中的水涌入井巷内。

B　第二层——基岩裂隙水

在矿区水文地质边界范围内，矿床底板和侵入碳酸盐岩的侵入岩基本都是花岗岩。花岗岩为粗晶结构，块状构造，主要成分为长石和石英，岩心完整，呈长柱状。岩石在经成矿后期的构造地质作用，形成了一些规模较小的构造裂隙，结构面间距大于2m，有少量的剪裂隙和张裂隙发育。这些裂隙由于矿床的隔水作用，充水不完全，只有局部与碳酸盐岩接触部位的裂隙中有水，而且水量极小。因此，这些裂隙虽与矿床直接接触，但对矿床充水的可能性很小，影响不大。

1.2.4.2 矿区隔水层的性质特征

矿区隔水层岩性为矿区内的矽卡岩和含铁多金属矿的矽卡岩（在本章中视为矿床）。矿区在岩浆活动侵入时期的热力变质、交代、蚀变等作用，使母岩（碳酸盐岩）发生质的变化，岩石由硬脆变为柔性，节理、裂隙和岩溶空隙间被矿石所充填，成分不再被地下水所溶蚀，最终导致其具有较好的隔水性能。

1.2.4.3 其他水文地质影响因素

矿区内地表水对矿床开采影响不大，主要表现在雨季山体雨洪通过井口涌入矿床内，因此在井口稍做防洪处理即可；另外，未发现有地下老窿水的存在，但较大的溶洞是可能存在的。比拟区南部距离5km地表即发现有一直径3m左右的地表溶洞存在，说明该地区较大的溶洞存在的可能性较大，若这种溶洞在水文地质边界内与矿床接触，揭穿后将导致大量的溶洞水涌入，影响极大。

2 牛苦头矿工程地质调查及分析

岩体工程地质力学认为，岩体是由岩体结构面及其所包围的结构体（岩块）所组成。结构面与结构体的不同组合形式，产生不同的岩体结构类型。岩体的这一定义，决定了岩体的力学特性主要取决于结构面和结构体的力学特性，以及它们的形态特性。而对于硬岩而言，主要决定于结构面的特性，这主要包括结构面的力学特性、多组结构面的产状组合特性，结构面的密度、持续性（即联通性）等。因此，岩体（尤其是硬岩）的稳定性，除了应力条件外，主要受结构面控制。

目前，众多的研究成果与工程实践表明，围岩的失稳往往是从局部岩块冒落或片帮开始，引起相邻岩块相继松脱滑移，继而导致围岩整体失稳。通过对岩体破坏机理研究，许多专家认为坚硬裂隙岩体的破坏是在地应力（包括原岩应力和次生应力）作用下，沿已有裂隙产生破坏，或者使已有裂隙进一步发展联通而破坏。这也说明，在一定的应力作用下，裂隙或者结构面是岩体破坏的控制因素。

在工程地质的岩体质量分级时，主要考虑两项因素：一是岩石强度；二是岩体的完整性。而岩体的完整性就是由岩体的结构面特性所决定的，所谓的结构面特性，主要包括其发育程度（密度）、联通性（持续性）、粗糙度、产状关系、张开度、充填物、风化程度等。

总之，岩体结构面对岩体稳定性有着控制作用，而要了解某一工程岩体的结构面特性，必须进行现场结构面调查和岩体完整性测试，这是岩体工程稳定性评价的关键基础工作。

2.1 节理裂隙的现场调查及统计分析

2.1.1 节理裂隙调查方法及调查内容

根据观测手段的不同，岩体构造调查主要有三种调查方法：一是出露面调查方法；二是钻孔岩芯和钻孔孔壁调查方法；三是摄影测量方法。本节根据现场具体条件，通过对斜井内岩体及部分地表出露面进行现场节理裂隙调查工作。

巷道岩体的构造调查通常采用详细线法，这是目前测量和取得岩体结构面数据最方便、最实用的方法，也是国际岩石力学学会所推荐的一种调查方法。具体测量方法是在岩体出露处拉一条直线，然后对结构面进行详细速描，观测记录的数据主要有结构面产状（倾向、倾角）、结构面的迹线位置与尺度（基距、持续性）、结构面的特征（结构面类型、粗糙度、开裂度、充填物、风化程度、渗水性、两侧岩石的岩性及坚硬程度）等。这些记录详尽地描述了岩体构造特征，通过对这些记录数据的统计分析，将实现对岩体工程地质条件和稳定性的评价，本次斜井内岩体节理调查工作采用此方法进行。

2.1.2 牛苦头矿区节理裂隙调查

矿区地表风化层较厚，因此不宜采用开挖探槽揭露新鲜岩面等方式进行节理构造调查工作。结合对矿区整体踏勘的综合分析，确定本次调查工作主要在西部斜井内及东部地表露头。由于目前地下开采巷道内充满水，无法进入，本次仅对上部斜井段岩体进行了节理调查工作，井下测线总长度为 73.5m，实际测得节理裂隙 109 条。东部基岩露头区域完成 13 条代表性节理裂隙构造的调查分析。现场节理裂隙位置示意图如图 2-1 所示。

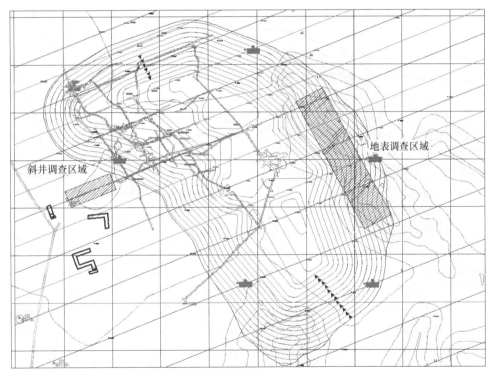

图 2-1 现场节理裂隙位置示意图

2.1.3 不同区域岩性节理构造分析

由于矿区未开采，地层情况尚未揭露，本次矿区构造调查节理统计工作，在考虑充分利用已有岩体揭露区域或露头位置的基础上，针对露天开采影响范围内不同区域岩层节理裂隙分布情况进行现场调查统计，对矿区不同区域构造情况进行综合分析，对结构面的发育特征进行描述，并运用节理分析软件 DIPS 程序进行统计分析。

2.1.3.1 牛苦头矿区西部区域斜井内岩体节理裂隙调查分析

本区域斜井内测线总长度为 73.5m，共测得节理 109 条，计算可得平均节理条数为 1.48 条/m。裂隙程度发育，裂面大多呈波浪形微张开状态且普遍延伸较短，岩石表面干燥，有轻微风化。斜井内现场节理裂隙调查如图 2-2 所示。

图 2-2　斜井内现场节理裂隙调查

节理产状赤平投影如图 2-3 所示，由图可知本区域节理按产状共发育有 3 组优势节理面，见表 2-1。

表 2-1　优势节理面统计结果

位　　置	倾角/倾向
1	71°/286°
2	72°/248°
3	72°/321°

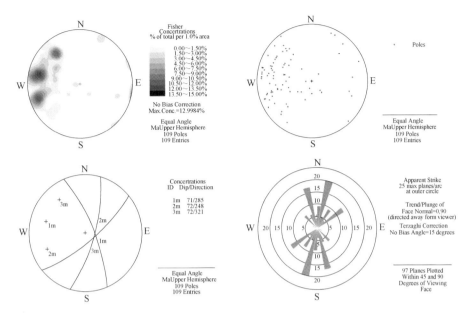

图 2-3　矿区西部下盘岩体节理统计分析图

2.1.3.2　牛苦头矿区东部上盘岩体区域地表调查结果分析

地表露头区域现场节理构造调查如图 2-4 所示。

图 2-4　地表露头区域现场节理构造调查

节理产状赤平投影如图 2-5 所示，由图可知本区域节理按产状共发育有 3 组优势节理面，见表 2-2。

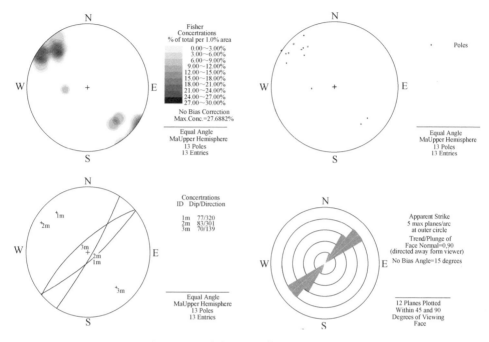

图 2-5　矿区东部上盘岩体节理统计分析

表 2-2　优势节理面统计结果

位　置	倾角/倾向
1	77°/320°
2	83°/301°
3	70°/139°

2.1.3.3　牛苦头矿区节理统计汇总分析

节理产状赤平投影如图 2-6 所示，由图可知岩层节理按产状共发育有三组优势节理面，见表 2-3。

表 2-3　优势节理面统计结果

位　置	倾角/倾向
1	72°/287°
2	75°/248°
3	73°/321°

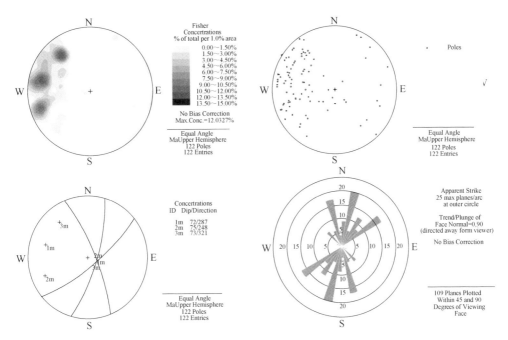

图 2-6　汇总节理统计分析图

2.1.4　统计结果对比分析

在对矿体及围岩岩性和结构面发育特征进行现场调查的基础上，采用 DIPS 程序对节理裂隙的发育特征进行了统计分析，并对调查数据按所处区域进行了分类统计分析，以及矿区调查结果整体分析。根据统计分析结果可以看出，整体分析矿区节理裂隙情况可以看出，矿区结构面发育以较大倾角结构面为主，上盘岩体倾向主要为近 NNW-SSE，下盘大理岩倾向主要为 NWW-SWW，总体来看矿区节理裂隙优势结构面倾向为北西向和南西向。矿区节理裂隙调查综合分析见表 2-4。

表 2-4　矿区节理裂隙调查综合分析表

分类区域	调查区域	岩　性	优势结构面倾角和倾向	选区内加权计算节理所占比率/%
上盘岩体	东部地表露头区域	大理岩	∠77°/320°	46
			∠83°/301°	23
			∠70°/139°	15

分类区域	调查区域	岩　性	优势结构面 倾角和倾向	选区内加权计算 节理所占比率/%
下盘岩体	斜井内巷道 揭露岩体	大理岩	∠71°/286°	39
			∠72°/248°	27
			∠72°/321°	15
总体分析			∠72°/287°	35
			∠75°/248°	21
			∠73°/321°	18

2.2　全波列声波测井分析研究

2.2.1　全波列声波测井概述

2.2.1.1　简介

超声法是采用带波形显示的低频全波列声波测井仪和频率为 20 ~ 250kHz 的声波换能器，测量非金属物质的声速、波幅和主频等声学参数，并根据这些参数及其相对变化分析判断被测物体性质的方法。

全波列声波测井仪是应用超声法对岩石、混凝土、塑料等非金属材料和构件进行无损检测的智能化仪器。它集超声波发射、双通道同步接收、数字信号高速采集、声参量自动检测、数据分析处理、结果实时显示、数据存储与输出等功能于一身。

2.2.1.2　工作原理

全波列声波测井仪是一套双通道高分辨率、数字化的仪器，具有分时采样、迭加、滤波、信号增强、抑制噪声，以及现场实时计算、实时显示实测波形和测试结果等功能。

全波列测井主要是利用沿井壁传播的声波——滑行波，来探测井壁岩体的地质结构。

应用射线声学理论分析，当发射声源（发射换能器）的几何尺寸小于声波的波长时，发射声波的指向性较差，在井孔中激发的声波则以不同的角度辐射到井壁上，并在井液与井壁的界面上发生反射及折射，而折射使部分声波能量进入岩体，根据折射定理得：

$$\frac{\sin\theta_1}{\sin\theta_2} = \frac{C_1}{C_2} \tag{3-1}$$

式中　θ_1——入射角；

　　　θ_2——折射角；

　　　C_1——井液波速；

　　　C_2——井壁岩体波速，一般 $C_2 > C_1$。

其中当 θ_1 的值为 $\sin^{-1}\dfrac{C_1}{C_2}$ 时，则折射角 θ_2 为 $90°$，亦即折射波将沿井壁传播（滑行波），此时的入射角 θ_1 的为第一临界角。

同理，滑行波在传播过程中亦可以 $90°$ 入射角，不断折射回井液，并被接收换能器拾取。由于一般岩石的波速远高于水的波速，滑行波将先于通过井液的直达波到达。此时，远近不同的两个接收换能器所拾取的滑行折射波，其到时差异、幅频差异，便包含了两换能器间井壁岩体所反映的地球物理信息。

该仪器电路原理框图如图 2-7 所示。高压发射系统受同步信号控制产生的高压脉冲激励发射换能器，将电信号转换为超声波信号传入被测介质，由接收换能器接收透过被测介质的超声波信号并将其转换成电信号，然后传输到仪器的前置放大和滤波部分，先进行可变增益的放大以达到足够的信噪比，再进行各种滤波（高低通、谐波抑制等），并由多路电子转换开关将两道并行的已放大的模拟信号进行采样保持，变为一路串行的离散脉冲信号。此脉冲信号被放大到模/数转换器要求的幅度范围内，经高速逐次逼近式 A/D 转换器进行量化（数字化），转换为相应的数字信号。这些信号由微机统一控制，经逻辑控制电路实现各种功能的选择与控制，将数字化后的数据按规定格式存入微机硬盘内，同时原始波形曲线以及分析和处理后的结果在微机显示屏上进行显示，结果还可由打印机打印出来。

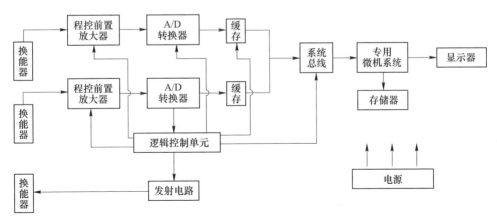

图 2-7　电路原理框图

2.2.1.3 全波列声波测井仪的应用

全波列声波测井仪主要应用到以下工程中：工程勘察中岩石孔全波列测井；混凝土构件的强度检测；混凝土结构内部缺陷的检测；混凝土构件裂缝深度检测；混凝土构件损伤层厚度检测；混凝土基桩完整性检测。

应用于工程勘察中岩石孔测井，主要可解决以下问题：划分基岩地层与岩性，辅以确定含水层位置；岩体的动力学参数测定；圈定构造、节理裂隙发育带及软弱层；对风化壳及岩体完整程度做出定量评价；测定岩溶发育位置。

2.2.2 系统配置及功能

2.2.2.1 系统配置

XG-Ⅱ全波列声波测井仪是多功能、自动化程度较高的超声波测试设备，不同测试方法的主要配置见表2-5。

表2-5 全波列声波测井仪系统配置表

方 法	主机	发射换能器	接收换能器	信号放大器	外接键盘	井口滑轮	充电器
全波列测井	有	径向换能器	径向换能器	有	有	无	有
超声回弹综合法测强	有	平面换能器	平面换能器	无	有	无	有
超声法检测混凝土缺陷	有	平面换能器	平面换能器	无	有	无	有
超声法检测裂缝深度	有	平面换能器	平面换能器	无	有	无	有
声波透射法基桩检测	有	径向换能器	径向换能器	有	有	自动测桩	有

2.2.2.2 全波列声波测井仪的特点及主要技术指标

全波列声波测井仪可用于工程勘察中的岩石钻孔全波列测井，还可用于非金属材料和构件的强度及缺陷的无损检测、混凝土基桩完整性缺陷检测。全波列声波测井仪主要有以下特点：

（1）当前波形放大显示，自动快速判读声参数。钻孔、测区（或桩基）的波形现场全部显示，便于结果对比；

（2）现场实时显示全波列图形、测点声时、测区平均声速、测区换算强度值；

（3）直观显示缺陷；

（4）Windows 系统下全中文菜单操作，简单易学，方便快捷；

（5）高亮度，10.4″彩色触摸式液晶显示屏；

（6）USB 接口数据传输、打印，快速、可靠。

全波列声波测井仪的主要技术指标见表 2-6。

表 2-6 全波列声波测井仪的主要技术指标表

项 目	技术指标	项 目	技术指标
通道数/道	2	采样点数	512~32768
采样周期/μs	0.1、0.2、0.5、1、2、5	输入阻抗/M	1
A/D 转换精度/位	14	放大器频响范围/Hz	10~500
延时	可选	声时测读范围/μs	0.1~4096
声时测读精度/μs	0.1	幅度测读范围/dB	0~174
幅度测读精度/dB	$\frac{1}{16384}$	接收灵敏度/μV	<10
衰减系统分辨率/dB	1	波形存储长度	32k bytes
增益范围/dB	0~90	信号采集方式	自动、手动
触发方式	自动、手动	发射电压/V	250、500、1000
最大穿透距离/m	≥10	径向换能器	标准配置
厚度换能器	标准配置	通用接口	串口、并口、USB
主机	专用微机系统	显示器	10.4″、640×480 TFT
存储器	128M 内存、40GB 硬盘	充电器	输入电压220V
电源	内置 12V 蓄电池	整机体积/mm×mm×mm	320×260×80
整机质量/kg	4.2（含电池）	工作湿度/%	≤85
工作温度/℃	-5~40		

2.2.2.3 全波列声波测井仪系统组成

全波列声波测井仪系统组成如图 2-8 所示；侧面板为仪器与外接设备连接的平台，如图 2-9 所示。声波测试数据线图如图 2-10 所示。

2.2.3 现场测试技术

全波列声波测井仪系统集现场测试和数据处理功能于一体，操作界面直观快捷，现场可实时显示波列图、波速，测区强度、缺陷、裂缝深度等测试结果，方便用户布置下一步工作。通常的声波测井（如声速测井和声幅测井）只记录纵波头波的传播时间和第一个波的波幅，而且只是利用井孔中非常少的波列。实际

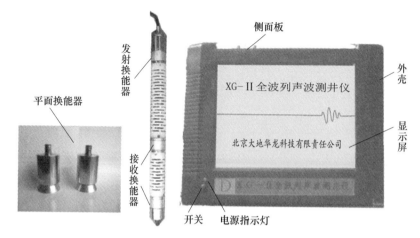

图 2-8   全波列声波测井仪系统组成图

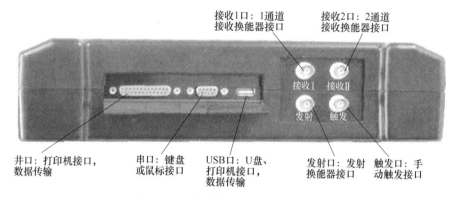

图 2-9   全波列声波测井仪侧面板图

图 2-10   声波测试探头

上，换能器在井孔中激发出的波列携带很多地层的信息，如果把声波全波列都记录下来，利用这些全波列通过一系列信号处理分析，从全波列资料中提取纵波、横波（含伪瑞利波）和斯通利波等，这样不仅可以得到各种波的波速，而且在一定条件下可以得到某一种波群幅度和频率谱等信息研究地层的特性等。现场测试流程如下：

（1）开封钻探孔堵塞盖，同时将护孔安全装置放在钻孔孔口；

（2）清洗钻孔、并灌满清水；

（3）记录钻孔的相关信息；

（4）向勘察人员了解钻孔情况，如钻孔地质情况、有无破碎带（易掉块）等。

探头和电缆放入钻孔过程中，应注意在破碎严重处以下深度不要长时间停留，以免碎石卡住探头。连接主机与换能器探头的操作步骤如下：

（1）将发射插头与主机的"发射"接口相连，将1号接收换能器插头通过信号放大器的"输入1""输出1"接口与主机的"接收1"接口相连，将接收换能器2号插头通过信号放大器的"输入2""输出2"接口与主机的"接收2"接口相连；

（2）打开主机电源，进入测试主界面，点击声波全波列测井按钮，显示设置采集参数窗口，根据现场测试条件设置参数；

（3）图2-11窗口中各项参数的显示值为进行全波列声波测井时的一般设置，实际工作中应根据现场测试条件适当调整；

（4）按全波列参数按钮，在全波列参数窗口中（见图2-11），输入钻孔深度、测点点距和测试方向等信息，并将发射与接收换能器分别置于声测孔的顶部或底部，打开信号放大器电源，鼠标点击快采（或采集）图标进行采样，仪器接收信号并在窗口中显示，并分区显示1道、2道的深度-声速-波幅曲线和数据结果。

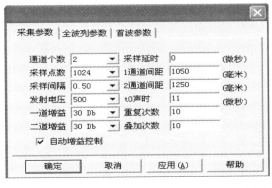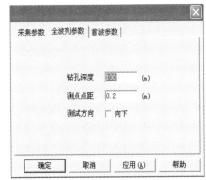

图2-11　设置采集参数窗口图

采集主界面主要分为波形判读区、互相关区、数据结果显示区和深度-波速曲线显示区四个显示区。

波形判读区显示当前道的波形和对该道波形首波的判读情况。

首波控制线：波幅在两条首波控制线之间的波形将被自动认定为噪声信号。在进行首波自动判读时，首波的幅度要超出首波控制线。按采集工具条中的相应选项可调整波形在窗口中的显示和首波控制线的间距大小。

如果波形质量不好，无法进行正确的自动判读时，可以进行人工判读——用鼠标在正确位置点击即可。互相关区为软件对横波信号进行互相关处理、自动计算横波速度。当有破碎区域时，由于其对横波的衰减较大，横波信号质量较差，可能会造成互相关错误。此时，可人工判读两道波形的横波时间，计算其时间差，然后在互相关区相应时间点用鼠标点击即可。数据结果显示区显示已测各点的声参量数值，该区各栏从左至右依次为：序号→深度→1 通道波传播时间→2 通道波传播时间→纵波波速→横波传播时间差→横波波速。

深度-波速曲线显示区显示各测点的声参量曲线，如图 2-12 所示。若欲更改显示的参量，可在工具菜单→设置参数→绘图参数的"显示数据"窗口中选择，并可调整该曲线的显示幅度。如果使用快采功能，则系统在短时间内快速采样后停止。使用采集工具条中的相关选项将波形、幅度和控制线（判读线）调整至合适位置。所测得的声参量数值亦随之显示在结果区。选择采集工具条中

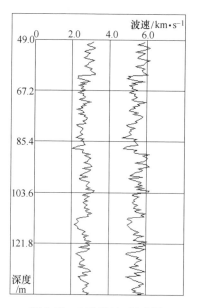

图 2-12　A 孔波速-深度图

🔘 1
🔘 2
的 1 或 2 选项，可对 1 通道或 2 通道的波形判读区进行调整。

　　如果使用动态采集功能，在采集过程中，系统自动调整显示首波，并可调整控制线、首波判读线至合适位置。再次按采集可中止动态采集，所测得的声参量数值亦随之显示在结果区。在停止采集状态下，部分参数可进行修改，以获得更好的观测结果。当接收的信号质量较差，波形不规则，难以自动判读首波时，可进行手工判读：用鼠标点击监视区当前波形的首波起跳位置，该测点的声参量数值亦随之显示在结果区。

　　如果某一测点信号质量较差，欲重新测试，点击采集工具条中的取消选项，即可将最近测点的结果删除。观察两道显示的波形、首波判读情况和结果区显示的声速、波幅是否正常。如果声速、波幅值超出正常变化范围，说明钻孔相应位置可能有破碎、采集信号不正常或首波判读错误。若需重测按取消按钮，探头不动，重复测试过程。若无问题则提升探头一个点距。重复上述测试过程，完成全部测试工作。

　　将测试结果存储于仪器中，以便进行后续处理和存档。测试结束后，按文件菜单中的另存为或工具条中的 🖫 图标，选择"保存类型"为声波测井仪波列文件（*.us5），在"文件名"框内输入文件名，在"保存在"框内选择欲保存文件的文件夹，按保存。将仪器存储的文件传输到计算机上进行备份或分析处理。

2.2.4　声波测井数据分析

　　超声波波速测试的任务是求出各勘察钻孔的不同深度的岩体及岩芯的纵波速度，并计算其完整系数，以此了解岩石的完整性、岩石类别及风化层的特征，为露天边坡设计提供依据。本次工作完成了六个孔的波速测试，分别是补充地质勘查 A 孔、B 孔、C 孔、E 孔、水文孔 ZK1402 和 ZK0810，完成测试工作量见表 2-7。各钻孔内的稳定水位标高为 3570~3590m，距地表埋深为 30~50m。

表 2-7　完成超声波速测试工作量统计表

孔　号	测试深度区间/m	点距/m	钻孔测定点数	测定岩芯块数（点数）
A	50.0~140.0	0.5	180	3
B	75.0~105.0	0.5	60	3
C	40.0~120.0	0.5	160	3
E	34.0~58.0	0.5	50	3
ZK1402	80.0~110.0	0.5	60	—

续表 2-7

孔 号	测试深度区间/m	点距/m	钻孔测定点数	测定岩芯块数（点数）
ZK0810	35.0~120.0	0.5	170	—
合　计	339	—	680	12

2.2.4.1　A 孔

本孔声波测试的范围是地表以下 50.0~140.0m，点距 0.5m。对应的地质资料为：

（1）此段岩性主要是大理岩、角岩和方铅闪锌矿化矽卡岩；

（2）大理岩多呈灰白色和青灰色，粒状变晶结构，块状构造，弱风化，岩芯多呈柱状，主要矿物成分是方解石，发育有一定的节理裂隙，其中 72.22~73.52m、75.86~77.69m、113.16~117.10m、125.33~126.82m、128.24~129.42m，133.72~134.62m 较为破碎，局部层面见铁质浸染；

（3）角岩与大理岩交互分布，多呈灰黑色，变晶结构，块状构造，主要矿物成分有长石、石英，发育有一定的节理裂隙，由白色方解石细脉充填；测试范围下部有 4m 厚的方铅闪锌矿化矽卡岩，多呈灰绿色，粒状变晶结构，块状构造，弱风化，见方铅矿、闪锌矿、绿泥石等矿物成分。

A 孔波速-深度图和波列图分别如图 2-12 和图 2-13 所示。A 孔岩体波速测试数据见表 2-8。

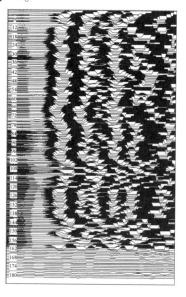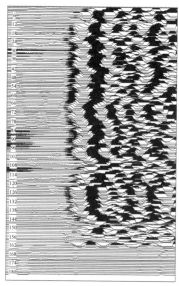

图 2-13　A 孔波列图

表 2-8　A 孔岩体波速测试数据表

深度/m	纵波 /km·s⁻¹	横波 /km·s⁻¹	密度 /g·cm⁻³	动剪切模量 /GPa	动弹性模量 /GPa	动泊松比	层速度 /km·s⁻¹	完整性系数	岩体级别	岩性
50~59.5	5.767	2.927	2.681	23.0515	85.3205	0.327	5.57	0.92	完整	灰白色大理岩
60~65.5	5.461	2.747	2.681	20.5625	76.1825	0.33	—	—	—	青灰色大理岩
66~71.5	5.364	2.636	2.681	18.711	68.16	0.34				灰白色大理岩
72~78.5	5.46	2.63	2.681	18.558	67.001	0.35	5.46	0.90	完整	
79~85.5	5.15	2.51	2.849	18.024	65.398	0.345	5.16	0.82	完整	角岩
86~90.5	5.379	2.561	2.681	17.769	63.872	0.353	5.38	0.88	完整	大理岩
91~98	5.725	2.858	2.849	23.378	85.776	0.319	5.74	0.92	完整	角岩
98.5~112.5	5.532	2.824	2.681	21.4835	79.734	0.322	5.53	0.91	完整	大理岩
113~117	5.14	2.345	2.681	14.776	52.14	0.37	5.14	0.85	完整	
117.5~121	5.585	2.78	2.681	20.76	76	0.34	5.59	0.92	完整	
121.5~125	5.65	2.795	2.849	22.39	81.8	0.34	5.73	0.92	完整	角岩
125.5~130.5	5.43	2.56	2.681	17.68	63.8	0.36	5.43	0.89	完整	大理岩
131~133	5.64	2.85	2.681	21.854	80.694	0.33	5.64	0.93	完整	
133.5~134.5	5.15	2.49	2.681	16.59	59.83	0.35	5.15	0.85	完整	
135~137.5	5.665	2.83	2.681	21.5	78.83	0.335	5.67	0.93	完整	
138~140	5.486	2.766	4.263	32.67	120.31	0.33	5.49	0.93	完整	矽卡岩

2.2.4.2　B 孔

本孔声波测试的范围是地表以下 75.0~105.0m，点距 0.5m。对应的地质资料为：

（1）此段岩性主要是大理岩，分布有少量角岩岩层；

（2）大理岩呈灰白色，粒状变晶结构，块状构造，弱风化，岩芯多呈柱状，主要矿物成分是方解石，发育有一定的节理裂隙，其中 72.87~73.67m 较为破碎；

（3）角岩与大理岩交互分布，呈灰黑色，变晶结构，块状构造，主要矿物成分有长石、石英，发育有一定的节理裂隙；

（4）此孔岩芯完整性好。B孔波速-深度图和波列图分别如图2-14和图2-15所示。B孔岩体波速测试数据见表2-9。

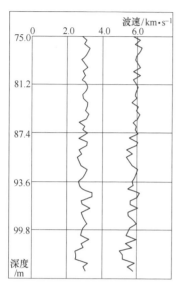

图2-14　B孔波速-深度图

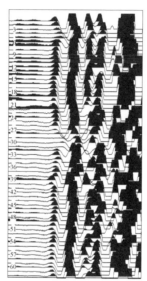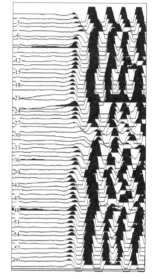

图2-15　B孔波列图

表2-9　B孔岩体波速测试数据表

深度/m	纵波/km·s⁻¹	横波/km·s⁻¹	密度/g·cm⁻³	动剪切模量/GPa	动弹性模量/GPa	动泊松比	层速度/km·s⁻¹	完整性系数	岩体级别	岩性
75.0~85.0	5.98	3.02	2.681	24.5	90.41	0.33	5.81	0.95	完整	
85.5~95	5.81	2.89	2.681	22.56	82.86	0.33	—	—	—	大理岩
95.5~105	5.617	2.91	2.681	22.84	85.56	0.32				

2.2.4.3　C孔

本孔声波测试的范围是地表以下40.0~120.0m，点距0.5m。对应的地质资料为：

（1）此段岩性主要是大理岩、方铅矿黄铁矿化矽卡岩、角岩和花岗岩；

（2）大理岩呈灰白色，粒状变晶结构，块状构造，岩芯多呈柱状，主要矿物成分是方解石，部分大理岩层节理裂隙发育，其中 53.58~63.29m 大理岩层破碎；

（3）方铅矿黄铁矿化矽卡岩呈灰绿色、古铜色和灰黑色，变晶结构，块状构造，节理裂隙较发育，见方铅矿、黄铁矿、磁黄铁矿等矿物成分；

（4）角岩与矿层交互分布，呈灰黑色，变晶结构，块状构造，主要矿物成分有长石、石英、云母，发育有一定的节理裂隙，其中 98.96~101.46m 岩芯较为破碎；

（5）花岗岩呈灰白色，花岗结构，块状构造，弱风化，锤击声脆，不易碎，主要矿物成分是长石、石英。

C 孔波速-深度图和波列图分别如图 2-16 和图 2-17 所示。C 孔岩体波速测试数据见表 2-10。

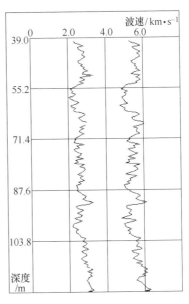

图 2-16　C 孔波速-深度图

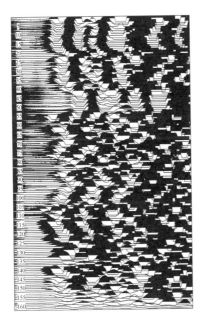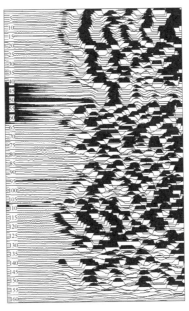

图 2-17　C 孔波列图

表 2-10　C 孔岩体波速测试数据表

深度/m	纵波/km·s⁻¹	横波/km·s⁻¹	密度/g·cm⁻³	动剪切模量/GPa	动弹性模量/GPa	动泊松比	层速度/km·s⁻¹	完整性系数	岩体分级	岩性
40.0~52.5	5.65	2.77	2.681	20.68	75.48	0.34	5.65	0.93	完整	大理岩
53.0~53.5	5.67	2.735	2.681	20.08	72.54	0.35	5.14	0.85	完整	
54.0~63.5	5.09	2.385	2.681	15.37	54.97	0.36			完整	破碎大理岩
64.0~66.5	5.69	2.82	4.263	33.97	124.19	0.33	5.69	0.96	完整	矽卡岩
67.0~88.0	5.4	2.6	2.849	19.38	70.05	0.34	5.40	0.86	完整	角岩
88.5~97.5	5.44	2.71	4.263	31.58	115.97	0.33	5.44	0.92	完整	矽卡岩
98.0~99.0	5.02	2.3	4.263	22.51	79.5	0.37	5.13	0.82	完整	
99.5~101.5	5.19	2.41	2.849	16.54	58.74	0.36			完整	角岩
102.0~120.0	5.77	2.92	2.722	23.36	86.36	0.33	5.77	0.95	完整	花岗岩

2.2.4.4　E 孔

本孔声波测试的范围是地表以下 34.0~58.0m，点距 0.5m。对应的地质资料为：

（1）此段岩性主要是角岩、大理岩和闪锌黄铁矿化矽卡岩；

（2）角岩与矿层交互分布，呈灰黑色，变晶结构，块状构造，主要矿物成分有长石、石英、云母，层面见铁质侵染现象（含少量灰绿色矿化矽卡岩成分），节理裂隙较发育，其中 47.48~57.14m 岩芯破碎；

（3）大理岩呈灰白色，粒状变晶结构，块状构造，主要矿物成分是方解石，大理岩层节理裂隙发育，其中 36.35~39.04m 岩层破碎；

（4）闪锌黄铁矿化矽卡岩呈灰绿色、古铜色，变晶结构，块状构造，节理裂隙较发育，见黄铁矿、闪锌矿等矿物成分。

E 孔波速-深度图和波列图分别如图 2-18 和图 2-19 所示。E 孔岩体波速测试数据见表 2-11。

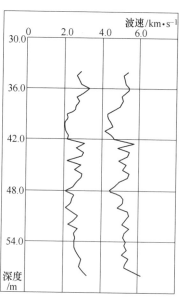

图 2-18　E 孔波速-深度图

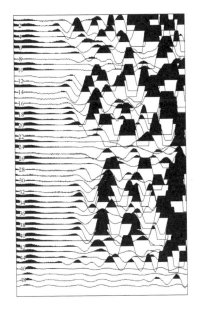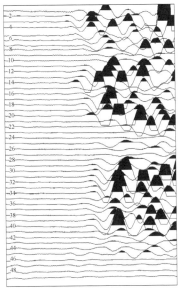

图 2-19　E 孔波列图

表 2-11　E 孔岩体波速测试数据表

深度/m	纵波 /km·s⁻¹	横波 /km·s⁻¹	密度 /g·cm⁻³	动剪切模量 /GPa	动弹性模量 /GPa	动泊松比	层速度 /km·s⁻¹	完整性系数	岩体级别	岩性
34.0~40.0	4.98	2.68	2.681	19.56	75.39	0.29	4.98	0.82	完整	大理岩
40.5~42.0	4.465	2.14	2.849	13.09	47.24	0.35	4.47	0.71	较完整	角岩
42.5~46.5	5.31	2.82	2.849	22.78	86.71	0.30	5.31	0.85	完整	
47.0~47.5	4.825	2.6	2.849	19.275	73.625	0.295	5.24	0.84	完整	破碎角岩
48.0~58.0	5.28	2.65	2.849	20.19	74.72	0.33				

2.2.4.5　ZK0810

本孔声波测试的范围是地表以下 35.0~120.0m，点距 0.5m。对应的地质资料为：

（1）此段岩性主要是大理岩、方铅闪锌矿化矽卡岩、蚀变花岗岩和角岩；

（2）大理岩呈灰白色，粒状变晶结构，块状构造，主要矿物成分是方解石，部分大理岩层节理裂隙发育，其中 33.46~35.47m、61.20~63.44m、67.55~

69.75m 大理岩层被铁质和泥质充填，岩层破碎；

（3）方铅闪锌矿化矽卡岩呈灰绿色、古铜色，变晶结构，块状构造，节理裂隙较少，岩芯较完整，见黄铁矿、闪锌矿、绿帘石和绿泥石等矿物成分；

（4）花岗岩岩层呈灰绿色，中细粒花岗结构，块状构造，主要矿物成分是长石、石英、绿帘石和绿泥石，局部有方铅闪锌矿、黄铜矿和黄铁矿浸染，节理裂隙发育，局部岩芯破碎，呈碎块状；

（5）角岩与矿层交互分布，呈灰褐色，隐晶质结构，块状构造，主要矿物成分有长石、石英、云母，节理裂隙较发育，裂隙被碳酸盐矿物充填，局部岩芯呈碎块状。

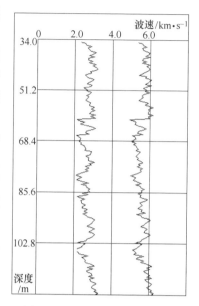

图 2-20　ZK0810 波速-深度图

ZK0810 波速-深度图和波列图分别如图 2-20和图 2-21 所示。ZK0810 孔岩体波速测试数据见表 2-12。

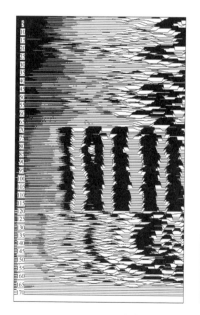
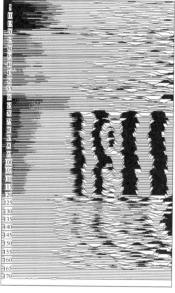

图 2-21　ZK0810 孔波列图

表 2-12　ZK0810 孔岩体波速测试数据表

深度/m	纵波 /km · s⁻¹	横波 /km · s⁻¹	密度 /g · cm⁻³	动剪切模量 /GPa	动弹性模量 /GPa	动泊松比	层速度 /km · s⁻¹	完整性系数	岩体级别	岩性
35.0~50.0	5.76	2.86	2.681	22.02	80.75	0.34	5.78	0.95	完整	大理岩
50.0~60.5	5.80	2.83	2.681	21.53	78.20	0.34			完整	
61.0~70.0	5.30	2.51	2.681	17.07	61.57	0.35	5.29	0.87	完整	
70.5~79.0	5.42	2.76	2.681	20.43	75.83	0.31	5.42	0.89	完整	
79.5~88.5	5.46	2.51	4.263	27.17	96.79	0.36	5.46	0.92	完整	矽卡岩
89.0~104.5	5.67	2.76	2.722	20	75.94	0.35	5.67	0.93	完整	86 蚀变花岗岩
105.0~109.0	5.40	2.46	2.849	17.41	61.63	0.37	5.40	0.86	完整	角岩
109.5~120.0	5.99	3.02	4.263	38.91	143.48	0.33	5.99	0.96	完整	矽卡岩

2.2.4.6　ZK1402

本孔声波测试的范围是地表以下 80.0~110.0m，点距 0.5m。对应的地质资料为：

（1）此段岩性主要是蚀变花岗岩、角岩和方铅闪锌矿化矽卡岩。

（2）蚀变花岗岩岩层呈灰白色，中细粒花岗结构，块状构造，主要矿物成分是长石、石英、绿帘石绿泥石和高岭土，局部星点状分布有方铅闪锌矿，节理裂隙发育，裂隙多被碳酸盐矿物充填，局部岩芯破碎，呈碎块状。

（3）角岩与矿层交互分布，呈灰褐色，隐晶质结构，块状构造，主要矿物成分有长石、石英、泥质和少量磁铁质，节理裂隙较发育，岩石破碎，裂隙被碳酸盐矿物充填。

（4）方铅闪锌矿化矽卡岩呈浅绿色、灰黑色，不等粒粒状变晶结构，块状构造，节理裂隙较少，岩芯完整，主要矿物成分是黑柱石、方铅闪锌矿、绿帘石和磁黄铁矿等矿物成分。

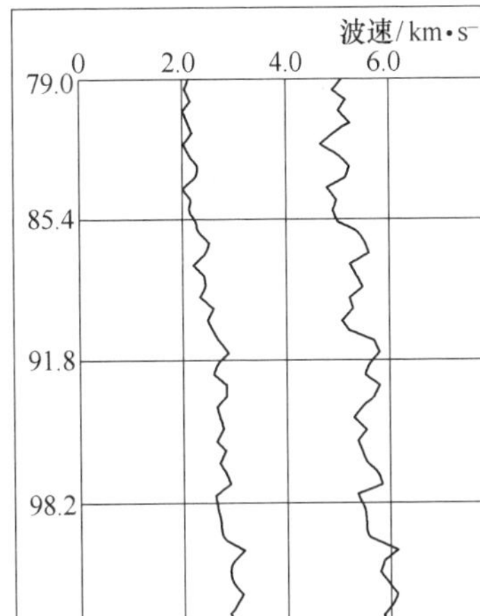

ZK1402 波速-深度图和波列图分别如图 2-22 和图 2-23 所示。ZK1402 孔岩体波速测试数据见表 2-13。

图 2-22　ZK1402 波速-深度图

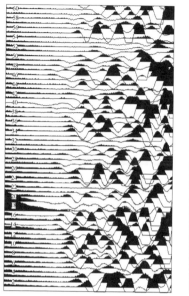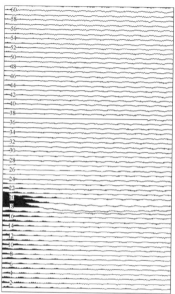

图 2-23　ZK1402 孔波列图

表 2-13　ZK1402 孔岩体波速测试数据表

深度/m	纵波 /km·s^{-1}	横波 /km·s^{-1}	密度 /g·cm^{-3}	动剪切模量 /GPa	动弹性模量 /GPa	动泊松比	层速度 /km·s^{-1}	完整性系数	岩体级别	岩性
79.0~85.0	5.04	2.16	2.722	12.67	43.73	0.39	5.04	0.81	完整	蚀变花岗岩
85.5~99	5.49	2.64	2.849	19.95	72.06	0.35	5.50	0.88	完整	角岩
100.0~106.5	5.77	2.91	4.263	36.41	134.32	0.33	5.77	0.95	完整	矽卡岩
107.0~110.0	4.99	2.57	2.849	18.89	70.35	0.32	5.00	0.80	完整	角岩

3 牛苦头矿表层岩土体物理力学性质及岩体工程力学参数

矿区地表局部区域覆盖了较大厚度的第四系土,而土的物理力学性质是关系到第四系边坡稳定性的关键因素之一。所有关于该部位边坡失稳机理的研究与判断准则的确立,都依赖于土体的物理力学性质。而露天边坡稳定性的主要因素之一是岩体的工程力学参数,而工程力学参数的确定又离不开岩石的物理力学参数。针对牛苦头露天矿 M1 矿体的主要围岩,将其分组进行了岩石密度及含(吸)水率、岩石纵波速度、岩石劈裂、岩石单轴压缩及变形、岩石三轴压缩及变形、岩石冻融及岩石弱面剪切试验。本章主要对青海鸿鑫矿业公司牛苦头 M1 矿体第四系土的物理力学参数进行了试验测试,旨在为第四系边坡稳定性分析提供直接依据,同时采用多种工程处理方法,得到符合工程实际的岩体力学参数,为后续矿区工程地质分区、岩体质量分级评价和露天边坡稳定性分析奠定了基础。

3.1 表层土体物理性质

牛苦头露天矿表层土体的物理力学参数测定参照中华人民共和国国家标准《土工试验方法标准》(GB/T 50123—2019)进行,其中物理参数主要包括密度、含水率、颗粒相对密度、孔隙率、粒径分布、渗透率和天然坡角。

现场共取回四组土样:土样 Q1 为浅埋土,粒径细腻,处于天然含水状态;土样 Q2a 为分层混合土,取样过程中,大部分取出砂砾,少部分细粒土,粒径较大;土样 Q2b 为分层混合土,土体结构接近原始、天然含水状态;土样 Q3 也为分层混合土,土体结构及含水状态接近原状,含大颗粒砂砾及细颗粒土。

利用称重法分别测得了土体的天然密度、干密度和含水率,详见表 3-1。其中,土样 Q3 的天然密度和干密度均最大,土样 Q2 的天然含水率最大,为3.8%。还利用比重瓶法测得了土粒的相对密度,土样 Q1 的相对密度代表粒径小于 2mm 的样品;土样 Q2a 相对密度代表粒径大于 2mm 的卵石样品;土样 Q2b 和 Q3 的相对密度均为计算值,根据土石(以 2mm 为界)所占比例加权所得;不同土样的土粒相对密度相差不大,为 2.688~2.755。利用土样的颗粒密度(相对密度)和干密度计算得到了土体的孔隙率,均列于表 3-1,其中土样 Q2a 的孔隙率最大,达到了 53.14%,而土样 Q3 的孔隙率最小,仅为 32.76%。

表 3-1   土体物理参数汇总表（一）

编号	取样深度/m	天然密度 /g·cm⁻³	干密度/g·cm⁻³	天然含水率/%	相对密度	孔隙率/%
Q1	0.6~3.2	1.359*	1.332*	2.00*	2.688	50.46
Q2a	7.4~9.7	1.340*	1.291*	3.80*	2.755	53.14
Q2b	14~21				2.738	52.85
Q3	5.7~26.5	1.866	1.835	1.70	2.729	32.76

注："*"为送样状态，非天然状态。

　　天然坡脚是无凝聚性土在堆积时，其天然坡面与水平面所形成的最大倾角。利用天然坡脚测定仪测得了无凝聚性土在充分风干和饱水状态下的天然坡角（如图 3-1 所示），对于土样 Q1 采用圆盘直径为 10cm 的底盘、土样 Q2a 和 Q3 采用圆盘直径为 20cm 的底盘。测定水下状态的天然坡角，将盛满试样的圆盘慢慢地沉入水槽中，当锥体完全淹没水中后，即停止下降，待其充分饱和，直至无气泡上升为止。然后慢慢地转动制动器，使圆盘升起，当锥体露出水面时，测记锥顶与铁杆接触处的刻度。

(a)　　　　　　　　　　　　　　(b)

图 3-1   天然坡角测试过程示意图

(a) 风干状态；(b) 饱水状态

　　天然坡脚试验均进行了二次平行测定，取其算术平均值作为最终的坡角，具体数值列于表 3-2。其中，土样 Q1 的风干坡角为 45°，未测其水下坡角；土样 Q2a 和 Q3 的水下坡角均为 34.9°，均略低于风干坡角。

表 3-2 土体物理参数汇总表（二）

编号	风干坡角/(°)	水下坡角/(°)	粒径/mm				C_u	C_v	级配	分类	渗透系数/cm·s⁻¹
			d_{10}	d_{30}	d_{50}	d_{60}					
Q1	45.0	—	0.04	0.08	0.10	0.11	3.00	1.572	不良	细砂	$1.572×10^{-4}$（重塑）
Q2a	36.0	34.9	3.4	6.5	9.4	12.5	3.70	0.994	不良	中砾	—
Q2b	—	—	0.27	2.35	5.2	73.5	272	0.278	不良	中砾	—
Q3	39.5	34.9	0.14	0.90	3.1	4.6	33.8	1.295	良好	细砾	$0.812×10^{-5}$（原状）

　　采用标准分析筛对四组土样中各种粒组所占该土含量（质量分数）进行了测量，绘制了土样的颗分曲线如图 3-2 所示。由颗分曲线分别得到了不同土样的 d_{10}、d_{30}、d_{50}、d_{60}，并计算土的不均匀系数 C_u 和土的曲率系数 C_v，具体数值详见

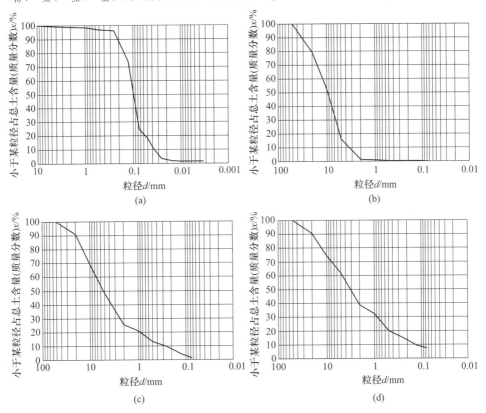

图 3-2　土样颗粒大小分配曲线

（a）试样 Q1；（b）试样 Q2a；（c）试样 Q2b；（d）试样 Q3

表 3-2。其中，土样 Q1、Q2a、Q2b 均为不良级配，土样 Q3 级配良好，根据《土工试验规程》（JTG 3430—2020）中土的工程分类方法，依次将土样 Q1、Q2 和 Q3 分为细砂、中砾和细砾。

对细砂 Q1 和细砾 Q3 均开展了常水头和变水头试验测定其渗透系数，试样 Q1 为重塑土样，制样含水率为 5.37%，干密度为 1.582g/cm³，孔隙率为 41.15%，采用的变水头管的截面积为 0.48cm²，土样的高度和截面积分别为 4cm 和 30cm²。而试样 Q3 为原状土样，其参数见表 3-1。根据标准温度下的渗透系数计算公式可分别计算得到常水头和变水头试验所测渗透系数，取其平均值作为最终的渗透系数，土样 Q1 和 Q3 的渗透系数差别较大，分别为 15.72×10^{-5}cm/s 和 0.812×10^{-5}cm/s。其计算公式为：

$$k_{20} = k_T \frac{\eta_T}{\eta_{20}} \tag{3-1}$$

式中　　k_{20}——标准温度（20℃）时试样的渗透系数，cm/s；

　　　　k_T——水温为 T 时试样的渗透系数，cm/s；

　　　　η_T——T 时水的动力黏滞系数，kPa·s；

　　　　η_{20}——20℃时水的动力黏滞系数，$\eta_{20}=1.010\times10^{-6}$ kPa·s；

　　　　$\dfrac{\eta_T}{\eta_{20}}$——黏滞系数比，可查表。

3.2　表层土体力学性质

利用三速电动应变控制式直接剪切仪（见图 3-3）测定土样的抗剪强度参数，抗剪强度计算公式为：

$$\tau = c + \sigma\tan\varphi \tag{3-2}$$

$$\sigma = \frac{P}{A} \tag{3-3}$$

$$\tau = \frac{Q}{A} \tag{3-4}$$

式中　　σ——正应力，kPa；

　　　　τ——剪应力，kPa；

　　　　P——垂直载荷，N；

　　　　Q——剪切载荷，N；

　　　　A——试件剪切面积，mm²；

　　　　c——黏聚力，kPa；

　　　　φ——内摩擦角，（°）。

根据试验所得不同正应力下的抗剪强度值，计算出 c、φ 值。本次进行共四组，每组四件土样的直接剪切试验，均采用设定含水率击实制样，所制试样的干密度及含水率见表3-3，各组均采用快剪，剪切速率为0.8mm/min。具体方案为：

（1）Q1-1~Q1-4组剪切前在600kPa固结压力下固结30min；

（2）Q1-11~Q1-14组吸水饱和17h，剪切前在600kPa固结压力下固结30min；

（3）Q1-21~Q1-24组，50℃干燥17h，不固结剪切；

（4）Q1-31~Q1-34组，吸水饱和17h，不固结剪切。

表3-3 土体力学参数

试验分组	直 剪 试 验				备注
	干密度/g·cm⁻³	含水率/%	黏聚力/kPa	内摩擦角/(°)	
Q1-1~Q1-4	1.599	5.37	15.91	31.06	天然
Q1-11~Q1-14	1.610	20.90	1.47	31.21	饱水
Q1-21~Q1-24	1.629	1.54	77.69	32.40	风干
Q1-31~Q1-34	1.629	17.91	0.67	32.30	饱水

剪切破坏后的土样如图3-4所示。

图3-3 电动直剪仪

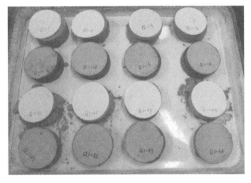

图3-4 直剪试验后土样

图3-5为四组土样不同正应力作用下的剪应力与剪切位移曲线，根据式（3-2）可以得到四组土样对应的黏聚力和内摩擦角，具体数值见表3-3。由图3-5可知，对于处于干燥状态的第三组试样的剪切位移曲线在达到剪应力峰值后出现了应变软化现象，剪应力出现了小幅降低后趋于稳定，而其余三组试样整体上均是达到峰值后随着剪切位移的增加而保持稳定。

由表3-3土体的抗剪强度指标可知，土样在风干状态、天然状态和饱水状态下的黏聚力分别为77.69kPa、15.91kPa和1.07kPa，内摩擦角为31.06°~32.40°，含水率对土样内摩擦角影响较小，而对其黏聚力影响较大。图3-6为含水率与黏聚力的关系曲线，可见随土样含水率增大黏聚力呈指数形式下降，黏聚力与含水率的拟合关系式为$c = 146.88 \times 0.66^{\omega}$，其中，$R^2$为相关系数。

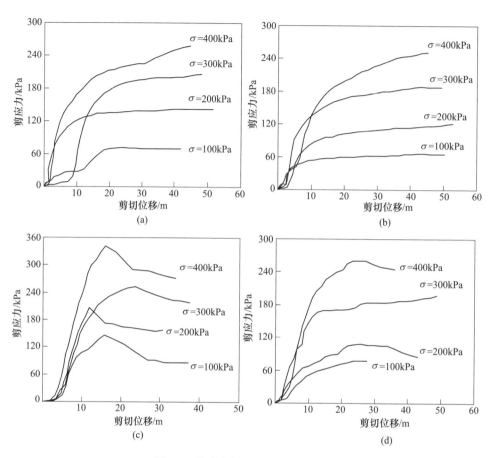

图 3-5　剪应力与剪切位移关系曲线

（a）Q1-1~Q1-4 组；（b）Q1-11~Q1-14 组，饱水；

（c）Q1-21~Q1-24 组，干燥；（d）Q1-31~Q1-34 组，饱水

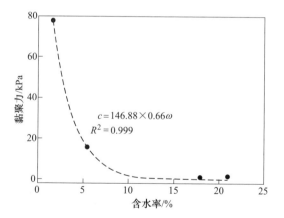

图 3-6　黏聚力与含水率的关系曲线

3.3　岩石物理力学性质

岩石物理力学性质试验岩芯取自牛苦头露天矿，一部分是取自岩样库保留的岩芯，如图 3-7 所示，另一部分取自现场补充钻探岩芯，如图 3-8 所示。当岩芯取出后进行编号、岩芯鉴定和密封处理后备用，按 ISRM《岩石力学试验建议方法》和我国水电部颁布标准《工程岩体试验方法标准》对岩样进行加工，矿区内的主要围岩为大理岩（D）、角岩（J）、矽卡岩（X）以及花岗岩（H）。

图 3-7　以往勘探岩芯取样　　　　　图 3-8　现场补充勘探取样

3.3.1　基本物理参数测定

利用称重法测得了四种不同岩性岩石的天然密度、烘干密度、饱水密度、天然含水率和饱和吸水率，均列于表 3-4。由表可知，青海牛苦头矿区矿岩物理性质差别较大，密度从大到小依次为：矽卡岩>角岩>大理岩>花岗岩。岩石含水率、孔隙率都较小，饱和吸水率为 0.09% ~ 0.27%。含矿矽卡岩的饱水率较大，为 0.41%，内部孔隙多，水对其强度影响会较大。

表 3-4　岩石物理力学参数汇总表

岩石名称	密度含水率试验					声波试验	
	天然密度 ρ_o /g·cm^{-3}	烘干密度 ρ_s /g·cm^{-3}	饱水密度 ρ_w /g·cm^{-3}	天然含水率 ω_0/%	饱和吸水率 ω_s/%	纵波速度 v_p/m·s^{-1}	动弹模量 E_d/GPa
大理岩	2.698	2.697	2.702	0.04	0.17	6082	101.05
角岩	2.939	2.938	2.941	0.05	0.09	6254	112.78
矽卡岩	3.829	3.819	3.834	0.29	0.41	5914	130.48
花岗岩	2.687	2.684	2.692	0.11	0.27	5324	76.77

岩石的声波测试主要是测定纵、横波在岩石试件中的传播时间，据此计算岩

块中声波传播速度。通过纵波速度 v_p 和横波速度 v_s 可以计算出岩石的动力弹性模量［见式(3-5)］和泊松比［见式(3-6)］。岩石纵波波速从大到小分别为：角岩>大理岩>矽卡岩>花岗岩，且所测波速均很高，各种岩石均致密，完整性好；不同岩性样品的动态弹性模量差别较大，矽卡岩的最大，达到了 130.48GPa，花岗岩最小，仅有 76.77GPa。其中，花岗岩的动力弹性模量和泊松比的计算公式分别为：

$$E_d = \rho v_p^2 \frac{(1+\mu)(1-2\mu)}{1-\mu} \times 10^{-3} \tag{3-5}$$

$$\mu = \frac{\left(\dfrac{v_p}{v_s}\right)^2 - 2}{2\left[\left(\dfrac{v_p}{v_s}\right)^2 - 1\right]} \tag{3-6}$$

式中 v_p ——纵波速度，m/s；

　　　　v_s ——横波速度，m/s；

　　　　ρ ——岩石块体密度，g/cm^3。

3.3.2 基本力学参数测定

通过不同岩性岩石的巴西劈裂试验和单轴压缩试验，测得了抗拉强度、抗压强度、饱水抗压强度、弹性模量、泊松比和软化系数，详见表3-5。其中，抗拉强度可通过式(3-7)计算获得：

$$\sigma_t = \frac{2P_{max}}{\pi Dh} \tag{3-7}$$

式中 σ_t ——岩石抗拉强度，MPa；

　　　　P_{max} ——破坏载荷，N；

　　　　D，h ——试件的直径和厚度，mm。

表3-5 岩石力学参数汇总表（一）

岩石名称	抗拉强度 σ_t/MPa	单轴抗压强度 R_c/MPa	饱水抗压强度 R_s/MPa	弹性模量 E/GPa	泊松比 μ	软化系数 η_c	冻融抗压强度 R_f/MPa	抗冻系数
大理岩	4.445	50.24	49.12	55.44	0.263	0.98	37.62	0.77
角岩	17.276	146.36	104.16	94.83	0.212	0.71	77.38	0.74
矽卡岩	12.399	117.02	91.34	102.55	0.241	0.78	80.38	0.88
花岗岩	16.981	99.65	98.52	66.43	0.242	0.99	80.13	0.81

由表3-5可知，角岩抗拉强度相对较高为 17.276MPa；花岗岩、矽卡岩次

之，分别为 16. 981MPa 和 12. 399MPa；而大理岩抗拉强度最低，仅为 4. 44MPa
左右。由于大理岩作为露天坑最终边坡岩体的主要组成部分，较低的抗拉强度可
能会对整体边坡的稳定产生一定影响。

由单轴抗压强度试验结果可知，矿体及围岩单轴抗压强度从大到小依次为：
角岩（146. 36MPa）>矽卡岩（117. 02MPa）>花岗岩（99. 65MPa）>大理岩
（50. 24MPa），矿体及围岩属于坚硬-较硬岩石；从岩石软化系数来看，各种矿岩
的软化系数为 0. 71~0. 99，遇水强度均有一定程度下降。其中，角岩和矽卡岩单
轴抗压强度下降程度较大，表明水对其力学性质影响较大。

岩石的冻融试验是指岩石在±25℃的温度区间内，反复降温、冻结、升温、
融解，其抗压强度有所下降，岩石试件冻融前的抗压强度与冻融后的抗压强度的
比值，即为抗冻系数。岩石试件预先进行干燥、吸水、饱和处理，在（−20±
2)℃温度下冷冻 4h，然后放入水温为（20±2)℃的水槽融解 4h，经历五个循环
后进行单轴抗压强度试验，测得冻融抗压强度及抗冻系数见表 3-5。

从岩石冻融试验可以看出，各种岩石的冻融抗压强度均有不同程度下降，受
影响程度从大到小依次为角岩（冻融系数 0. 74）、大理岩（冻融系数 0. 77）、花
岗岩（冻融系数 0. 81）、矽卡岩（冻融系数 0. 88），但由于冻融一般只对表层岩
体产生一定影响，影响深度有限。因此，在开采过程应注意对边坡防排水及长期
暴露边坡岩体关键区域的表面防护（尤其是作为最终边坡主要构成岩体的大理
岩），避免由于冻融及风化对边坡稳定性产生影响。

利用三轴压缩试验来获取不同岩性岩石的抗剪强度参数，根据试验规程，三
轴压缩及变形试验每组使用 5~7 个试件分别施加不同的围压，在轴向荷载的连
续加载下这些试件破坏，根据莫尔-库伦理论，求得抗剪强度参数。具体为：以
σ_1 为纵坐标，σ_3 为横坐标绘制 σ_1-σ_3 最佳关系曲线（直线），如图 3-9 所示。直线
回归方程为：

$$\sigma_1 = \sigma_0 + k\sigma_3 \tag{3-8}$$

式中　σ_0——σ_1 与 σ_3 关系曲线在纵坐标上的截距，MPa；

　　　k——σ_1 与 σ_3 关系曲线的斜率。

在 σ_1-σ_3 最佳关系曲线（直线）上选定若干组对应的值，在剪应力与正应力
坐标图上以 $\frac{\sigma_1+\sigma_3}{2}$ 为圆心，以 $\frac{\sigma_1-\sigma_3}{2}$ 为半径绘制莫尔应力圆（见图 3-10），根据莫
尔-库伦强度理论确定三轴应力状态下岩石的抗剪强度参数。岩石的黏聚为 c 和
内摩擦角 φ 的计算公式为（见表 3-6）：

$$c = \frac{\sigma_0(1 - \sin\varphi)}{2\cos\varphi} \tag{3-9}$$

$$\varphi = \sin^{-1}\frac{k - 1}{k + 1} \tag{3-10}$$

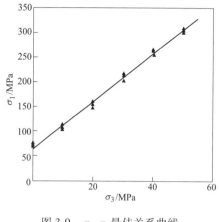

图 3-9　σ_1-σ_3 最佳关系曲线

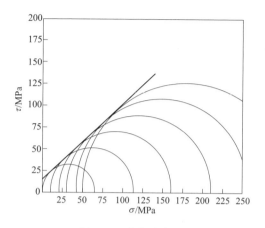

图 3-10　莫尔应力圆

表 3-6　岩石力学参数汇总表（二）

岩石名称	岩石三轴试验		弱面剪切试验	
	黏聚力 c/MPa	内摩擦角 φ/(°)	黏聚力 c/MPa	内摩擦角 φ/(°)
大理岩	6.466	52.55	97.1	36.05
角岩	9.372	60.38	9.13	25.37
矽卡岩	9.654	65.29	154.0	29.07
花岗岩	9.506	58.36	83.7	30.70

　　四种岩石的内摩擦角为 52.55°~62.29°，黏聚力为 6.466~9.654MPa。不同围压条件下的轴向应力随围压增大而逐渐增大。在围压作用下，岩石轴向破坏载荷比单轴抗压强度高出许多，因此应尽量使周围岩体由单轴受力状态向多轴受力状态转变，提高矿岩极限破坏载荷，进而改善围岩稳固状况。

　　最后，通过岩石弱面剪切试验测得了岩石软弱结构面的抗剪强度参数。试验前测出弱面面积 [见图 3-11(a)]，然后用水泥砂浆浇注成标准件 [见图 3-11(b)]。浇注前先用绳子将每对弱面捆牢，以防浇注过程中弱面发生错动。将试件放入模具的水泥砂浆中，弱面尽量与模具盒上平面平行，且高出水泥面 5mm 左右。待试件的下半块水泥凝固后脱模，将试件翻转 180°，用同样的方法浇注另外半块。整个试件脱模后保养 28 天时间再做试验。

　　剪切加载速率用等位移控制 0.5~1mm/min，分别测得法向应力分别为 200kPa、400kPa、600kPa、800kPa 时剪应力-剪切位移关系曲线，第一级法向应力下剪完后卸下剪力及法向应力，将试件复位至初始位置，再进行下一级法向应力下的剪切摩擦试验。如图 3-12 所示，根据不同正应力下的抗剪应力，计算出 c、φ 值。由表 3-6 可知，不用岩石的弱面黏聚力差别较大，矽卡岩的弱面黏聚力最大，为 154.0kPa；大理岩和花岗岩的弱面黏聚力接近，分别为 97.1kPa 和 83.7kPa；角岩的弱面黏聚力最小，仅为 9.13kPa，各种岩性弱面内摩擦角为 25.37°~36.05°。

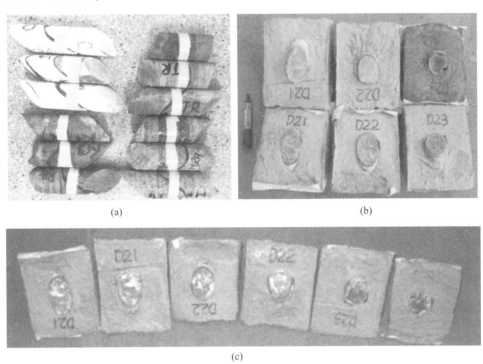

图 3-11 弱面剪切试验图

（a）弱面剪切试验样品；（b）大理岩试验前制样；（c）大理岩试验后剪切面

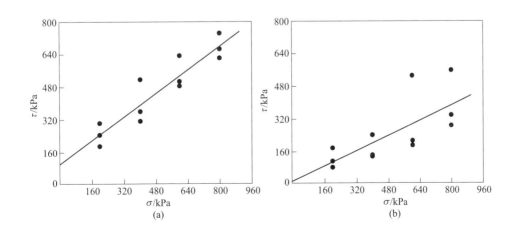

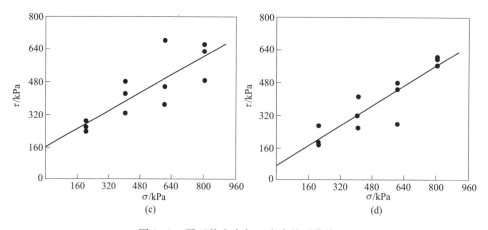

图 3-12   弱面剪应力与正应力关系曲线图

（a）大理岩；（b）角岩；（c）矽卡岩；（d）花岗岩

3.4   牛苦头露天矿岩体工程力学参数处理

在边坡工程稳定性分析中，力学参数的选取会对计算结果产生重大影响，甚至有可能得出不能接受的计算结果。岩体宏观力学参数的研究一直是岩石力学最困难的研究课题之一。由于岩体中结构面的存在，以及水化、风化等外营力的作用，岩体的力学行为与岩石试块所表现的力学行为之间存在着很大的差异。

采用原位试验方法确定岩体力学参数比室内岩块试验合理，但原位试验通常受到各种条件的限制，而且还存在一些尚待解决的技术问题。因此，如果考虑将岩块力学参数应用于岩体工程时，必须考虑岩块与岩体之间的差异，对参数进行工程处理，使得对岩体工程所做的稳定性分析结果更接近于现场实际情况。因此，需要利用室内试验资料，采用多种工程处理方法，得到符合工程实际的岩体力学参数。

3.4.1   岩体抗压强度工程力学参数

岩体抗压强度的工程力学参数参照以下四个经验公式进行处理。

（1）Singh 等提出的岩体抗压强度 σ_{mc}（MPa）与 Q 系统评分值的关系为：

$$\sigma_{mc} = 0.7\gamma\sqrt[3]{Q} \qquad (3-11)$$

式中 γ ——岩体容重，kN/m^3；

Q —— Q 系统评分值。

（2）Kalamaras、Bieniawski 等提出如下计算公式：

$$\sigma_{mc} = 0.5\sigma_c RMR - \frac{15}{85} \qquad (3-12)$$

式中 σ_c——岩块抗压强度，MPa；

RMR——评分值。

（3）Arid Palmstrom 提出如下公式：

$$\sigma_{mc} = \sigma_c JP = 0.2\sigma_c \sqrt{JC}\, V_b^{0.37JC^{-0.2}} \tag{3-13}$$

$$JC = JA \cdot \frac{JR}{JL} \tag{3-14}$$

式中   JA——节理蚀变度值评分值；

JR——节理粗糙度因子评分值；

JL——节理尺寸和连续性因子评定值；

V_b——岩石块体的平均体积，m^3。

（4）Hoek-Brown 法（利用 RMR 系统评分）。Hook-Brown 准则的岩体强度公式为：

$$\sigma_1 = \sigma_3 + \sqrt{m\sigma_c\sigma_3 + s\sigma_c^2} \tag{3-15}$$

$$m = m_i \exp\left(\frac{RMR - 95}{14}\right) \tag{3-16}$$

$$s = s_i \exp\left(\frac{RMR - 100}{6}\right) \tag{3-17}$$

式中 σ_1，σ_3——破坏时最大主应力、最小主应力；

σ_c——岩块单轴抗压强度；

m_i，s_i——完整岩块的 m、s 值，$s_i = 1$；

m，s——岩体力学参数的随机变量，m、s 值的大小取决于岩石的矿物成分、岩体中结构面的发育程度、几何形态、地下水状况及充填物性质等。

根据野外岩体的地质特征和岩体的 RMR 分类得分与岩体强度参数的关系，就可以估算岩体弱化后的强度参数值。当 $\sigma_3 = 0$ 时，可导出弱化后的岩体单轴抗压强度 σ_{mc} 为：

$$\sigma_{mc} = \sqrt{s}\,\sigma_c \tag{3-18}$$

利用 RMR 系统评分，各种岩性的 RMR 评分值可以参考岩体 RMR 总评分表。

3.4.2 岩体抗拉强度工程力学参数

由 Hook-Brown 准则知，若 $\sigma_1 = 0$，可得弱化后的岩体单轴抗拉强度 σ_{mt} 为：

$$\sigma_{mt} = \frac{1}{2}\sigma_c(m - \sqrt{m^2 + 4s}) \tag{3-19}$$

$$m = m_i \exp\left(\frac{RMR - 95}{14}\right) \tag{3-20}$$

$$s = s_i \exp\left(\frac{RMR - 100}{6}\right) \tag{3-21}$$

式中　σ_c——岩块单轴抗压强度;

m_i,s_i——完整岩块的 m、s 值;

m,s——岩体力学参数的随机变量。

3.4.3　岩体抗剪切强度工程力学参数

（1）用 c_m 表示岩体的黏结力,c_l 表示试样测试得到的岩石的黏结力,取折减系数为 I,则有:

$$c_m = c_l I \tag{3-22}$$

I 值的大小依经验公式的不同而异,常用的折减经验公式有 M. Georgi 公式,其计算公式为:

$$I = 0.114\exp[-0.48(i-2)] + 0.02 \tag{3-23}$$

式中　i——节理裂隙密度指数,条/m。

（2）由 Hook-Brown 准则可知,在 RMR 系统中,岩体抗压强度和抗拉强度的关系式为:

$$\sigma_{mt} = \frac{1}{2}\sigma_c(m - \sqrt{m^2 + 4s}) \tag{3-24}$$

$$\sigma_{mc} = \sqrt{s}\,\sigma_c \tag{3-25}$$

由式(3-24)和式(3-25)可以推出岩体黏结力为:

$$c_m = \frac{\sqrt{\sigma_{mc}\sigma_{mt}}}{2} \tag{3-26}$$

岩体的内摩擦角 φ_m 为:

$$\varphi_m = \tan^{-1}\left(\frac{\sigma_{mc} - \sigma_{mt}}{2\sqrt{\sigma_{mc}\sigma_{mt}}}\right) \tag{3-27}$$

3.4.4　岩体变形参数工程力学参数

（1）岩体变形模量 E_m 的工程处理。

1）Serafim、Pereira 等提出 E_m 和 RMR 的关系,其关系式为:

$$E_m = 10^{\frac{RMR-10}{40}} \tag{3-28}$$

式中,E_m 的单位为 GPa。

同理,又提出有如下关系:

$$E_m = 0.0097\,RMR^{4.54} \tag{3-29}$$

式中,E_m 的单位为 MPa。

2）Aydan 等给出 E_m 与 σ_{mc} 的关系为:

$$E_m = 80\,\sigma_{mc}^{1.4} \tag{3-30}$$

式中，E_m 的单位为 MPa。

（2）岩体泊松比 μ_m 的工程处理：

$$\mu_m = 0.25(1 + e^{-0.25\sigma_{mc}})$$ （3-31）

（3）岩体体积模量 K_m 与剪切模量 G_m 的工程处理的计算公式为：

$$K_m = \frac{E_m}{3(1 - 2\mu_m)}$$ （3-32）

$$G_m = \frac{E_m}{3(1 + 2\mu_m)}$$ （3-33）

（4）弱面 c、φ 值的工程处理。

1）弱面黏结力 c 的折减：弱面的黏结力 c 值不取决于试件的尺寸大小，仅取决于弱面夹层的性质及其粗糙度，因而弱面黏结力 c 的折减方法与岩石强度的折减方法完全不同，为了工程实用，弱面黏结力 c 按经验将折减系数取为 0.5。

2）弱面内摩擦角的折算：弱面的 φ 值除取决于夹层的性质外，还有弱面自身的粗糙度影响。按照经验，对于弱面的试验值取折减系数为 0.82。

3.4.5 岩体工程力学参数处理

岩体在力场作用下的性质包括岩体的变形特征和强度特征两个方面，主要的代表性力学参数包括岩体变形模量、岩体抗剪强度指标 c、φ 值。

岩体的抗剪强度及岩体弱面的抗剪强度是边坡稳定性分析及其他力学分析的重要参数。通过试验，在实验室已经测定了岩块的抗剪强度和岩块弱面的抗剪强度。由于岩体是含软弱结构面的地质体，岩体的抗剪强度取决于岩块的抗剪强度、弱面的抗剪强度和岩体中弱面的分布。

岩块弱面的抗剪强度试验结果也要进行工程折减，因为经取样后的试件的赋存条件与天然状态下相比发生了许多变化（如扰动、孔隙率和含水率等的变化），c、φ 值会相应改变。故工程上需将试验得到的弱面抗剪强度指标进行工程处理，以得到符合实际情况的岩体抗剪强度和岩体弱面的抗剪强度。

在牛苦头矿区工程地质资料、工程地质调查及岩石物理力学试验参数等基础上，结合岩体抗压强度、抗拉强度、抗剪强度及变性参数等理论基础，通过综合分析研究，获取牛苦头露天矿岩体工程力学参数（详细参数见边坡稳定性分析及边坡角优化章节）。

4 矿区工程地质分区和岩体质量分级评价

4.1 青海鸿鑫矿业牛苦头矿区M1矿体工程地质分区

4.1.1 工程地质分区方法与要点

工程地质分区基本方法是将工程地质条件与特性大体相同的地段归类区划为一些独立的场地单元或系统，为工程设计提供所需的基本参数与评价根据。工程地质分区一般应在以下三个方面展开。

（1）特性分区。对各种制约工程建设的工程地质要素的特性应做出一般性的评估。通常可在正确确定区划指标体系的基础上，运用聚类分析的方法来提高分区的定量化水平。

（2）适宜性分区。从岩土体的工程可建设性出发，对工程区域的工程地质条件和特点及场地的宏观质量等级做出评价；并运用系统工程方法，将矿区工程地质环境与工程作用当作一个系统进行系统分析。

（3）稳定性分区。一般在上述分区的基础上进行，从突出原生和次生地质灾害对工程建设影响的程度与耗费的大小出发，对工程区域的工程建设稳定性状态做出区划与评价。评价中，应评估各种地质灾害的相对危险概率及其对工程建设的稳定性影响，以及因稳定性可能造成的损失与耗费；并运用风险分析原理等方法，来提高分析评价的精确性与实用性。

工程地质分区要点主要包括以下内容。

（1）由于各阶段岩土工程勘测的目的和重点不同，各阶段工程地质分区的目的和重点应各不相同。

（2）工程地质分区，可研阶段宜根据不良地质作用发育程度分为微弱发育区、中等发育区和强烈发育区；初勘阶段应根据工程地质条件的优劣，分为工程地质条件良好区或较好区、工程地质条件一般区、工程地质条件较差区或很差区。

（3）工程地质分区也可根据需要进行区、亚区、地段等三级区划。

（4）工程地质分区应在完成勘探点平面布置图、地质剖面图的基础上进行。

（5）工程地质分区图上应重点突出和标示主要的工程地质条件及岩土工程问题。

4.1.2 青海鸿鑫矿业牛苦头矿区 M1 矿体工程地质分区

青海鸿鑫矿业牛苦头矿区 M1 矿体工程地质分区目的在于为计算提供服务，通过计算反分析，最后把相对稳定区与相对不稳定区分离开来，以达到分区综合治理的目的。

根据边坡工程周围的地形地貌、地层岩性，结合现场地质调查和补充勘探的结果，对青海鸿鑫矿业牛苦头矿区 M1 矿体工程地质进行了分区。分区过程中，同时考虑了水文地质条件、断层节理以及破碎带的工程因素和地质因素。青海鸿鑫矿业牛苦头矿区 M1 矿体分为五个地质特征区，分区如图 4-1 所示。

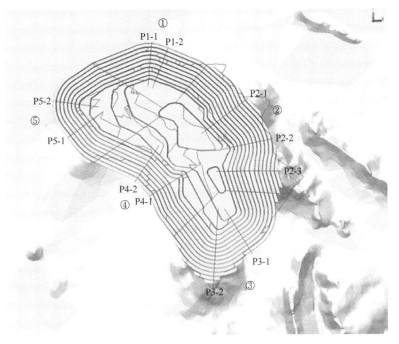

注：1. 粉红色线代表第四系砂土层的下表面（即大理岩层的上表面）与设计露天坑的交线；
　　2. 蓝色线代表矿体（即矽卡岩层）与露天坑的交线；
　　3. 绿色线代表花岗岩层的上表面与露天坑的交线；
　　4. 红色线和红色数字代表初步露天分区的分界线及分区编号；
　　5. 黑色线和黑色数字代表各露天分区内切割典型剖面的位置和剖面编号；
　　6. 蓝色字母和标志代表补充勘查钻孔位置与编号。

扫描二维码
查看彩图

图 4-1　青海鸿鑫矿业牛苦头矿区 M1 矿体露天边坡分区图

4.1.2.1　①区

①区位于露天坑的北部，组成该区边坡的岩层自上至下依次是第四系砂土

层、大理岩、矽卡岩（矿体），岩层与露天边坡呈逆倾分布。该区地表第四系软弱层较厚，可达三个台阶，第四系地层厚约 30~40m；大理岩台阶在该区边坡中占到四个台阶左右，由于受成矿带冲击浸染作用，在大理岩中发育有较多的节理裂隙，并存在多层不同厚度的蚀变破碎层；矿体主要赋存在矽卡岩中，且该区内分布有多层方铅矿闪锌矿磁铁矿等矿层，矿体倾角较小，与露天边坡呈逆倾分布，矿化作用较低的矽卡岩完整性好，力学强度较大。①区主要断面图如图 4-2 所示。

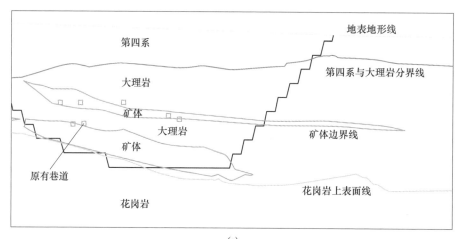

(a)

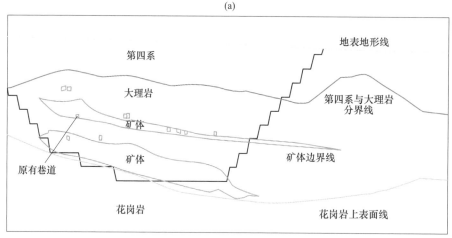

(b)

图 4-2　　①区主要断面图
(a) P1-1；(b) P1-2

扫描二维码
查看彩图

4.1.2.2　②区

②区位于露天坑的东侧，组成该区边坡的岩层主要是大理岩，露天坑下部分

布有两个台阶高度矽卡岩层（矿体），整体岩层与露天边坡呈逆倾分布。该区地表有两座山峰，推测可能会存在地质褶皱作用，沿向斜处大理岩层中存在较多破碎层，但本区大理岩层受成矿带冲击浸染程度相对①区较低；深部矽卡岩层完整性较好，但矿体附近围岩发育有一定厚度的软化蚀变带；该区存在两座山峰，使得该区的露天边坡高度最大，组成边坡的台阶数最多。②区主要断面图如图4-3所示。

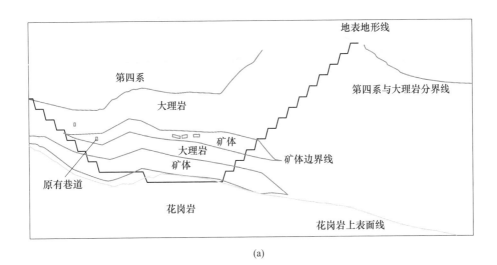

(a)

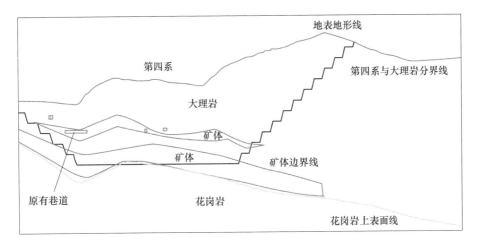

(b)

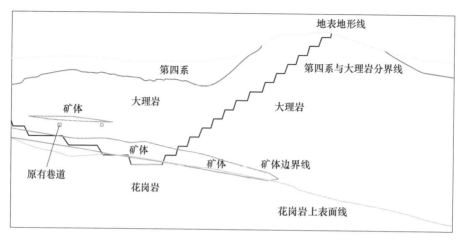

(c)

图 4-3   ②区主要断面图
(a) P2-1；(b) P2-2；(c) P2-3

扫描二维码
查看彩图

4.1.2.3   ③区

③区位于露天坑的南部，组成该区边坡的岩层主要是大理岩，在上部山谷处分布有十米左右的第四系砂土层，在深部分布有少量的矽卡岩矿体，该区岩层与露天边坡基本上呈顺倾分布。该区第四系厚度不大；大理岩层内构造作用不明显，局部分布有一定厚度蚀变带，大理岩力学强度较大，该区岩层完整性相对较好。③区主要断面图如图 4-4 所示。

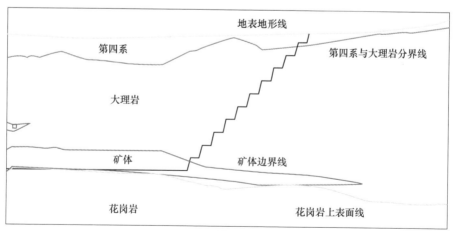

(a)

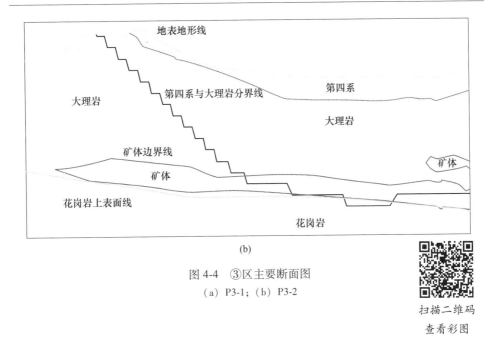

(b)

图 4-4 ③区主要断面图

(a) P3-1; (b) P3-2

扫描二维码
查看彩图

4.1.2.4 ④区

④区位于露天坑的西部，组成该区边坡的岩层自上至下为第四系砂土层、大理岩层、矽卡岩层（矿体）和花岗岩层，该区岩层与露天边坡呈顺倾分布。该区第四系软弱砂土层分布厚大，最厚处可达四个台阶高度，且岩层与露天边坡呈顺倾分布。④区主要断面图如图 4-5 所示。

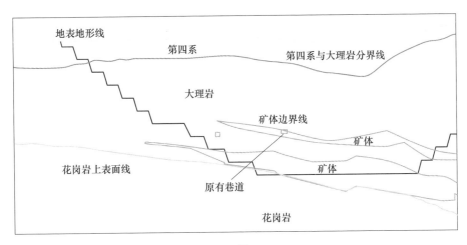

(a)

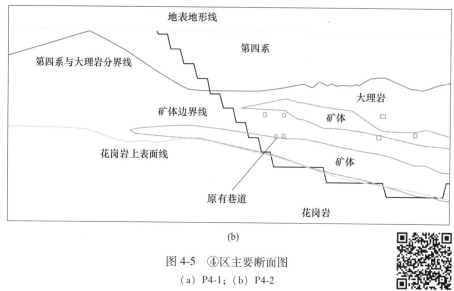

(b)

图 4-5　④区主要断面图

(a) P4-1；(b) P4-2

扫描二维码
查看彩图

4.1.2.5　⑤区

⑤区位于露天坑的西北部，组成该区边坡的岩层自上至下为第四系砂土层、大理岩层、矽卡岩层（矿体）和花岗岩层，该区岩层与露天边坡呈顺倾分布。该区的第四系砂土层分布厚度较小，均在十米以下；大理岩层占五个台阶高度，受成矿带冲击浸染左右，该区大理岩层节理裂隙较发育，存在多层厚度不等的蚀变破碎带。⑤区主要断面图如图 4-6 所示。

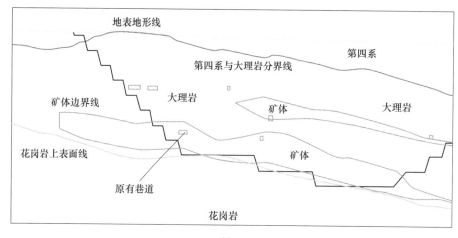

(a)

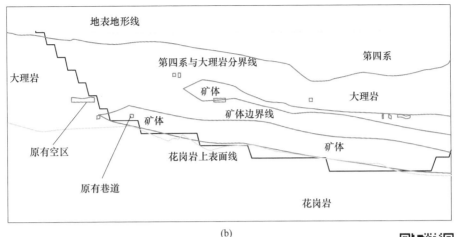

(b)

图 4-6 ⑤区主要断面图

(a) P5-1; (b) P5-2

扫描二维码
查看彩图

总体来讲，①区、④区、⑤区的岩体完整性较差，节理、裂隙较发育，第四系软弱岩层及矿体浸染作用较强，对边坡的稳定产生较大影响；②区和③区岩体完整性一般，节理、裂隙不很发育，褶皱构造作用对②区产生一定影响，且②区最终边坡依附山体，边坡高度较大。

地质分区是计算边坡稳定性的前提和基础。下面将结合现场地质调查的结果，对不同地质区段的岩体质量进行定量分析和评价，为边坡稳定性计算提供更为充分的依据。

4.2 青海鸿鑫矿业牛苦头 M1 矿体岩体质量分类评价

在大中型边坡设计过程中，边坡岩体质量分级及工程地质分区是必不可少的工作。对岩体质量进行评价有许多分级、分类方法，相关规程规范中也建议了部分分级、分类方式。

4.2.1 国外 RMR 或 SMR 边坡岩体分类

世界各国目前应用较多的边坡岩体质量分类是 Bieniawski 1976 年提出的 RMR（Rock Mass Rating）分类，以及 Romana 1985 年在 RMR 分类基础上提出的 SMR（Slope Mass Rating）分类。RMR 分类主要考虑了完整岩石的抗压强度、岩体 RQD、节理间距、节理条件、地下水这几个特征值，作为对岩体质量进行量化描述的依据，其分类参数及评分标准见表 4-1。

表 4-1　RMR 分类参数及评分标准表

参　　数		评　分　标　准				
岩石强度	点荷载强度	>10	4~10	2~4	1~2	0
	单轴抗压强度	>250	100~250	50~100	25~50	<25
	分值	13~15	10~13	5~10	2~5	0~2
质量指标	RQD/%	90~100	75~90	50~75	25~50	<25
	分值	18~20	15~18	10~15	5~10	0~5
结构面间距	结构面间距/m	>2	2~0.6	0.6~0.2	0.06~0.2	<0.06
	分值	15~20	12~15	8~12	5~8	<5
结构面条件	粗糙度	很粗糙	粗糙	较粗糙	光滑	擦痕
	分值	6	4	2	1	0
	充填物	无	<5mm（硬）	>5mm（硬）	<5mm（软）	>5mm（软）
	分值	6	4	2	2	0
	张开度	未张开	<0.1mm	0.1~1mm	1~5mm	>5mm
	分值	6	5	4	1	0
	结构面长度	<1m	1~3m	3~10m	10~20	>20m
	分值	6	4	2	1	0
	岩石风化程度	未风化	微风化	弱风化	强风化	全风化
	分值	6	5	3	1	0
地下水状况	状态	干燥	湿润	潮湿	滴水	涌水
	透水率	<0.1	0.1~1	1~10	10~100	>100
	分值	11~15	8~11	5~8	0~5	0

　　上述五个特征参数值之和即为边坡岩体的分值，该分类中虽对岩体本身质量的评定方面给出了十分详细的标准，但没有详细规定，也未对支持处理方案进行评价。并且，该分类中也未详细考虑对边坡岩体稳定起重要作用的控制性结构面的影响。

　　SMR 分类最大的特点是充分考虑了岩体结构面特征对边坡稳定的影响，对工程边坡最常见的滑动、倾倒和楔体破坏这三类都给予了适当的考虑，将计算获得的 SMR 值 20、40、60，分别作为确定边坡为破坏、基本稳定、稳定情况良好的判据。但是，该分类未考虑边坡高度对稳定性评价的影响，也没有区分控制结构面的条件对边坡稳定性的影响。

4.2.2　中国 CSMR 边坡岩体分类

　　中国在依照 RMR 和 SMR 分类方式的前提下，考虑坡高及结构面影响，采用积差评分模型对 RMR 值进行了修正，提出了 CSMR 分类体系。

其基本修正公式为：

$$\text{CSMR} = \xi \text{RMR} - \lambda (F_1 F_2 F_3) + F_4 \tag{4-1}$$

式中　F_1，F_2，F_3——不同结构面调整因子；

　　　　F_4——边坡开挖方式调整因子；

　　　　λ——结构面条件系数；

　　　　ξ——坡高修正系数。

4.2.2.1　结构面调整因子及边坡开挖方式调整因子取值

（1）F_1 为取决于影响边坡稳定性的不利结构面倾向与边坡坡面倾向之间平行程度的调整因子，取值为 0.15~1.0。当二者之间的夹角大于 30° 时，边坡破坏的可能性很低；当 $F_1 = 1.0$ 时，结构面与边坡坡面近于平行，这时的结构面很不利。F_1 值最初是凭经验给的，但是后来发现它与下列关系式近似匹配：$F_1 = (1 - \sin A)^2$。其中，A 为坡面倾向与结构面倾向的差值。

（2）F_2 为在平面破坏中，结构面倾角（β_i）的调整因子，取值为 0.15~1.0；$F_2 = \tan \beta_i$ 在倾倒破坏中，$F_2 = 1.0$。

（3）F_3 为反映坡角与结构面倾角之间关系的调整因子，其值为 0~60。

（4）F_4 为取决于开挖方法的调整因子。

式（4-1）中不同结构面调整因子见表 4-2，式（4-1）在边坡开挖方法调整因子 F_4 见表 4-3。

表 4-2　不同结构面调整因子评分值表

边坡破坏模式情况		很有利	有利	一般	不利	很不利
P	$\lvert \alpha_j - \alpha_s \rvert$					
T	$\lvert \alpha_j - \alpha_s - 180° \rvert$	>30°	30°~20°	20°~10°	10°~5°	<5°
W	$\lvert \alpha_s - \alpha_v \rvert$					
P/W/T	F_1	0.15	0.40	0.70	0.85	1.00
P	$\lvert \beta_j \rvert$	<20°	20°~30°	30°~35°	35°~45°	>45°
W	$\lvert \beta_t \rvert$	—	—	—	—	—
P/W	F_2	0.15	0.40	0.70	0.85	1.00
T	F_2	1	1	1	1	1
P	$\beta_j - \beta_s$	>10°	10°~0°	0°	0°~-10°	<-10°
W	$\beta_s - \beta_t$	—	—	—	—	—
T	$\beta_j + \beta_s$	<110°	110°~120°	>120°	—	—
P/W/T	F_3	0	6	25	50	60

注：P 为平面破坏；T 为倾倒破坏；W 为楔体破坏；α_s 为边坡倾向；α_j 为结构面倾向；α_v 为两组结构面交线的倾伏向；β_s 为边坡倾角；β_j 为结构面倾角；β_t 为两组结构面交线的倾伏角。

表 4-3　边坡开挖方法调整平分值表

开挖方法	自然边坡	预裂爆破	光面爆破	一般方式或机械开挖	欠缺爆破
F_4	+15	+10	+8	0	-8

4.2.2.2　结构面条件系数和坡高修正系数确定

（1）ξ 坡高修正系数的计算公式为：

$$\xi = 0.57 + 0.43 \frac{H_r}{H} \tag{4-2}$$

式中，$H_r = 80m$，H 为边坡高度（m）。对于倾倒边坡，$\xi = 1.0$。

（2）λ 结构面条件系数取值见表 4-4。通过上述的边坡岩体质量评价和各项边坡工程因子的修正后，所求得的 CSMR 总分即可根据表 4-5 确定边坡岩体质量类别，半定量地评价岩体质量和稳定性，预测可能的破坏模式及处理方法。

表 4-4　结构面条件系数 λ

结构面条件	λ
断层、夹泥	1.0
层面、贯穿裂隙	0.8~0.9
节理	0.7

表 4-5　CSMR 分类体系评述

类　别	Ⅰ	Ⅱ	Ⅲ	Ⅳ	Ⅴ
CSMR 值	81~100	61~80	41~60	21~40	0~20
岩体描述	很好	好	一般	差	很差
稳定性状况	完全稳定	稳定	局部稳定	不稳定	完全不稳定
破坏方式	无破坏	一些楔体	平面或许多楔体	平面或大楔体	大型平面
破坏概率	0	0.2	0.4	0.6	0.9

（3）边坡支护措施选取。CSMR 分类体系中按边坡岩体类别初步提出了不同的支护方案，可根据最终的 CSMR 值的大小设计适宜的边坡或采取重新设计、重新开挖等工程措施来加固边坡。该分类体系中提出的支护加固措施见表 4-6。

表 4-6 CSMR 分类体系边坡支护加固方法表

级别	CSMR 分值	加 固 方 法
I a	>91	不需要
I b	81~90	一般不需要
II a	71~80	点状锚固（有时不需要，或开挖大脚沟）；设挡石栅
II b	61~70	设脚沟或挡石栅；网点锚固或系统锚固
III a	51~60	设脚沟和（或）网点锚固系统喷射混凝土锚固
III b	41~50	系统锚固，加预应力长锚杆，全面挂网喷射混凝土；设坡脚挡墙式混凝土齿墙，且加脚沟
IV a	31~40	预应力长锚杆，系统喷射混凝土，设坡脚砌石挡墙和（或）混凝土挡墙，或重建，做好深部排水
IV b	21~30	系统加强喷射混凝土；设坡脚砌石挡墙或混凝土墙，或重新设计开挖，做好深部排水
V a	11~20	重力式挡墙或预应力锚杆挡墙，或重新设计开挖

4.2.2.3 边坡岩体质量分类程序

边坡岩体质量分类的关键是确定各种参数，因此，首先是选择设计开挖边坡处或其附近的勘探资料，宏观对勘探点揭露的边坡岩体质量进行分类；其次详细统计边坡岩体结构面的各种参数、地下水情况、岩体 RQD 值、结构面间距等指标，按 RMR 程序计算 RMR 标准值；然后考虑 CSMR 的各种修正因子对 RMR 值进行修正，提出 CSMR 值；最后对边坡岩体质量分类，并建议边坡支护加固措施。

需指出的是，对边坡岩体质量分类也仅仅是对边坡岩体的一种宏观判定，这是因为，由边坡岩体中的结构面组合的大型块体稳定才应是边坡设计中最应关心的问题。

CSMR 边坡岩体质量分类体系考虑了各种结构面对边坡岩体质量的影响，同时也考虑了坡体开挖高度、开挖方式的影响，对一些大中型边坡设计应有一定的指导作用。

4.2.3 青海鸿鑫矿业牛苦头矿区 M1 矿体边坡岩体分区

4.2.3.1 工程地质岩组划分

岩体的工程地质评价是边坡工程研究的基础，边坡岩体特征的研究又是工程评价的基础。岩体特征包括岩体的物质特征和结构特征。物质特征是岩体的本质，决定着岩体的基本属性，也是基本特征。结构特征是从岩体的结构面、结构体及其组合的特征入手，分析边坡岩体的结构类型，进而判断边坡岩体的变形破坏方式。显然，宏观的结构特征分析研究是必不可少的，但其又必定受微观的物质特征所制约。为准确地反映岩体物质的自然特征，以便对边坡岩体工程地质条件做出客观的评价，并在此基础上建立准确的计算模型，因此首先需要进行工程地质分区。工程地质分区是以地层和岩石建造为基础，以岩性特征、成层环境、结构特征为重要依据。根据牛苦头 M1 矿体地质报告并参照矿区地质钻孔资料，可将矿区露天坑境界范围内的岩体大体上划分为三类：第一类是大理岩岩组，矿体围岩主要为该岩组；第二类是矽卡岩岩组，矿体主要赋存于该岩组；第三类是花岗岩岩组，该岩组主要赋存于矿体下盘，埋藏较深。

4.2.3.2 牛苦头 M1 矿体 CSMR 分类结果

（1）边坡高度为 3664~3480m，各分区边坡高度不尽相同，ξ 为坡高修正系数；$H_r = 80m$，按式（4-2）计算各分区坡高修正系数。坡高修正系数计算结果表见表 4-7。

表 4-7 坡高修正系数计算结果表

分区序号	计算坡顶标高/m	计算坡底标高/m	边坡高度 H/m	基准边坡高度 H_r/m	坡高修正系数 ξ
①	3605	3492	113	80	0.87
②	3654	3480	174	80	0.77
③	3664	3504	160	80	0.79
④	3615	3492	123	80	0.85
⑤	3612	3516	96	80	0.93

（2）在单个工程地质区域内，节理居多，贯穿裂隙少，少见断层，取 $\lambda = 0.7$。

（3）有关统计与试验结果详见表 4-8~表 4-13。

（4）①区~③区岩层与边坡呈逆倾分布，$F_1 = 0.5$；④区、⑤区岩层与边坡呈顺倾分布，$F_1 = 0.7$。

（5）在平面破坏中，结构面倾角（β_i）的调整因子，取值为 0.15~1.0。④区和⑤区为顺倾边坡，可能发生平面破坏，且④区第四系软岩层较厚，易沿顺倾滑面破坏，⑤区矿体及围岩交界面分布较多，受成矿浸染作用较强，易发生顺倾破坏。②区山体较高，且有一定褶皱、结构面交互作用，易发生楔形体破坏。

（6）根据矿区斜井及出露山体结构面调查结果，统计分析结构面与边坡倾向的赋存关系，确定各区的 F_3 值。

（7）采用预裂爆破 $F_4 = 10$。

表 4-8 岩石单轴压缩试验结果表

岩 性	单轴抗压强度/MPa	弹性模量/GPa	泊松比	黏聚力/MPa	内摩擦角/(°)	纵波波速/m·s⁻¹
大理岩	45.730	27.213	0.464	6.466	52.55	6082
角岩	120.674	47.03	0.372	9.372	60.38	6254
矽卡岩	132.187	49.323	0.241	9.654	65.29	5914
花岗岩	96.756	35.943	0.299	9.506	58.36	5324

表 4-9 RQD 值的岩体分类表

RQD/%	岩体质量分级	裂隙发育情况	各分区岩体	评 分
100~90	极好的	巨大块状		
90~75	好的	轻微裂隙状		
75~50	中等的	中等裂隙状	②、③、④	11、11、10
50~25	差的	强烈裂隙状	①、⑤	9、8
<25	极差的	剪切破碎		

表 4-10 裂面特征表

裂面特征	所属工程地质区域	评 分
结构面条件	①、②、③、④、⑤	18、18、20、16、16

表 4-11 裂面特征地下水表

地下水特征	所属工程地质区域	评 分
干燥	①、②、③、④、⑤	12、12、12、12、12

表 4-12 不连续面产状调整值表

分区序号	平面破坏 P	楔形破坏 W	倾倒破坏 T	圆弧破坏 C	边坡倾向 α_s/(°)	不连续面倾向 α_j/(°)	边坡倾角 β_s（平均）/(°)	不连续面倾角 β_j（平均）/(°)
①		√		√	180	320、301、139	45	77
②	√	√			225	320、301、139	45	77
③		√			300	320、301、139	45	77
④	√	√		√	45	252、282、316	45	74
⑤	√	√			320	252、282、316	45	74

表4-13 分区岩体质量评价结果表

分区序号	ξ	RMR	λ	F_1	F_2	F_3	F_4	CSMR	级别	是否需要加固
①	0.87	59	0.7	0.5	0.8	12	10	58.23	Ⅲa	网点锚固喷砼
②	0.77	64	0.7	0.5	0.7	12	10	56.19	Ⅲa	网点锚固喷砼
③	0.79	68	0.7	0.5	0.6	10	10	61.28	Ⅱb	网点锚固
④	0.85	54	0.7	0.7	0.9	15	10	49.27	Ⅲb	系统锚固
⑤	0.93	56	0.7	0.7	0.8	15	10	56.11	Ⅲa	网点锚固喷砼

4.2.4 青海鸿鑫矿业牛苦头矿区 M1 矿体边坡岩体质量评价

①区：岩性主要是第四系砂土层、大理岩和矽卡岩，岩石强度一般，区内岩层与边坡呈逆倾分布，构造作用不明显，有一定的矿体浸染作用影响，节理裂隙发育程度一般，可能发生平面、楔形或圆弧破坏，岩体质量一般，利用 CSMR 法评定岩体质量级别为Ⅲa。

②区：岩性主要是大理岩和矽卡岩，岩石质量一般，区内岩层与边坡呈逆倾分布，有一定的褶皱作用影响，节理裂隙发育程度一般，下部岩体有一定的矿体侵染左右，岩体基本完整，可能发生平面或楔形破坏，岩体质量一般，利用 CSMR 法评定岩体质量级别为Ⅲa。

③区：岩性主要是大理岩，区内岩层与边坡呈斜交分布，构造作用不明显，节理裂隙不是很发育，岩体的完整性较好，此区可能发生楔形破坏。岩体质量较好，利用 CSMR 法评定岩体质量级别为Ⅱb。

④区：岩性主要是第四系砂土层、大理岩、矽卡岩和花岗岩，区内岩层与边坡呈顺倾分布，且第四系软弱岩层较厚，发生顺层圆弧滑坡的可能性较大。本区地层构造作用一般，有一定的矿体侵染左右，节理裂隙较发育，岩层分布较多，边坡易沿岩层接触弱面发生楔形或平面破坏，岩体质量较差，利用 CSMR 法评定岩体质量级别为Ⅲb。

⑤区：岩性主要是大理岩、矽卡岩和花岗岩，区内岩层与边坡呈顺倾分布，矿层分布较多，矿体和围岩侵染作用强烈，可能发生楔形或平面破坏，岩体质量一般，利用 CSMR 法评定岩体质量级别为Ⅲa。

5 边坡稳定性分析及边坡角优化研究

5.1 边坡稳定性评价方法及依据

岩质边坡稳定性评价的方法很多，比如工程类比法、岩体结构分析法、刚体极限平衡法以及有限元分析、离散元分析等。而在岩质边坡的破坏类型确定以后，稳定性评价方法的选择成为一个比较重要的步骤，因为不同的方法适用于不同的条件，计算方法不同，计算结果也不一样。相比之下，极限平衡法是经典的边坡稳定性分析方法，许多派生的边坡稳定分析方法都是建立在极限平衡理论之上，而且大都采用刚体极限平衡法。另外，数值分析的方法不仅能模拟岩体的复杂力学与结构特性，也可以很方便地分析各种边值问题和施工过程，因此岩石力学数值分析方法是解决岩土工程问题的有效工具之一。

基于前期岩石力学试验、工程地质调查以及 M1 露天矿边坡岩体质量评价和分区情况，选择代表性区域建立三维模型，运用大型岩土工程计算分析软件 FLAC-3D 对牛苦头 M1 露天矿采场边坡稳定性进行数值计算分析，并选取代表性剖面进行二维数值计算分析，进而运用 Geo-slope 软件和 Msarma 法对边坡进行极限平衡分析与边坡角优化，综合各种分析结果得到不同工程地质分区内的最优边坡角。

5.1.1 稳定性评价方法

边坡稳定性计算方法可分为极限平衡法、有限元及边界元法和可靠性分析方法。极限平衡法因其计算模型简单、计算方法简便，计算结果能满足工程需要，被认为是边坡工程分析与设计中最主要的且最有效的实用分析方法。常用的边坡稳定性分析的极限平衡法较多，不同的方法的力学机理和适用条件不同，根据该地区"圆弧-顺层"的滑坡模式，本节主要应用有限差分计算分析边坡危险区域及典型剖面的破坏特征分析、并对各分区的典型剖面应用 GEO-Slope 软件（采用瑞典条分法、Bishop 法、Janbu 法和 Morgenstern-Price 法等）和 Msarma 法分别进行边坡稳定系数的计算分析。下面简要介绍这几种方法的基本原理。

（1）瑞典条分法。瑞典条分法是 Fellennius 于 1927 年提出的，适用于均质土中圆弧滑面，把安全系数定义为各分条对滑面圆心的抗滑力矩之和与下滑力矩之和的比值。该方法不考虑分条之间力的作用，所以低估了安全系数，适用于浅层的散体边坡。

（2）Bishop 法。Bishop 法（1955 年）设滑面为圆弧面，安全系数表述为对滑面旋转中心的抗滑力矩与下滑力矩之比，每个分条都处于力的平衡状态。这一方法在求解安全系数时考虑了分条间力的作用。对于分条间的法向力虽然在安全系数的表达式中不存在，但它是在推导安全系数的过程中，通过平衡方程消去的。每个分条都满足力的平衡条件，整个滑体满足力矩的平衡条件，没有考虑单个分条力矩的平衡条件。由于分条间的剪力很难求得准确，所以从实用的观点出发，忽略了分条间剪力的作用，这就是 Bishop 简化法（Bishop Simplified Method）。Bishop 法是按力矩定义的安全系数，在安全系数的表达式中，又消除了滑面旋转半径的影响，所以它只适用于圆弧滑面。

（3）Janbu 法。Janbu 法是简·布提出的非圆弧普遍条分法。在实际边坡的滑动破坏中，很可能存在非圆滑滑面，针对这种情况，简·布于 1954 年提出了用条分积分法计算任意形状滑面的安全系数，并将这种方法于 1957 年应用于土坡应力与地基承载能力的计算中。Janbu 法的每个分条都满足力与力矩的平衡条件，并整个滑体满足力的平衡条件。关于分条间内力的作用点进行了假设，为此引入了"力线"（Line of thrust）的概念，所以它是一种近似求解法。安全系数按滑面上力的平衡求出。该法之特点适用于非圆曲面滑动形式，并且每个分条带都能满足力与力矩的平衡条件。

（4）Morgenstern-Price 法。为了消除计算方法上的误差，Morgenstern 和 Price 考虑了全部平衡条件与边界条件，并对简·布推导出来的近似解法提供了更加精确的解答。对方程式的求解采用的是数值解法（即微增量法），滑面的形状为任意的，安全系数采用力平衡法。这种方法与 Janbu 法相比，在安全系数上的差别大约为 8%。该法的特点是考虑了全部平衡条件与边界条件，滑面形状为任意的，安全系数为力的平衡法，采用数值法求解。

5.1.2　稳定性评价依据及原则

目前，对金属露天矿边坡角的设计没有完善的规范可循。由于露天矿边坡设计时实际边坡并未形成，大多根据掌握的工程地质资料，采用工程类比的方法确定边坡角的参照范围，然后再采用稳定性分析的方法进行优化。稳定安全系数 F_s 是边坡稳定性评价时的一项重要指标。通常认为，当计算得到的安全系数大于稳定安全系数时，边坡处于稳定状态；小于稳定安全系数时，边坡处于不稳定状态。它的确定取决于对各种因素的综合考虑，并且在很大程度上依赖于分析者的经验。

5.1.2.1　Msarma 法评价依据及原则

目前，金属非金属露天矿山边坡稳定性安全系数 F_s 的通用确定方法是参考

《煤炭工业露天矿设计规范》（GB 50197—200F5）和《水利水电工程边坡设计规范》（SL 386—2007）。但是，由于金属露天矿边坡多为岩质边坡，同时受到地下水和爆破震动的影响非常显著，稳定安全系数的选取主要参照《水利水电工程边坡设计规范》（SL 386—2007），所用计算方法规定为极限平衡法，见表5-1。

表5-1 抗滑稳定安全系数标准（水利水电规范）

运用条件	边坡级别				
	1	2	3	4	5
正常运用条件	1.30~1.25	1.25~1.20	1.20~1.15	1.15~1.10	1.10~1.05
非正常运用条件 I	1.25~1.20	1.20~1.15	1.15~1.10	1.10~1.05	
非正常运用条件 II	1.15~1.10	1.10~1.05		1.05~1.00	

A 正常运用条件

表5-1中的正常运用条件分为两个工况，分别是临水边坡工况和非临水边坡工况。

（1）临水边坡工况，其主要包括：

1）库水位处于正常蓄水位和设计洪水位与死水位之间的各种水位及其经常性降落；

2）除宣泄校核洪水以外各种情况下的水库下游水位及其经常性降落；

3）水道边坡的正常高水位与最低水位之间的各种水位及其经常性降落。

（2）非临水边坡。指边坡工程投入运用后经常发生或持续时间长的情况，这是相对于非常运用条件 I 和运用条件 II 而言，例如除了发生强降水导致边坡体骤然饱和、地震等非常运用条件以外的情况。

按照《水利水电工程边坡设计规范》（SL 386—2007）的要求，最小安全系数 F_s 应综合考虑边坡的等级、运用条件等因素，在本标准规定的范围内选定。根据青海鸿鑫牛苦头矿区边坡的实际情况，该边坡为永久最终边坡，属于非临水边坡，边坡等级为一级，其运用后受到地下水的正常水位变化影响。因此，正常运用条件下，青海鸿鑫牛苦头矿区的边坡安全系数 $F_s = 1.25 \sim 1.30$。

B 非正常运用条件 I

《水利水电工程边坡设计规范》（SL 386—2007）非正常运用条件 I 又分为不同的工况条件。

（1）施工期：对于青海鸿鑫牛苦头矿区边坡的施工期，是永久边坡的施工期，即竣工后边坡仍处于临空状态。

（2）降雨和泄水雨雾：根据152个边坡统计资料，有52个边坡变形或失稳与降雨有关，因此要求考虑降雨条件。

（3）正常运用条件下，边坡坡体排水失效工况。

　　根据上述工况条件，青海牛苦头矿区均有可能遇到，因此必须将牛苦头矿区边坡安全系数计算考虑符合非正常运用条件Ⅰ范畴内。因此，在非正常运用条件Ⅰ下，青海鸿鑫牛苦头矿区的边坡安全系数 $F_s = 1.25 \sim 1.20$。

　　C　非正常运用条件Ⅱ

　　《水利水电工程边坡设计规范》（SL 386—2007）又要求若某一种运用条件下存在多种工况，应首先分析选定最危险工况。对于同一运用条件，应计算出最危险工况的稳定安全系数。对于处于设计地震加速度 $0.1g$，及其以上地区的 1 级、2 级和边坡处于 $0.2g$ 以上地区的 3~5 级边坡，应按拟静力法进行抗震稳定计算。青海牛苦头矿区处于设计地震加速度 $0.1g$ 地区，边坡等级为 1 级，在计算时必须考虑地震对边坡的影响。因此，在非正常运用条件Ⅱ下，青海鸿鑫牛苦头矿区的边坡安全系数 $F_s = 1.15 \sim 1.10$。

　　根据国内外类似矿山的工程实例，以及 M1 矿区现场工程地质情况，综合考虑露天开采安全边坡的稳定系数 $[F_s]$ 可在 $1.15 \sim 1.10$ 内选取。为了确保边坡安全并考虑经济成本，以下研究内容以 $F_s = 1.15$ 为标准参考值。

5.1.2.2　Geoslope 法评价依据及原则

　　A　现行规范的有关规定

　　《碾压式土石坝设计规范》（SL 274—2001）按计算方法规定，采用瑞典法和滑楔法（作用力为水平时）计算时，安全系数标准需要降低 8%。

　　《建筑边坡工程技术规范》（GB 50330—2002）中区分计算方法，对圆弧滑动方法采用的安全系数标准，比平面滑动和折线滑动方法（不平衡推力传递法）小 3.7%~4.0%（差值为 0.05）。

　　《公路路基设计规范》（JTGD 30—2004）中规定，采用的极限平衡计算方法与《建筑边坡工程技术规范》（GB 50330—2002）相同。除此之外，还规定对复杂破坏机制采用数值方法安全系数标准，不仅仅对应极限平衡方法。其开挖边坡安全系数标准采用范围值，范围区间的上下限差值为 2.9% ~ 8.7%（差值为 0.03~0.1）。该规范进行的大量算例表明，简化毕肖普法计算结果比不平衡推力法大 5%~10%，平面滑动解析法的计算比不平衡推力法大 8%~16%，数值分析法的计算结果与简化毕肖普法差值通常在 5% 以内。从其规定的安全系数标准范围值区间看，基本能够涵盖计算方法的差别。

　　Duncan 在《堤坝稳定分析 25 年回顾》（1992 年）当代水平报告中，对传统的各种边坡稳定分析方法的计算精度和适用范围有以下论述：满足全部平衡条件的方法（如 Janbu 法，Spencer 法）在任何情况下都是精确的（除非遇到数值分析问题）。这些方法计算的成果相互误差不超过 12%，相对于一般可认为是正确答案的误差不会超过 6%。

B 工程实例对比分析

为了解实际工程中条文规定的各种方法计算结果的差异，挑选了小浪底水库、天生桥二级水电站、紫坪铺水库、巴山水电站四个工程，采用萨尔玛法、摩根斯顿法、不平衡推力传递法对边坡进行了对比计算。并对各方法间的最大差值、最小差值和平均差值范围进行统计，结果见表5-2。

表 5-2 三种计算方法安全系数差值范围统计表 （％）

计算方法		萨尔玛法与摩根斯顿法	不平衡推力传递法与摩根斯顿法	不平衡推力传递法与萨尔玛法	合 计
安全系数差值范围	最大	6.72~34.98	2.96~38.77	7.29~20.57	2.96~38.77
	最小	0.10~6.29	0~6.57	0~2.14	0~6.57
	平均	2.98~15.39	3.26~10.98	4.69~8.38	2.98~15.29

从平均差值范围看，萨尔玛法与摩根斯顿法相差较大，不平衡推力传递法与萨尔玛法差值次之，不平衡推力传递法与摩根斯顿法差值最小。统计结果表明，个别情况下，三种方法间的差值较大，但大多数情况下三种方法间的差值不大，差值范围在10%以下的约占总数的80%。

另外，这三种方法中，没有出现某种方法呈规律性，比其他方法偏大或偏小的情况，从侧面说明不必按不同方法规定不同的安全系数标准。因为本标准采用的范围值变化为3.8%~13.3%，平均为5.7%，基本能够涵盖计算方法的差别，所以未再按照不同的计算方法分别规定安全系数标准。

C 安全储备系数的选取

根据规范中边坡稳定性各计算方法的差值范围，采用 MSARMA 计算方法选用的安全储备系数 $F_s = 1.15$，萨尔玛法与摩根斯顿法比较结果平均为 2.98% ~ 15.39%，本次选取差值为8%~15%，选用 Geo-slope 中的摩根斯顿法计算第四系边坡稳定性时安全储备系数 $F_s = 1.25$，计算硬岩边坡稳定性时安全储备系数 $F_s = 1.35$。

5.2 边坡稳定性极限平衡分析

5.2.1 极限平衡理论简介

边坡稳定性的判定方法可概括为自然历史分析法、力学分析法和工程地质比拟法这三种方法。力学分析法多以岩土力学理论为基础，运用弹塑性理论或刚体力学的有关概念，对斜坡的稳定性进行分析。

为了对本次滑坡的机理进行深入地研究，首先采用极限平衡理论进行分析。极限平衡理论是经典的边坡稳定性分析方法，许多派生的边坡稳定分析方法都是建立在极限平衡理论之上，而且大都采用刚体极限平衡法。极限平衡法的最基本原理如下，如图5-1和图5-2所示。

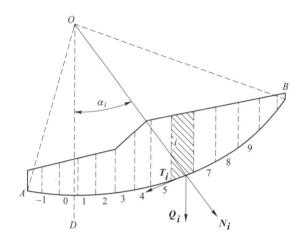

图5-1 边坡极限平衡分析简图

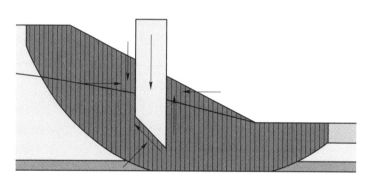

图5-2 条分法条带受力示意图

（1）假设边坡由均匀介质构成，抗剪强度服从库仑准则为：

$$\tau_f = c + \sigma \tan\varphi \tag{5-1}$$

式中 c——介质的黏结力；

φ——介质的内摩擦角；

σ——剪切面的法向应力。

（2）假设可能发生的滑动破坏面为圆弧形，对每个圆弧所对应的安全系数进行计算，其中最小的为最危险滑动面。

（3）将滑动体分为 N 个垂直条块，假设每条块间不存在相互作用力。

（4）根据圆弧面上水平力平衡或者力矩平衡确定，即（以下是力平衡）：

$$F = \frac{剪切面上的抗滑力矩}{滑动力矩} = \frac{cL + \tan\varphi_i \sum_{i=1}^{n} W_i\cos\alpha_i}{\sum_{i=1}^{n} W_i\sin\alpha_i} \qquad (5\text{-}2)$$

式中 L——剪切面弧长；

    w_i——每条块重量；

    α_i——第 i 条块的剪切面与水平夹角。

瑞典条分法是极限平衡分析的最基本方法。该方法于 1912 年由瑞典人彼得森提出，其具有模型简单、计算公式简捷、可以解决各种复杂剖面形状、能考虑各种加载形式的优点，因此得到广泛的应用。随后发展起来的 Bishop 法、Krey 法、Janbu 法等，都是在瑞典条分法的基础上，引入了条块间相互作用力后发展而来。极限平衡分析方法见表 5-3，不同极限平衡分析方法条带作用力特征及关系见表 5-4。

表 5-3 极限平衡分析方法汇总表

方　法	力矩平衡	力平衡
经典瑞典条分法	是	否
Bishop 法	是	否
Janbu 法	否	是
Spencer 法	是	是
Morgenstern-price 法	是	是
陆军工程师法	否	是
广义 Janbu 法	是	是
综合极限平衡法（GLE）	是	是

表 5-4 不同极限平衡分析方法条带作用力特征及关系

方　法	条带间法向力 E	条带间剪力 X	法向力和剪力关系及合力方向 $\dfrac{X}{E}$
经典瑞典条分法	无	无	无
Bishop 法	有	无	水平
Janbu 法	有	无	水平
Spencer 法	有	有	恒定值
Morgenstern-price 法	有	有	可变值（用户定义）
陆军工程师法	有	有	坡向
广义 Janbu 法	有	有	可变值
综合极限平衡法（GLE）	有	有	$X = E\lambda f(x)$

5.2.1.1　瑞典条分法（Odinary）

（1）总应力法，其计算公式为：

$$F_s = \frac{\sum\limits_{i=1}^{n} \left[c_i l_i + (q_i b_i + W_i) \cos\theta_i \tan\varphi_i \right]}{\sum\limits_{i=1}^{n} (q_i b_i + W_i) \sin\theta_i} \tag{5-3}$$

式中　W_i——土条 i 的天然重量；

$\qquad q_i$——土条 i 上作用荷载的平均集度；

c_i，φ_i——土条 i 底端所在土层的黏聚力和内摩擦角，采用总应力指标。

$$F_s = \frac{\sum\limits_{i=1}^{n} \left[c_i + \left(q_i + \dfrac{W_i}{b_i} \right) \cos^2\theta_i \tan\varphi_i \right]}{\sum\limits_{i=1}^{n} \left(q_i + \dfrac{W_i}{b_i} \right) b_i \sin\theta} \overset{n \to \infty}{\Longrightarrow} \frac{\int_{ABC} (c + \sigma_y \cos^2\theta \tan\varphi)\, ds}{\int_{x_A}^{x_C} \sigma_y \sin\theta\, dx_c}$$

$$= \frac{\int_{x_A}^{x_C} \left(c + \dfrac{\sigma_c \tan\varphi}{1 + s^2(x)} \right) \sqrt{1 + s^2(x)}\, dx}{\int_{x_A}^{x_C} \dfrac{\sigma_c s(x)\, dx}{\sqrt{1 + s^2(x)}}} \tag{5-4}$$

式中　σ_y——点 $(x, s(x))$ 处的竖向应力，等于坡面上 x 处的荷载集度 q 与点 $(x, s(x))$ 处自重应力之和；

$\qquad c$，φ——土层中点 $(x, s(x))$ 处的黏聚力和内摩擦角，采用总应力指标。

（2）有效应力法。取滑面至坡面范围内土体骨架作为隔离体进行分析，可得：

$$F_s = \frac{\sum\limits_{i=1}^{n} \left[c_i' l_i + (q b_i + W_i') \cos\theta_i \tan\varphi_i' \right]}{\sum\limits_{i=1}^{n} (q b_i + W_i') \sin\theta_i}$$

$$\overset{n \to \infty}{\Longrightarrow} \frac{\int_{x_A}^{x_C} \dfrac{c' + \sigma' \tan\varphi'}{1 + s^2(x)} \sqrt{1 + s^2(x)}\, dx}{\dfrac{\int_{x_A}^{x_C} \sigma_c' s^2(x)\, dx}{\sqrt{1 + s^2(x)}}} \tag{5-5}$$

式中　W_i'——土条 i 的有效重量；

$\qquad c'$，φ'——采用有效应力指标；

σ'_c——点 $(x, s(x))$ 的有效自重应力。

（3）考虑渗流力的有效应力法。取滑面至坡面范围内土体骨架及水体作为隔离体进行分析，可得：

$$F_s = \frac{\sum\limits_{i=1}^{n} \{c'_i + [(qb_i + W_i)\cos\theta_i - u_i l_i]\tan\varphi'_i\}}{\sum\limits_{i=1}^{n} (qb_i + W_i)\sin\theta_i}$$

$$= \frac{\sum\limits_{i=1}^{n} \left[c'_i l_i + b_i\left(q + \gamma h_{1i} + \gamma_m h_{2i} - \gamma_W \dfrac{h_{W_i}}{\cos^2\theta_i}\right)\tan\varphi'_i\right]}{\sum\limits_{i=1}^{n} (q + \gamma h_{1i} + \gamma_m h_{2i}) b_i\sin\theta_i} \quad (5\text{-}6)$$

式中，u_i 为土条 i 底部的孔隙水压力，$u_i = \gamma_W h_{W_i}$；γ_W 为水的容重。工程上通常采用替代容重法，即令 $h_{2i} = \dfrac{h_{W_i}}{\cos^2\theta_i}$，则有：

$$F_s = \frac{\sum\limits_{i=1}^{n} \left[c'_i l_i + (qb_i + W'_i)\cos\theta\tan\varphi'_i\right]}{\sum\limits_{i=1}^{n} (qb_i + W_i)\sin\theta_i} \xrightarrow{n\to\infty} \frac{\displaystyle\int_{x_A}^{x_C} \frac{c' + \sigma'}{[1 + s^2(x)]^{\tan\varphi'}}\sqrt{1 + s^2(x)}\,\mathrm{d}x}{\displaystyle\int_{x_A}^{x_C} \frac{\sigma'_c s(x)\,\mathrm{d}x}{\sqrt{1 + s^2(x)}}}$$

$$(5\text{-}7)$$

根据以上理论，假设滑坡体为均一介质的黄土体，选取最不利剖面（同三节中数值计算中滑坡机理分析所选用的剖面）建立模型，采用极限平衡理论方法，演算理想条件下边坡的稳定性。

5.2.1.2 毕肖普法（Bishop）

（1）总应力法。其计算公式为：

$$F_s = \frac{\sum\limits_{i=1}^{n} \dfrac{c_i l_i + (qb_i + W_i)\cos\theta\tan\varphi_i}{\cos\theta_i + \dfrac{\sin\theta_i\tan\varphi_i}{F_s}}}{\sum\limits_{i=1}^{n} (qb_i + W_i)\sin\theta_i} \xrightarrow{n\to\infty} \frac{\displaystyle\int_{x_A}^{x_C}\frac{(c + \sigma_c\tan\varphi)\sqrt{1 + s^2(x)}\,\mathrm{d}x}{1 + \dfrac{s'(x)\tan\varphi}{F_s}}}{\displaystyle\int_{x_A}^{x_C}\frac{\sigma_c s'(x)\,\mathrm{d}x}{\sqrt{1 + s^2(x)}}} \quad (5\text{-}8)$$

（2）有效应力法。取滑面至坡面范围内土体骨架作为隔离体进行分析，可得：

$$F_{s} = \frac{\displaystyle\sum_{i=1}^{n} \frac{c_{i}'l_{i} + (qb_{i} + W_{i}')\cos\theta\tan\varphi_{i}'}{\cos\theta_{i} + \dfrac{\sin\theta_{i}\tan\varphi_{i}'}{F_{s}}}}{\displaystyle\sum_{i=1}^{n}(qb_{i} + W_{i}')\sin\theta_{i}} \xrightarrow{n\to\infty} \frac{\dfrac{\displaystyle\int_{x_{A}}^{x_{C}}(c' + \sigma_{c}'\tan\varphi')\sqrt{1 + s'^{2}(x)}\,\mathrm{d}x}{1 + \dfrac{s'(x)\tan\varphi'}{F_{s}}}}{\displaystyle\int_{x_{A}}^{x_{C}}\frac{\sigma_{c}'s'(x)}{\sqrt{1 + s'^{2}(x)}}\mathrm{d}x}$$

$$(5\text{-}9)$$

（3）考虑渗流力的有效应力法。取滑面至坡面范围内土体骨架及水体作为隔离体进行分析，可得：

$$F_{s} = \frac{\displaystyle\sum_{i=1}^{n} \frac{c_{i}'l_{i} + (qb_{i} + W_{i} - u_{i}b_{i})\cos\theta\tan\varphi_{i}'}{\cos\theta_{i} + \dfrac{\sin\theta_{i}\tan\varphi_{i}'}{F_{s}}}}{\displaystyle\sum_{i=1}^{n}(qb_{i} + W_{i})\sin\theta_{i}} \xrightarrow{n\to\infty} \frac{\dfrac{\displaystyle\int_{x_{A}}^{x_{C}}(c' + \sigma_{c}'\tan\varphi')\sqrt{1 + s^{2}(x)}\,\mathrm{d}x}{1 + \dfrac{s'(x)\tan\varphi'}{F_{s}}}}{\dfrac{\displaystyle\int_{x_{A}}^{x_{C}}\sigma_{c}'s'(x)\,\mathrm{d}x}{\sqrt{1 + s^{2}(x)}}}$$

$$(5\text{-}10)$$

式(5-10)表明极限平衡分析满足的平衡条件。

5.2.1.3　广义极限平衡方法

广义极限平衡方法（GLE，General Limit Equilibrium Method）考虑了其他各种方法涉及的关键因素，它是基于两个平衡方程得出的安全系数。一个安全系数是由力矩平衡给出，另一个是由水平方向力平衡给出，并且允许条带间法向力和切向力的假设的变化。GLE 法采用 Morgenstern 和 Price 在 1965 年提出的公式来处理条带间的剪力假定问题。其计算公式为：

$$X = E\lambda f(x) \tag{5-11}$$

式中　$f(x)$ ——任意函数；

　　　E ——条带间法向应力；

　　　λ ——函数使用百分比。

GLE 通过力矩平衡计算安全系数：

$$F_{m} = \frac{\sum[c'\beta R + (N - \mu\beta)R\tan\varphi']}{\sum W_{x} - \sum Nf \pm \sum Dd} \tag{5-12}$$

通过水平力平衡得出的安全系数计算公式为：

$$F_f = \frac{\sum [c'\beta\cos\alpha + (N - \mu\beta)R\tan\varphi'\cos\alpha]}{\sum N\sin\alpha - \sum D\cos\varpi} \qquad (5\text{-}13)$$

式中　c'——有效黏聚力；

　　　　φ'——有效内摩擦角；

　　　　μ——孔隙水压力；

　　　　N——条带底部法向力；

　　　　W_x——条带重量；

　　　　D——线荷载；

　　　　α——条带底部倾角。

极限平衡分析方法是分析边坡稳定性问题的十分有用的工具，目前仍然被广泛应用。

5.2.2　计算软件 Geo-Slope

本计算中采用 Geo-slope 软件中的 SLOPE/W 模块，SLOPE/W 已经成为岩土工程界应用最为广泛的专业边坡问题分析软件。它囊括了多种方法（如：Morgenstern-Price，GLE，Spencer，Bishop，Ordinary，Janbu，Sarma，Corps of Engineering，Lowe-Karafiath），对滑移面形状改变、孔隙水压力状况、土体性质、不同的加载方式等岩土工程问题进行分析。独特的有限元法结合极限平衡理论对边坡稳定性问题进行有效地计算和分析，也可以用参数进行随机稳定性分析。SLOPE/W 软件可以分析用户在地质构造、土木工程、采矿工程遇到的几乎所有的边坡问题。

5.2.3　各分区典型计算剖面

青海牛苦头矿区边坡稳定性评价包含在前述的破坏模式①区~⑤区，共选取了 11 个典型计算剖面，由北向南依次编号为 P1-1、P1-2、P2-1、P2-2、P2-3、P3-1、P3-2、P4-1、P4-2、P5-1、P5-2，如图 5-3 所示。

三维地质模型是依据初步设计的 45°边坡角而建立的，直接截取的 11 个剖面中边坡角为 45°，为确定各分区露天边坡的最优边坡角，在 Auto-CAD 中处理各剖面，获取各分区不同边坡角（45°、44°、43°、40°）地质剖面模型，为 Geo-Slope 极限平衡计算提供基础模型。

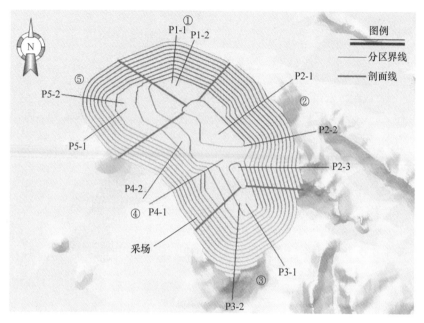

图 5-3 各分区典型计算剖面分布图

5.2.4 硬岩边坡稳定性极限平衡分析

5.2.4.1 岩体力学参数

本节采用的岩体强度参数是在岩石力学试验结果的基础上，结合现场岩体完整性调查情况、岩石室内强度试验、饱水试验等结果，同时考虑水对岩体强度的影响，综合进行合理工程处理后得到的。本次计算采用的岩体强度参数见表 5-5。

表 5-5 岩体力学参数表

分区编号	岩石类型	容重 $\gamma/kN \cdot m^{-3}$	黏聚力 C/kPa	内摩擦角 $\varphi/(°)$
①	大理岩	26.8	239	30
	矽卡岩（矿层）	42.6	310	43
	花岗岩	27.0	315	36
②	大理岩	26.8	270	31
	矽卡岩（矿层）	42.6	340	44
	花岗岩	27.0	350	37

分区编号	岩石类型	容重 γ/kN·m^{-3}	黏聚力 C/kPa	内摩擦角 φ/(°)
③	大理岩	26.8	284	32
	矽卡岩（矿层）	42.6	350	44
	花岗岩	27.0	355	38
④	大理岩	26.8	196	28
	矽卡岩（矿层）	42.6	265	41
	花岗岩	27.0	270	34
⑤	大理岩	26.8	189	27
	矽卡岩（矿层）	42.6	241	40
	花岗岩	27.0	250	33

5.2.4.2　计算结果分析

按照规范设置边坡安全系数最小值，在考虑地震荷载条件下取 F_s = 1.35，即边坡安全系数 F_s 计算值大于 1.35，才说明边坡处于安全状态。

地震对边坡稳定性的影响，根据拟静态方程，得：

$$F = K_c \times W \tag{5-14}$$

式中　F——地震引起水平推力；

　　　K_c——综合地震系数；

　　　W——滑体重量。

青海鸿鑫矿业牛苦头矿区属于 7 度烈度地震区。根据《水工建筑物抗震设计规范》（GB 51247—2018），综合地震系数计算公式为：

$$K_c = K_h C_z a_i \tag{5-15}$$

式中　K_h——水平向地震系数，7 度烈度地震区 K_h = 0.1；

　　　C_z——综合影响系数，一般取 0.5；

　　　a_i——考虑滑体重心高度的系数，一般取 1.0。

根据地震危险性分析，考虑边坡的结构参数和服务年限，采用震动对边坡稳定性综合地震系数为 0.05，即矿区地震基本烈度为Ⅶ度的工况条件下边坡稳定性分析。各剖面计算结果汇总于表 5-6。从表中可以看出，①~⑤五个剖面边坡计算安全系数由于计算方法的不同，计算结果存在一定差异。瑞典圆弧法和 Janbu 法计算结果偏小，Bishop 法和 Morgenstern-Price 法计算结果偏大。综合四种计算方法的适用性和合理性，本次主要依据 Morgenstern-Price 法的安全系数计算结果与选定的 1.35 安全系数阈值进行对比，选定各分区的边坡角。

表 5-6　安全系数计算结果汇总表

计算剖面	边坡角/(°)	Ordinary 法	Bishop 法	Janbu 法	Morgenstern-Price 法
P1-1	45	1.244	1.302	1.222	1.296
	43	1.358	1.410	1.336	1.405
	44	1.307	1.358	1.288	1.352
P1-2	45	1.277	1.326	1.257	1.322
	43	1.363	1.418	1.341	1.413
	44	1.321	1.376	1.299	1.371
P2-1	45	1.259	1.311	1.233	1.318
	43	1.360	1.402	1.327	1.415
	44	1.316	1.357	1.285	1.368
P2-2	45	1.280	1.337	1.261	1.330
	43	1.352	1.415	1.329	1.409
	44	1.314	1.375	1.293	1.369
P2-3	45	1.266	1.314	1.246	1.310
	43	1.355	1.416	1.335	1.410
	44	1.309	1.359	1.287	1.359
P3-1	45	1.299	1.342	1.280	1.341
	43	1.366	1.413	1.344	1.412
	44	1.329	1.373	1.308	1.371
P3-2	45	1.284	1.342	1.264	1.335
	43	1.389	1.420	1.375	1.416
	44	1.309	1.370	1.288	1.364
P4-1	45	1.289	1.318	1.277	1.315
	43	1.344	1.373	1.329	1.370
P4-2	45	1.281	1.307	1.259	1.310
	43	1.330	1.361	1.308	1.363
P5-1	45	1.293	1.303	1.281	1.302
	43	1.352	1.360	1.342	1.358
P5-2	45	1.284	1.327	1.268	1.322
	43	1.335	1.380	1.317	1.376

分析上表安全系数计算结果可以看出如下。

（1）五个分区 11 个计算剖面在 45°边坡角条件下，计算出的安全系数值均小于选定的安全系数阈值 1.35，此时边坡处于不稳定状态。

（2）将计算剖面边坡角调整为43°后，①区~③区七个计算剖面的安全系数均大于1.40，边坡处于完全稳定状态，但从经济合理剥采比方面考虑，进一步计算分析①区~③区七个剖面在44°边坡角时的安全系数。

（3）将计算剖面边坡角调整为43°后，④区和⑤区四个计算剖面的安全系数略高于安全系数阈值1.35，处于较好的稳定性状态，不需再进行44°边坡角情况的计算。

（4）将计算剖面边坡角调整为44°后，①区~③区七个计算剖面的安全系数略高于安全系数并阈值1.35，处于较好的稳定性状态。

（5）综合比较各分区剖面安全系数计算值，在同样边坡角条件下，③区剖面的安全系数最高，②区、①区和⑤区次之，④区安全系数最低，这与前述各分区岩体质量评价结果基本一致。

各分区剖面极限平衡计算结果如图5-4~图5-14所示。综合对比后，①区~③区硬岩最优边坡角选定为44°，④区和⑤区硬岩最优边坡角选定为43°。

（1）①区。①区 P1-1 和 P1-2 的剖面极限平衡计算结果分别如图5-4 和图5-5 所示。

（2）②区。②区 P2-1~P2-3 的剖面极限平衡计算结果分别如图5-6~图5-8所示。

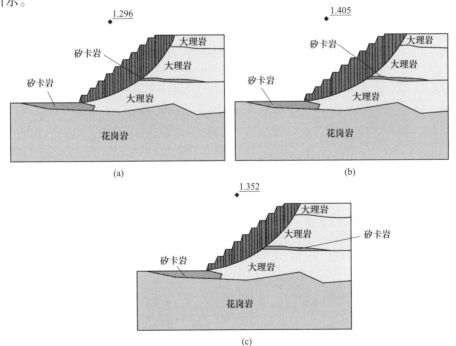

图 5-4　剖面 P1-1 硬岩边坡极限平衡计算结果图

（a）45°边坡角；（b）43°边坡角；（c）44°边坡角

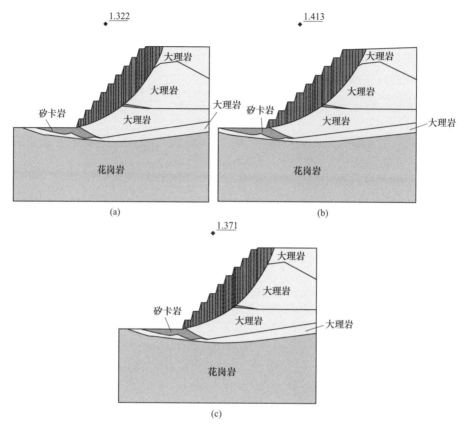

图 5-5   剖面 P1-2 硬岩边坡极限平衡计算结果图
（a）45°边坡角；（b）43°边坡角；（c）44°边坡角

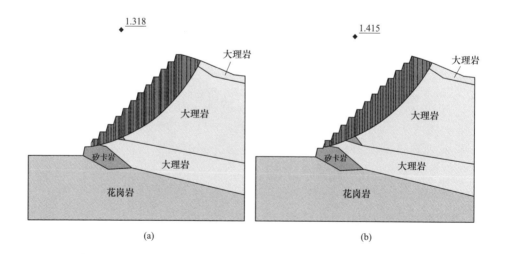

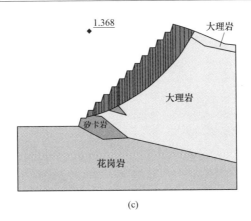

(c)

图 5-6 剖面 P2-1 硬岩边坡极限平衡计算结果图

（a）45°边坡角；（b）43°边坡角；（c）44°边坡角

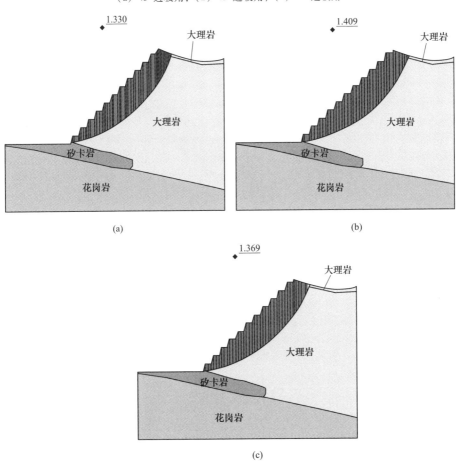

(a)

(b)

(c)

图 5-7 剖面 P2-2 硬岩边坡极限平衡计算结果图

（a）45°边坡角；（b）43°边坡角；（c）44°边坡角

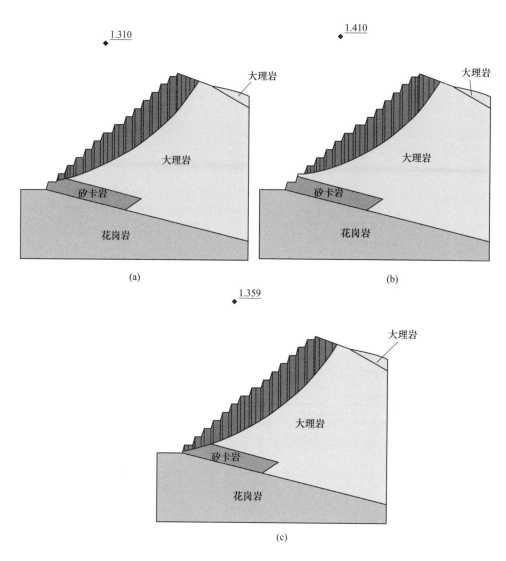

图 5-8   剖面 P2-3 硬岩边坡极限平衡计算结果图

（a）45°边坡角；（b）43°边坡角；（c）44°边坡角

（3）③区。③区 P3-1 和 P3-2 的剖面极限平衡计算结果分别如图 5-9 和图 5-10 所示。

（4）④区。④区 P4-1 和 P4-2 的剖面极限平衡计算结果分别如图 5-11 和图 5-12 所示。

（5）⑤区。⑤区 P5-1 和 P5-2 的剖面极限平衡计算结果分别如图 5-13 和图 5-14 所示。

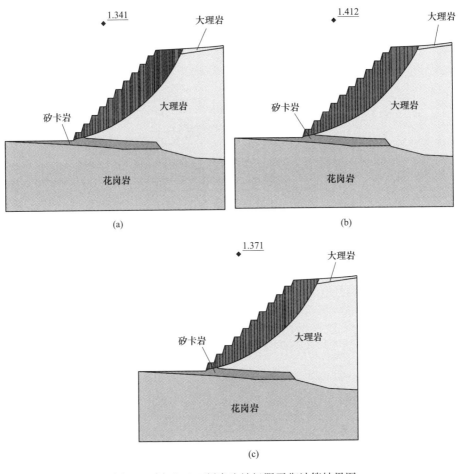

图 5-9 剖面 P3-1 硬岩边坡极限平衡计算结果图
(a) 45°边坡角；(b) 43°边坡角；(c) 44°边坡角

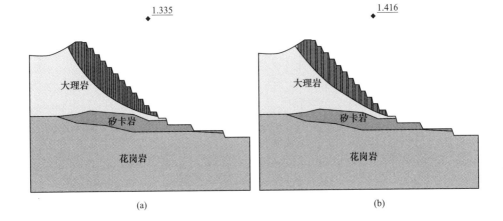

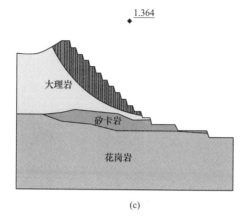

(c)

图 5-10 剖面 P3-2 硬岩边坡极限平衡计算结果图

（a）45°边坡角；（b）43°边坡角；（c）44°边坡角

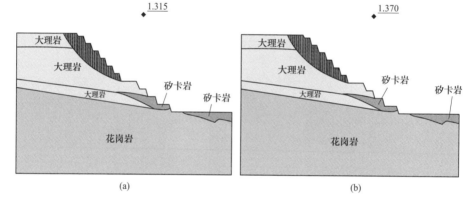

(a)   (b)

图 5-11 剖面 P4-1 硬岩边坡极限平衡计算结果图

（a）45°边坡角；（b）43°边坡角

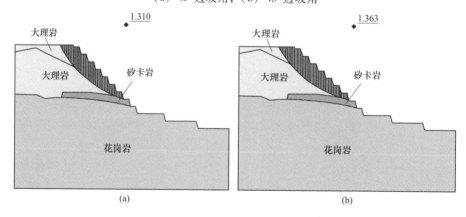

(a)   (b)

图 5-12 剖面 P4-2 硬岩边坡极限平衡计算结果图

（a）45°边坡角；（b）43°边坡角

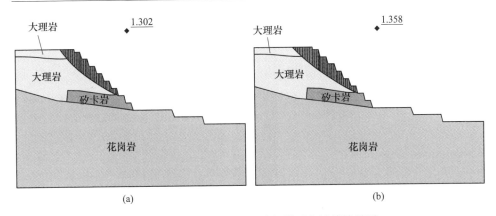

图 5-13　剖面 P5-1 硬岩边坡极限平衡计算结果图
（a）45°边坡角；（b）43°边坡角

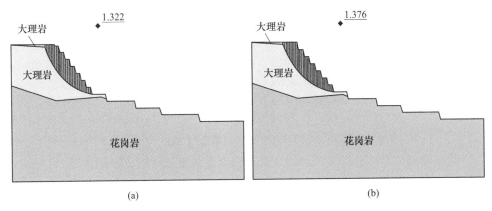

图 5-14　剖面 P5-2 硬岩边坡极限平衡计算结果图
（a）45°边坡角；（b）43°边坡角

5.2.5　第四系边坡稳定性极限平衡分析

5.2.5.1　土体力学参数

本节采用的土体强度参数是在土力学试验结果的基础上，综合工程处理后得到本次计算采用的土强度参数见表 5-7。

表 5-7　土体力学参数表

剖面编号	岩石类型	容重 $\gamma / kN \cdot m^{-3}$	黏聚力 c/kPa	内摩擦角 $\varphi/(°)$
P1-2	第四系	18.7	24	31
分区编号	岩石类型	容重 $\gamma / kN \cdot m^{-3}$	黏聚力 c/kPa	内摩擦角 $\varphi/(°)$
P4-2	第四系	18.7	25	32

5.2.5.2　计算结果分析

按照规范设置边坡安全系数最小值，在考虑地震荷载条件下取 $F_s = 1.25$，即边坡安全系数计算值 $F_s > 1.25$，才说明边坡处于安全状态。从地质剖面图中可以看出，①区的 P1-2 剖面和④区的 P4-2 剖面分布有 40m 厚的第四系软弱层，给边坡稳定性带来一定影响，因此本次选取 P1-2 和 P4-2 剖面计算分析第四系软弱层边坡的最优边坡角。

地震对边坡稳定性的影响，根据拟静态方程得：

$$F = K_c W \tag{5-16}$$

式中　F——地震引起水平推力；

　　　K_c——综合地震系数；

　　　W——滑体重量。

青海鸿鑫矿业牛苦头矿区属于 7 度烈度地震区。根据《水工建筑物抗震设计规范》（GB 51247—2018），综合地震系数计算公式为：

$$K_c = K_h C_z a_i \tag{5-17}$$

式中　K_h——水平向地震系数，7 度烈度地震区 $K_h = 0.1$；

　　　C_z——综合影响系数，一般取 0.5；

　　　a_i——考虑滑体重心高度的系数，一般取 1.0。

根据地震危险性分析，考虑边坡的结构参数和服务年限，采用震动对边坡稳定性综合影响系数取 0.5，即矿区地震基本烈度为Ⅷ度工况条件下的边坡稳定性分析。各剖面计算结果汇总于表 5-8。本次主要依据 Morgenstern-Price 法的安全系数计算结果与选定的 1.25 安全系数阈值进行对比，选定各分区的边坡角。

表 5-8　安全系数计算结果汇总表

计算剖面	边坡角/(°)	Ordinary 法	Bishop 法	Janbu 法	Morgenstern-Price 法
P1-2	37	1.193	1.240	1.182	1.236
	36	1.224	1.275	1.213	1.272
	35	1.281	1.334	1.268	1.330
	34	1.315	1.372	1.302	1.369
	33	1.363	1.408	1.353	1.406
P4-2	37	1.174	1.226	1.165	1.222
	36	1.218	1.271	1.208	1.268
	35	1.296	1.340	1.287	1.337
	34	1.315	1.359	1.306	1.356
	33	1.353	1.397	1.344	1.395

分析上表安全系数计算结果可以看出：

（1）P1-2 和 P4-2 计算剖面在 37°边坡角条件下，计算出的安全系数值均小于选定的安全系数阈值 1.25，此时边坡处于不稳定状态。

（2）将计算剖面边坡角调整为 36°后，P1-2 和 P4-2 计算剖面的第四系边坡安全系数值略高于安全系数阈值 1.25，处于较好的稳定状态。

（3）将计算剖面边坡角调整为 35°、34°和 33°后，P1-2 和 P4-2 计算剖面的安全系数 F_s 为 1.3~1.4，处于完全稳定性状态。

P1-2 和 P4-2 计算剖面的极限平衡计算结果分别如图 5-15 和图 5-16 所示。综合对比后，P1-2 和 P4-2 计算剖面第四系软弱层最优边坡角选定为 36°。

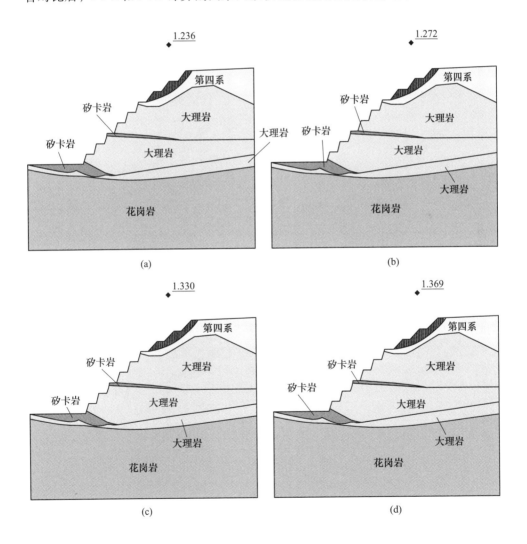

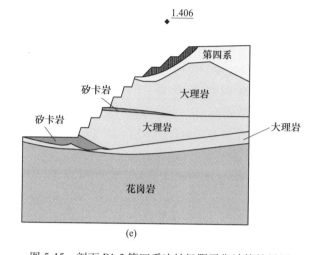

图 5-15   剖面 P1-2 第四系边坡极限平衡计算结果图

（a）37°边坡角；（b）36°边坡角；（c）35°边坡角；（d）34°边坡角；（e）33°边坡角

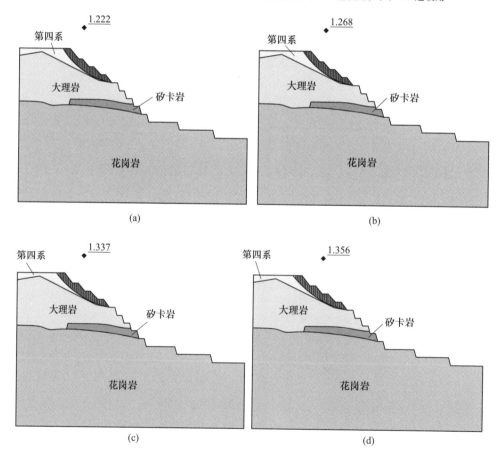

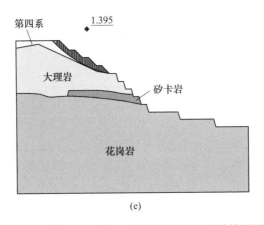

(e)

图 5-16　剖面 P4-2 第四系边坡极限平衡计算结果图

（a）37°边坡角；（b）36°边坡角；（c）35°边坡角；（d）34°边坡角；（e）33°边坡角

5.3　边坡稳定性 Msarma 法分析

5.3.1　Msarma 评价系统

5.3.1.1　Sarma 法的原理及存在问题

Sarma 法是 Sarma 于 1979 年提出了一种基于极限平衡理论的边坡稳定性分析方法。其基本原理为：滑坡或边坡只有沿着一个理想的平面或圆弧面滑动时才可能发生完整的刚体移动（如平动与转动），否则，滑动体必须破裂成可以相对滑动的块体才能发生整体移动，即滑体滑动时不仅要克服主滑面的抗剪强度，而且还要克服滑体本身的强度。边坡滑动过程岩土体条块破坏示意图如图 5-17 所示。

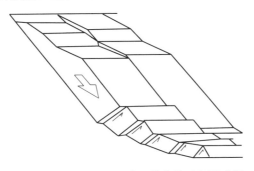

图 5-17　边坡滑动过程岩土体条块破坏示意图

分析边坡条块的受力条件和几何关系，建立相应的力学模型和几何模型分别如图 5-18(a) 和 (b) 所示。

（1）力学模型中各参量的物理力学含义如下。

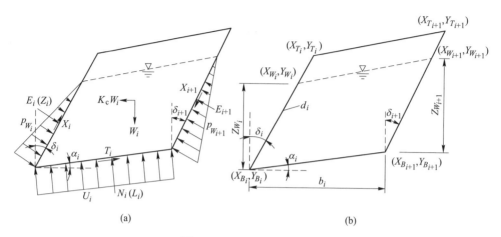

图 5-18　Sarma 法分析模型

（a）力学模型；（b）几何模型

1）W_i：第 i 条块的自重，kN；

2）K_c：临界地震水平加速度系数；

3）E_i、E_{i+1}：作用在第 i 条块两侧面的法向压力，kN；

4）X_i、X_{i+1}：作用在第 i 条块两侧面的剪切力，kN；

5）N_i：作用在第 i 条块底滑面的法向压力，kN；

6）T_i：作用在第 i 条块底滑面的剪切力，kN；

7）U_i：作用在第 i 条块底滑面上的静水压力，kN；

8）p_{W_i}、$p_{W_{i+1}}$：作用在第 i 条块两侧面的静水压力，kN；

9）α_i：第 i 条块底滑面与水平面的夹角，（°）；

10）δ_i、δ_{i+1}：第 i 条块两侧面与铅直面的夹角，（°）；

11）Z_i、L_i：第 i 条块 E_i、N_i 的作用点位置，m。

（2）几何模型中各参量的含义如下。

1）X_{T_i}、Y_{T_i}、$X_{T_{i+1}}$、$Y_{T_{i+1}}$：边坡第 i 条块顶面与前后侧面交点坐标；

2）X_{W_i}、Y_{W_i}、$X_{W_{i+1}}$、$Y_{W_{i+1}}$：边坡第 i 条块水位线与前后侧面交点坐标；

3）X_{B_i}、Y_{B_i}、$X_{B_{i+1}}$、$Y_{B_{i+1}}$：边坡第 i 条块底滑面与前后侧面交点坐标；

4）Z_{W_i}、$Z_{W_{i+1}}$：边坡第 i 条块前后侧面水位线与底滑面的垂直高度；

5）d_i、d_{i+1}：边坡第 i 条块前后侧面的长度；

6）b_i：边坡第 i 条块底滑面在水平面上的投影长度。

由力学模型分析知，当边坡在地震作用下 K_c 达到极限平衡状态时，每一条块均满足表 5-9 所列的平衡方程以及摩尔-库伦破坏准则。

表 5-9　参数性质说明

序号	名　称	公　式	条块数	方程数
1	X 方向合力	$\sum F_X = 0$	N	N
2	Y 方向合力	$\sum F_Y = 0$	N	N
3	针对某点的合力矩	$\sum M = 0$	N	N
4	底滑面满足摩尔-库伦准则	$T_i = f(N_i,\ CB_i,\ \varphi B_i)$	N	N
5	侧滑面满足摩尔-库伦准则	$X_i = f(E_i,\ CS_i,\ \varphi S_i)$	N	$N-1$

求解边坡的稳定系数 F_s 和临界水平地震系数 k_c 的关系表达式，可借助上述方程组求得。

根据上述平衡方程，经一系列推导和简化，得到如下递推关系式，即：

$$E_{i+1} = a_i - p_i k_c + e_i E_i \tag{5-18}$$

式(5-18)反映了相邻条块侧滑面正压力的递推关系，由此依次递推可得如下关系式，即：

$$\begin{aligned}
E_{n+1} &= a_n - p_n K_c + e_n E_n \\
&= a_n + e_n a_{n-1} + e_n e_{n-1} e_{n-2} + \cdots + e_n e_{n-1} e_{n-2} \cdots e_2 a_1 - \\
&\quad K_c(p_n + e_n p_{n-1} + e_n e_{n-1} p_{n-2} + \cdots + e_n e_{n-1} e_{n-2} \cdots e_2 P_1) + \\
&\quad e_n e_{n-1} e_{n-2} \cdots e_2 e_1 E_1
\end{aligned} \tag{5-19}$$

由式（5-19）可推得 Sarma 法的边坡稳定性系数求解公式，即：

$$k_c = \frac{e_n e_{n-1} e_{n-2} \cdots e_2 e_1 E_1 + a_n + e_n a_{n-1} + \cdots + e_n e_{n-1} e_{n-2} \cdots e_2 a_1 - E_{n+1}}{P_n + e_n P_{n-1} + e_n e_{n-1} P_{n-2} + \cdots + e_n e_{n-1} e_{n-2} \cdots e_2 P_1} \tag{5-20}$$

式中，a_i、p_i、e_i 为常量系数（$i=1,\ 2,\ \cdots,\ n$），取值如下：

$$a_i = \frac{W_i \sin(\varphi_{B_i} - \alpha_i) + R_i \cos\varphi_{B_i} + S_{i+1}\sin(\varphi_{B_i} - \alpha_i - \delta_{i+1}) - S_i \sin(\varphi_{B_i} - \alpha_i - \delta_i)}{\cos(\varphi_{S_{i+1}} - \alpha_i - \delta_{i+1} + \varphi_{B_i})\sec\varphi_{S_{i+1}}}$$

$$P_i = \frac{W_i \cos(\varphi_{B_i} - \alpha_i)}{\cos(\varphi_{S_{i+1}} - \alpha_i - \delta_{i+1} + \varphi_{B_i})\sec\varphi_{S_{i+1}}}$$

$$e_i = \frac{\cos(\varphi_{B_i} - \alpha_i - \delta_i + \varphi_{B_i})\sec\varphi_{S_i}}{\cos(\varphi_{S_{i+1}} - \alpha_i - \delta_{i+1} + \varphi_{B_i})\sec\varphi_{S_{i+1}}}$$

$$R_i = c_{B_i} b_i \sec\alpha_i - U_i \tan\varphi_{B_i}$$

$$S_i = c_{S_i} d_i - p W_i \tan\varphi_{S_i}$$

5.3.1.2　Msarma 分析设计系统

中国矿业大学（北京）何满潮在最初的 Sarma 法仅考虑边坡齐次边界条件的基础上，不仅考虑了边坡的非齐次边界条件，而且考虑了边坡坡面存在荷载和加固力的情况下边坡的稳定性问题，推导了有坡面力作用的求解稳定系数的迭代关系式（称为 Msarma 方法）。

A　边坡的水力边界条件

边坡的水力边界条件十分复杂，大部分边坡为非齐次边界条件。根据边坡前后缘水位和张开裂隙充水情况，得到四类边界条件，图 5-19 为实际边坡的六种边界水力学状态。

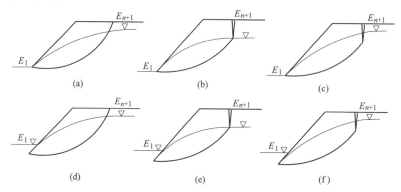

图 5-19　边坡的各类边界条件和水文地质意义图

（a），（b）第一类边界条件；（c）第二类边界条件；（d），（e）第三类边界条件；（f）第四类边界条件

（1）第一类边界条件（齐次边界条件）。其满足：

$$E_1 = 0, \ E_{n+1} = 0$$

（2）第二类边界条件（非齐次边界条件）。其满足：

$$E_1 = 0, \ E_{n+1} = \frac{1}{2}\gamma_{\text{m}} Z W_{n+1}^2$$

式中，Z 为侧面浸水长度在垂直方向的投影高度。

（3）第三类边界条件（非齐次边界条件）。其满足：

$$E_1 = \frac{1}{2}\gamma_{\text{m}} Z W_1^2 \csc\alpha, \ E_n + 1 = 0$$

（4）第四类边界条件（非齐次边界条件）。其满足：

$$E_1 = \frac{1}{2}\gamma_{\text{m}} Z W_1^2 \csc\alpha, \ E_{n+1} = \frac{1}{2}\gamma_W Z W_{n+1}^2$$

将上述各类边界条件分别代入式（5-20），则分别可得相应的边坡稳定性系数求解公式。

当坡面存在荷载或在坡面施加加固力时，边坡相应的力学模型如图 5-20 所示。由此建立边坡的平衡方程为：

$$N_i \cos\alpha_i + T_i \sin\alpha_i = W_i + X_{i+1}\cos\delta_{i+1} - X_i\cos\delta_i - E_{i+1}\sin\delta_{i+1} +$$
$$E_i\sin\delta_i + F_i\sin\gamma_i T_i\cos\alpha_i - N_i\sin\alpha_i$$
$$= K_c W_i + X_{i+1}\sin\delta_{i+1} - X_i\sin\delta_i + E_{i+1}\cos\delta_{i+1} -$$
$$E_i\cos\delta_i - F_i\cos\gamma_i$$

$$T_i = (N_i - U_i)\tan\varphi B_i + cB_i b_i \sec\alpha_i$$

式中　　F_i——第 i 条块坡面荷载，kN；

　　　　γ_i——第 i 条块坡面荷载与水平面的夹角，（°）。

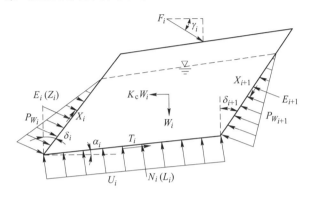

图 5-20　改进的 Sarma 法力学模型

其相应的计算模型仍然为式（5-20），但公式中的系数 a_i 推导为

$$a_i = \frac{W_i\sin(\phi B_i - \alpha_i) + R_i\cos\varphi B_i + S_{i+1}\sin(\phi B_i - \alpha_i - \delta_{i+1}) - S_i\sin(\phi B_i - \alpha_i - \delta_i) + F_i\cos(\phi B_i - \gamma_i - \alpha_i)}{\cos(\phi S_{i+1} - \alpha_i - \delta_{i+1} + \phi B_i)\sec\phi S_{i+1}}$$

$$(5-21)$$

B　Msarma 分析设计系统的特点

（1）用户界面的可视化与多任务。系统允许同时打开多个窗口，如在打开"文件/新建"窗口后，仍可打开 Msarma 分析窗口等，但此时只有一个是活动窗口，其他待命并随时可激活成为活动窗口。各窗口均具备数据输入、输出，图形显示和打印功能，其中文字和图形的显示，采用了 PictureBox 控件，响应十分迅速。

（2）原始数据处理、参数赋值。系统运行需要一个原始数据文件，当新建或打开一个数据文件，系统所拥有的复制、剪切、粘贴、选定等功能，使得文件的修改编辑得心应手。另外，系统完成任何一项分析内容都提示和引导用户输入相应的中间参数，求得某一既定条件下的评价结果。

（3）过程反馈和计算控制。为了监视程序的运行状态，编制系统之初就在各窗体内设置了 StatusBar 控件，编程对其操作，反馈各种变量信息，监视运行过程。根据运行结果，在不必退出系统的情况下，可以随时更改数据文件，改变边界条件，重新进入计算过程。当程序运行出现错误时，提示用户做出相应的处理措施或终止事件过程。

（4）丰富快捷的后处理。系统可自动完成数据文件列表、打印，分析曲线图形以及打印机输出等。当选定数据文件后，用户可迅速浏览文本、图形、图像，并得到相应的纸上拷贝。

5.3.1.3　Msarma 法对地震和爆破扰动参量的分析方法

地震和爆破是造成边坡失稳破坏的最重要的触发因素，许多大型滑坡或崩塌的发生都与地震、爆破触发密切相关。因此，Msarma 法充分考虑了地震、爆破等人工扰动对边坡稳定性的影响，在进行稳定性评价计算时将振动效应简化为水平地震力来处理，处理过程中考虑了最不利条件，即地震和爆破峰值的叠加作用，因此计算结果较保守。

地震或工程爆破对滑坡的作用主要有三个方面：一是增加下滑附加力，它作用在滑体的每个单元上，是体积力；二是地震或工程爆破造成滑带土超孔隙水压力，减小其抗剪强度；三是地震或工程爆破造成饱水粉细砂土滑带的液化。因此，在矿山开采或活断层发育地区进行滑坡体稳定性计算时，必须将地震或工程爆破等动荷载考虑进去，使计算和评价结果更加准确。在一般斜坡稳定性计算中，将地表或爆破附加力考虑为水平指向坡外的力 F_c。

基于极限平衡原理，图 5-21 表示了滑坡体安全系数计算力学模型，该模型假定如下。

（1）滑坡体视为刚体，即滑坡发生过程中滑坡体本身不发生拉伸和压缩变形。

（2）滑动面为单一平面，或可简化为单一平面。

（3）假设滑面长度远远大于滑体深度，忽略滑体顶面以上的推力和趾端的阻挡力。

（4）该类型结构面多产生于松散或破碎岩层组成的坡体上。

（5）滑动面上的下滑力和阻滑力均平行于滑面，岩土体之间的作用力作为内力来考虑。

（6）充分考虑地震力和爆破扰动。

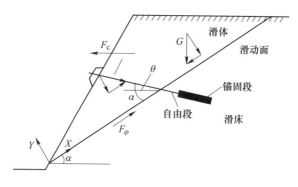

(a)

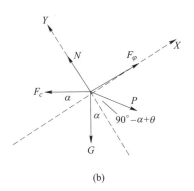

(b)

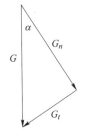 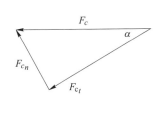 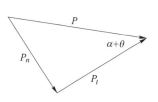

(c)

图 5-21 考虑爆破振动的极限平衡力学模型

（a）力学模型；（b）力学简图；（c）力学三角形函数关系

图 5-21 所示的力学三角形的函数关系如下：

$$P_t = P\cos(\alpha + \theta) \tag{5-22}$$

$$P_n = P\sin(\alpha + \theta) \tag{5-23}$$

$$G_t = G\sin\alpha \tag{5-24}$$

$$G_n = G\cos\alpha \tag{5-25}$$

$$F_{c_t} = F_c\cos\alpha \tag{5-26}$$

$$F_{c_n} = F_c\sin\alpha \tag{5-27}$$

式中　　P ——边坡加固作用力，kN；

　　　P_t ——加固作用力沿滑动面的切向分量，kN；

　　　P_n ——加固作用力沿滑动面的法向分量，kN；

　　　α ——滑动面与水平面夹角，（°）；

　　　θ ——锚索加固角，（°）；

　　　G ——滑体自重，kN；

　　　G_t ——滑体自重沿滑动面的切向分量，kN；

　　　G_n ——滑体自重沿滑动面的法向分量，kN

F_c ——地震或爆破附加力，kN；

F_{c_t} ——地震或爆破附加力沿滑动面的切向分量，kN；

F_{c_n} ——地震或爆破附加力沿滑动面的法向分量，kN。

当边坡处于稳定状态，具有较高的稳定安全系数时，滑动面切向各力的关系为：

$$G_t + F_{c_t} < P_t + F_\varphi \tag{5-28}$$

当边坡岩体处于极限平衡状态，滑动面切向各力的平衡关系为：

$$G_t + F_{c_t} = P_t + F_\varphi \tag{5-29}$$

G 和 F_c 的切向分量组成了边坡失稳的动力源——下滑力，用 F_s 表示，即：

$$F_s = P_t + F_\varphi \tag{5-30}$$

式中，F_φ 是滑体受滑动面的摩阻力（kN），根据库伦定律有：

$$F_\varphi = (P_n + G_n - F_{c_n})\tan\overline{\varphi} + cl \tag{5-31}$$

由式(5-22)、式(5-23)、式(5-25)、式(5-27) 和式(5-31)，得：

$$F_s = P[\cos(\alpha + \theta) + \sin(\alpha + \theta) \cdot \tan\overline{\varphi}] + G\cos\alpha\tan\overline{\varphi} - F\sin\alpha\tan\overline{\varphi} + cl \tag{5-32}$$

式中　$\overline{\varphi}$ ——边坡滑动体各土层内摩擦角加权平均值，(°)；

　　　c ——滑动面各土层黏聚力，kPa；

　　　l ——滑动面长度，m。

（1）F_c 表示地震附加应力。坡体中由地震引起的附加力 F_c 的大小，通常以斜坡变形体的重量 G 与地震系数 q 之积表示，即：

$$F_c = qG \tag{5-33}$$

式中　F_c ——地震引起的附加力，kN；

　　　q ——水平地震系数，按不同地震烈度区取值，标准按照表 5-10 经验确定。

将式(5-33)代入式(5-32)，得出考虑地震附加应力时，天然滑动力与扰动力 P 之间的函数关系，即：

$$F_s = P[\cos(\alpha + \theta) + \sin(\alpha + \theta)\tan\overline{\varphi}] + G\tan\overline{\varphi}(\cos\alpha - q\sin\alpha) + cl \tag{5-34}$$

令：

$$k_1 = \cos(\alpha + \theta) + \sin(\alpha + \theta)\tan\overline{\varphi}$$

$$k_2 = G\tan\overline{\varphi}(\cos\alpha - q\sin\alpha) + cl$$

则：

$$F_s = k_1 P + k_2 \tag{5-35}$$

式(5-35)表示考虑地震附加应力时，被评价边坡的力学函数关系。

表 5-10　地震系数与地震烈度关系表

地震加速度方向	地 震 烈 度			
	Ⅶ	Ⅷ	Ⅸ	Ⅹ
水平	0.075	0.15	0.30	0.60
垂直	0.038	0.075	0.15	0.30

（2）F_c 表示爆破附加应力。坡体中由工程爆破引起的附加力 F_c' 的大小表示为：

$$F_c' = \frac{G}{g}a \tag{5-36}$$

式中　F_c'——工程爆破引起的附加力，kN；

　　　g——重力加速度，m/s^2；

　　　G——滑体重量，kN；

　　　a——爆破引起的加速度，m/s^2，取值标准可参照表 5-11 选定合适的经验方程式。

表 5-11　工程爆破造成的岩石运动经验方程式（据柯茨等，1970）

爆炸方式	地面爆炸（T.N.T）	地面爆炸（核）	地下密闭爆炸（核）
经验公式	1. $a = 0.028W^{0.83}R^{-3.5}v_P^2$（英尺／秒^2） 2. $\varepsilon = 0.0023W^{0.83}R^{-2.5}$（英寸／英寸） 3. $C = 0.0023W^{0.83}R^{1.5}v_P$（英寸／秒） 4. $d = 0.00077W^{0.83}R^{1.5}$（英尺）	1. $a = 1060W^{0.83}R^{-3.5}v_P^2$（英尺／秒^2） 2. $\varepsilon = 89W^{0.83}R^{-2.5}$（英寸／英寸） 3. $C = 89W^{0.83}R^{-2.5}v_P$（英尺／秒） 4. $d = 29W^{0.83}R^{-1.5}$（英尺）	1. $a = 11000W^{0.83}R^{-3.5}v_P^2$（英尺／秒^2） 2. $\varepsilon = 920W^{0.83}R^{-2.5}$（英寸／英寸） 3. $C = 920W^{0.83}R^{-2.5}v_P$（英尺／秒） 4. $d = 310W^{0.83}R^{-1.5}$（英尺）
说明	W：T.N.T 量（磅） 适用于爆点与计算点连线与水平线夹角大于20°的部位	W：核炸药当量（千吨）	W：核炸药当量（千吨）

注：a 为径向加速度峰值；ε 为径向应变峰值；C 为径向位移速度峰值；d 为径向位移峰值；R 为距离爆心距离（英尺）；v_P 为 P 波传播速度（英尺／秒）。均按照爆破时将能量的6%传递给岩层考虑。

将式（5-36）代入式（5-32），得出考虑工程爆破附加应力时，滑动力与扰动力 P 之间的函数关系为：

$$F_s = P\big[\cos(\alpha + \theta) + \sin(\alpha + \theta)\tan\overline{\varphi}\big] + G\tan\overline{\varphi}\Big(\cos\alpha - \frac{a}{g}\sin\alpha\Big) + cl$$

$$\tag{5-37}$$

令：

$$k_1 = \cos(\alpha + \theta) + \sin(\alpha + \theta)\tan\overline{\varphi}$$

$$k_2 = \tan\overline{\varphi}\Big(\cos\alpha - \frac{a}{g}\sin\alpha\Big) + cl$$

则：

$$F_s = k_1 P + k_2 \tag{5-38}$$

式(5-38)表示考虑工程爆破附加应力时，被评价边坡的力学函数关系。

5.3.2　岩体物理力学性质

岩体是由岩石与结构面组成的地质结构体，岩体的性质取决于岩石和结构面的性质。一般认为岩石的强度高，岩体的强度就较高，而结构面的性质在岩体强度的选取上起决定性的作用。对岩体介质选取适当的岩体力学参数，是保证模拟计算分析结果的可靠性的重要条件。工程岩体因尺寸效应和不连续面的影响，现场岩体的强度往往小于岩块的强度。在岩体工程设计中，若遇连续性好的大地质构造时，应采用岩体强度指标，而不能使用岩块强度指标。本节以青海牛苦头矿区岩体质量分类和现场节理调查为基础，对五个分区的岩体强度进行估算，结果见表5-12。

表5-12　青海牛苦头矿区岩体物理力学参数计算表

分区	岩性	天然密度/g·cm^{-3}	天然容重/kN·m^{-3}	黏聚力/MPa	内摩擦角/(°)
第一分区	第四系	1.359	13.3182	0.016	32.40
	大理岩	2.679	26.2542	6.466	52.55
	矽卡岩	4.258	41.7284	9.654	65.29
	角岩	2.846	27.8908	9.372	60.38
	花岗岩	2.702	26.4796	9.506	58.36
第二分区	第四系	1.359	13.3182	0.016	32.40
	大理岩	2.679	26.2542	6.466	52.55
	矽卡岩	4.258	41.7284	9.654	65.29
	角岩	2.846	27.8908	9.372	60.38
	花岗岩	2.702	26.4796	9.506	58.36

分区	岩性	天然密度/g·cm⁻³	天然容重/kN·m⁻³	黏聚力/MPa	内摩擦角/(°)
第三分区	第四系	1.359	13.3182	0.016	32.40
	大理岩	2.679	26.2542	6.466	52.55
	矽卡岩	4.258	41.7284	9.654	65.29
	角岩	2.846	27.8908	9.372	60.38
	花岗岩	2.702	26.4796	9.506	58.36
第四分区	第四系	1.359	13.3182	0.016	32.40
	大理岩	2.679	26.2542	6.466	52.55
	矽卡岩	4.258	41.7284	9.654	65.29
	角岩	2.846	27.8908	9.372	60.38
	花岗岩	2.702	26.4796	9.506	58.36
第五分区	第四系	1.359	13.3182	0.016	32.40
	大理岩	2.679	26.2542	6.466	52.55
	矽卡岩	4.258	41.7284	9.654	65.29
	角岩	2.846	27.8908	9.372	60.38
	花岗岩	2.702	26.4796	9.506	58.36

5.3.3 牛苦头矿区最终边坡稳定性评价

5.3.3.1 地质剖面划分

青海牛苦头矿区边坡稳定性评价包含在前述的破坏模式①区~⑤区，共涉及11个断面，由北向南依次编号为 P1-1、P1-2、P2-1、P2-2、P2-3、P3-1、P3-2、P4-1、P4-2、P5-1、P5-2，如图5-3所示。

计算剖面利用 3Dmine 软件对五个分区域进行剖面划分与成图。

5.3.3.2 地质力学模型建立

针对每一个计算剖面（40°、43°和45°），按照所在区钻孔资料和现场调查获取的结构面地表出露特征，每个计算断面得出了2~4个潜在最危险滑动面。

（1）40°边坡角地质力学模型。计算剖面和推测最危险滑动面如图5-22所示。

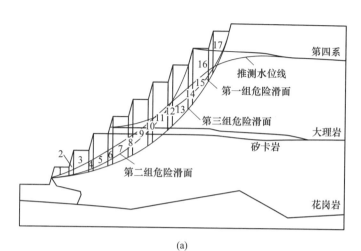

(a)

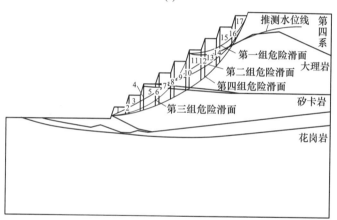

(b)

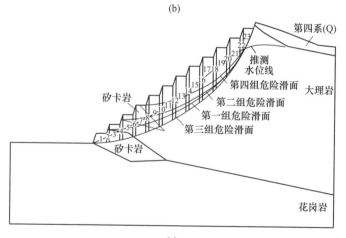

(c)

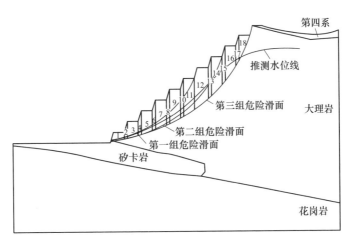

(d)

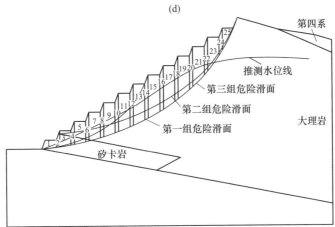

(e)

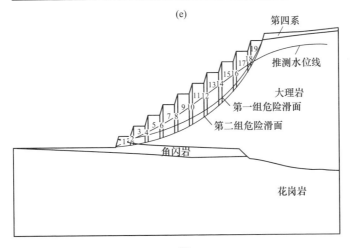

(f)

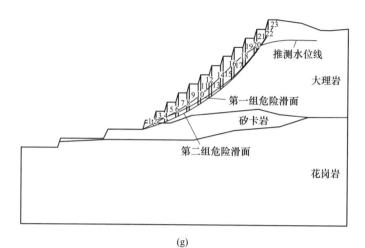

(g)

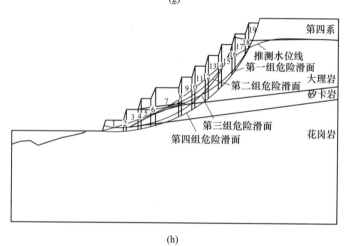

(h)

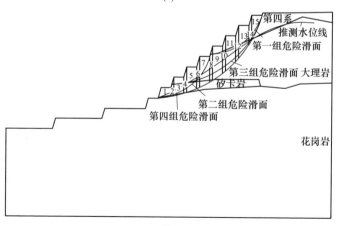

(i)

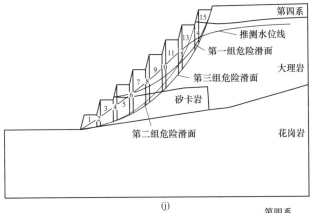

(j)

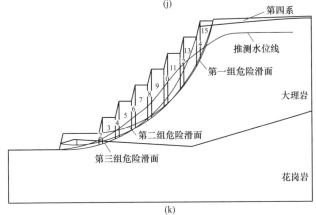

(k)

图 5-22　各分区 40°边坡角计算断面图

(a) P1-1;（b) P1-2;（c) P2-1;（d) P2-2;（e) P2-3;（f) P3-1;

(g) P3-2;（h) P4-1;（i) P4-2;（j) P5-1;（k) P5-2

（2）43°边坡角地质力学模型。计算剖面和推测最危险滑动面如图 5-23 所示。

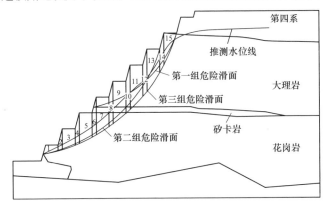

(a)

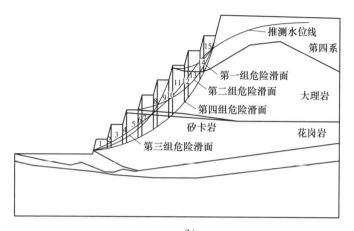

(b)

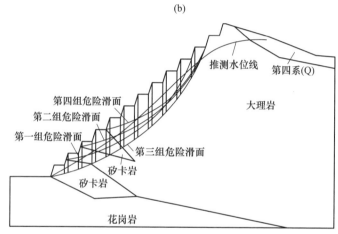

(c)

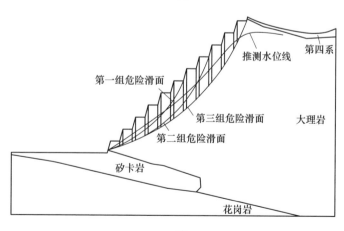

(d)

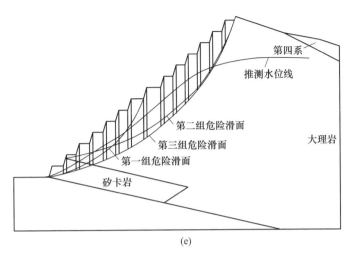

(e)

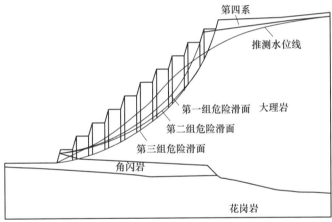

(f)

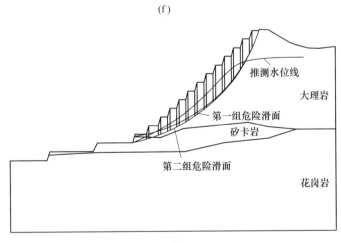

(g)

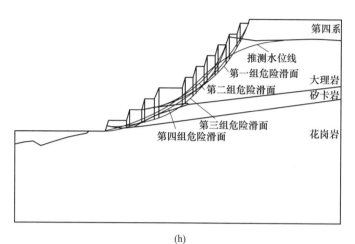

(h)

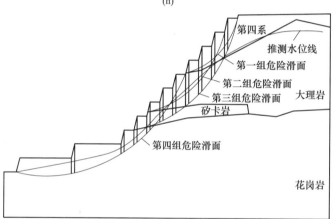

(i)

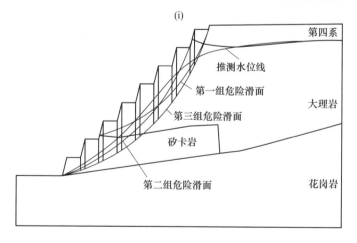

(j)

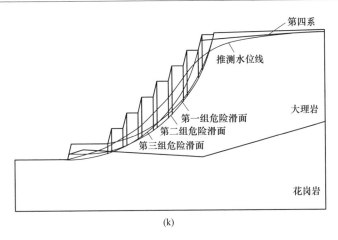

(k)

图 5-23　各分区 43°边坡角计算断面图

(a) P1-1；(b) P1-2；(c) P2-1；(d) P2-2；(e) P2-3；(f) P3-1；

(g) P3-2；(h) P4-1；(i) P4-2；(j) P5-1；(k) P5-2

(3) 45°边坡角地质力学模型。计算剖面和推测最危险滑动面如图 5-24 所示。

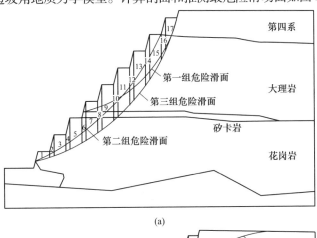

(a)

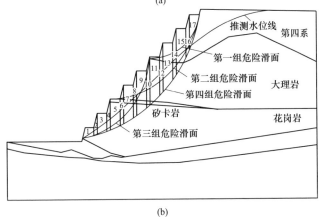

(b)

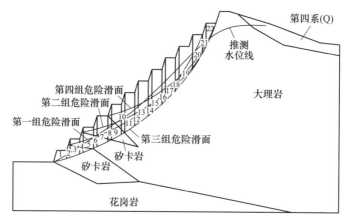

(c)

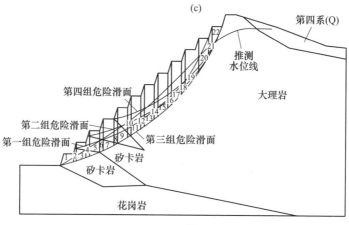

(d)

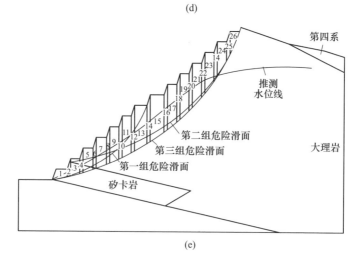

(e)

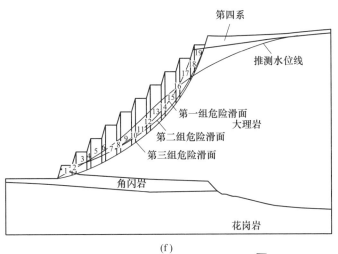

(f)

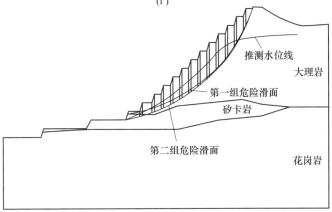

(g)

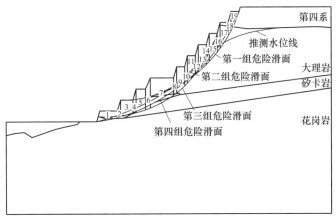

(h)

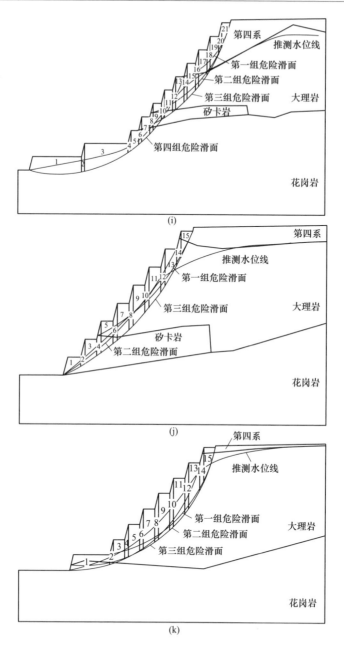

图 5-24 各分区 45°边坡角计算断面图
(a) P1-1; (b) P1-2; (c) P2-1; (d) P2-2; (e) P2-3; (f) P3-1; (g) P3-2;
(h) P4-1; (i) P4-2; (j) P5-1; (k) P5-2

5.3.3.3 最终边坡各分区 40°边坡角稳定性评价

对于一个具体边坡工程，首先要做的工作是概化其几何状态模型，然后再进

行边坡状态稳定性评价和敏感性分析。根据青海牛苦头矿区实测地形及简化地质
工程断面及边坡实际情况，在此基础上进行适当概化，分别建立了40°边坡角、
43°边坡角和45°边坡角条件下的边坡稳定性计算力学概化模型。

A　计算力学概化模型建立

40°边坡角各断面最危险滑动面的概化力学模型分别如图 5-25~图 5-35 所示。

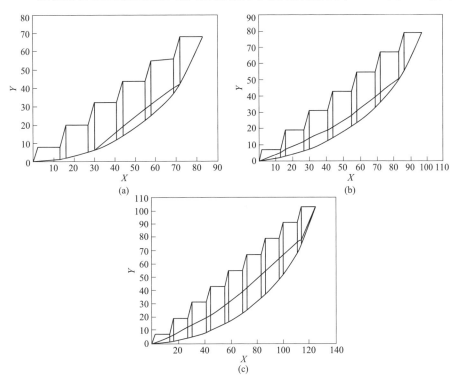

图 5-25　P1-1 断面 40°边坡角计算概化模型

（a）1 号危险滑面；（b）2 号危险滑面；（c）3 号危险滑面

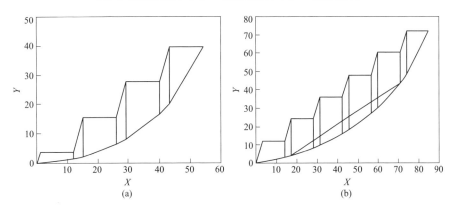

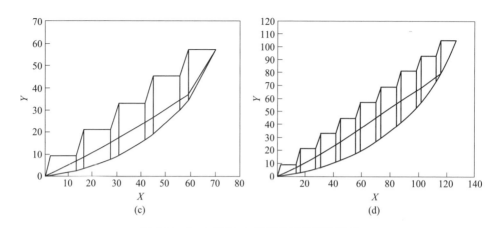

图 5-26　P1-2 断面 40°边坡角计算概化模型

（a）1 号危险滑面；（b）2 号危险滑面；（c）3 号危险滑面；（d）4 号危险滑面

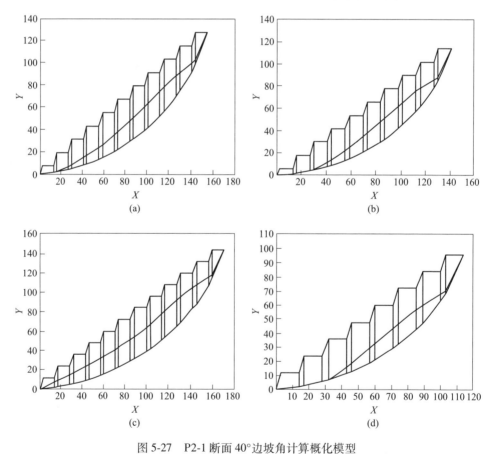

图 5-27　P2-1 断面 40°边坡角计算概化模型

（a）1 号危险滑面；（b）2 号危险滑面；（c）3 号危险滑面；（d）4 号危险滑面

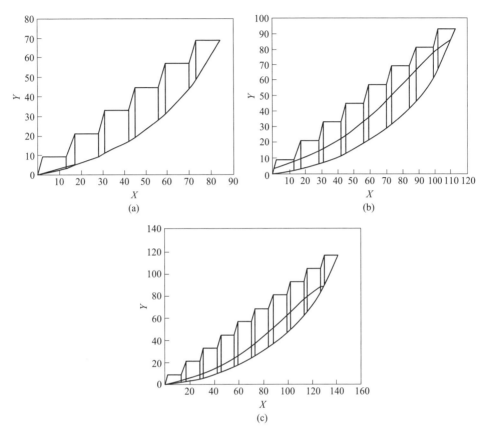

图 5-28　P2-2 断面 40°边坡角计算概化模型

（a）1 号危险滑面；（b）2 号危险滑面；（c）3 号危险滑面

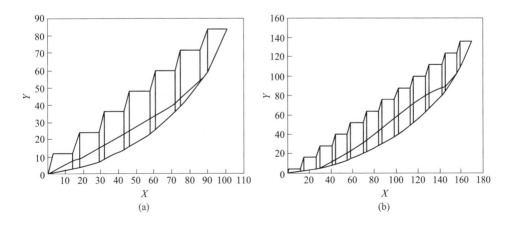

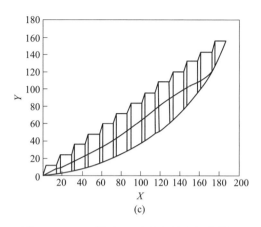

图 5-29　P2-3 断面 40°边坡角计算概化模型

（a）1 号危险滑面；（b）2 号危险滑面

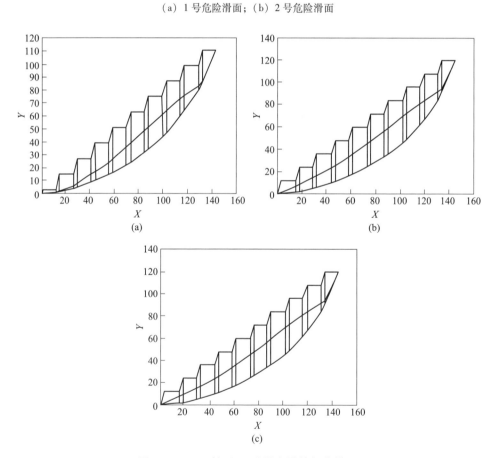

图 5-30　P3-1 断面 40°边坡角计算概化模型

（a）1 号危险滑面；（b）2 号危险滑面；（c）3 号危险滑面

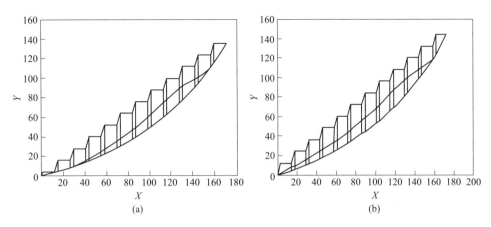

图 5-31 P3-2 断面 40°边坡角计算概化模型

（a）1 号危险滑面；（b）2 号危险滑面

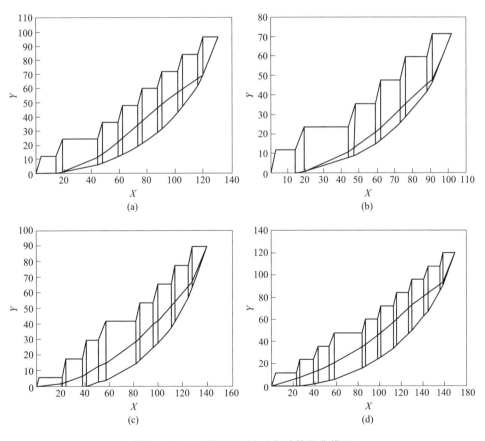

图 5-32 P4-1 断面 40°边坡角计算概化模型

（a）1 号危险滑面；（b）2 号危险滑面；（c）3 号危险滑面；（4）4 号危险滑面

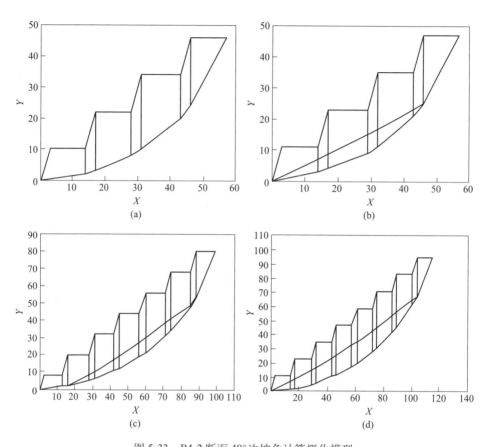

图 5-33　P4-2 断面 40°边坡角计算概化模型

（a）1 号危险滑面；（b）2 号危险滑面；（c）3 号危险滑面；（d）4 号危险滑面

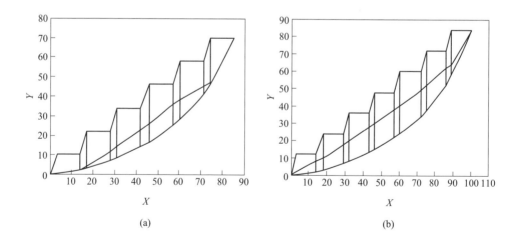

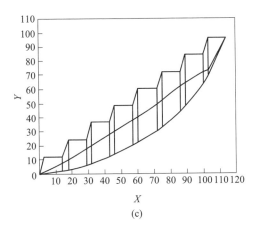

图 5-34　P5-1 断面 40°边坡角计算概化模型

（a）1 号危险滑面；（b）2 号危险滑面；（c）3 号危险滑面

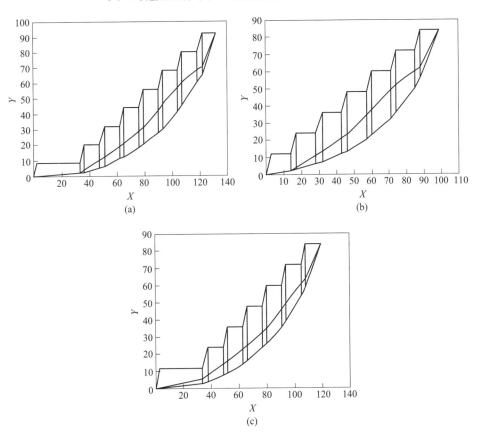

图 5-35　P5-2 断面 40°边坡角计算概化模型

（a）1 号危险滑面；（b）2 号危险滑面；（c）3 号危险滑面

B　稳定性评价结果

根据详勘资料，潜在滑动面确定后，基于不同的滑动面位置，借助 MSARMA 软件进行了边坡稳定系数的计算。计算时考虑该地区地震设防烈度为 7 度，地震加速度值为 0.1g，边坡排水率按 0%、25%、50%、75%、100% 考虑，假定最不利状态为饱和状态，计算结果见表 5-13。

表 5-13　边坡稳定系数计算结果（40°边坡角）

计算剖面	潜在滑动面	边坡自然排水率				
		0%	25%	50%	75%	100%
P1-1	1	1.4761	1.4761	1.5005	1.5649	1.5649
	2	1.7135	1.7135	1.7271	1.7322	1.7457
	3	1.5597	1.5613	1.5784	1.5816	1.5960
P1-2	1	0.6370	0.6370	0.6370	0.6370	0.6370
	2	1.0034	1.0034	1.0047	1.0090	1.0101
	3	1.3342	1.3569	1.4159	1.4535	1.5612
	4	1.6233	1.6233	1.7054	1.8076	1.8196
	5	1.2562	1.2562	1.2768	1.2846	1.2940
P2-1	1	1.3560	1.3567	1.3607	1.3651	1.3701
	2	1.5039	1.5150	1.6149	1.5039	1.7452
	3	1.2549	1.2559	1.2622	1.2661	1.2672
	4	1.4771	1.4771	1.5636	1.6461	1.6585
P2-2	1	1.5648	1.5648	1.5648	1.5648	1.5724
	2	1.3029	1.3664	1.4963	1.5011	1.7023
	3	1.3629	1.3713	1.4610	1.5467	1.5881
P2-3	1	2.2302	2.2302	2.2547	2.3768	2.4505
	2	1.2606	1.2606	1.2640	1.2725	1.2742
	3	1.2601	1.2610	1.2633	1.2670	1.2734
P3-1	1	1.2695	1.2700	1.2731	1.2766	1.2816
	2	1.2602	1.2617	1.2689	1.3279	1.3380
P3-2	1	1.3131	1.3348	1.4494	1.5297	1.5376
	2	1.3466	1.3512	1.3702	1.3850	1.3871
P4-1	1	1.2572	1.2636	1.2703	1.2948	1.2978
	2	1.2561	1.2561	1.2609	1.2697	1.2758
	3	1.2518	1.2521	1.2576	1.2609	1.2613
	4	1.2694	1.2716	1.2857	1.2974	1.3101

计算剖面	潜在滑动面	边坡自然排水率				
		0%	25%	50%	75%	100%
P4-2	1	0.6396	0.6396	0.6396	0.6396	0.6396
	2	1.2704	1.2704	1.2739	1.2817	1.2870
	3	1.3059	1.3059	1.3404	1.4404	1.4671
	4	1.2577	1.2577	1.2589	1.2691	1.2762
P5-1	1	1.3446	1.3450	1.3475	1.3492	1.3476
	2	1.2632	1.2664	1.2683	1.2790	1.2820
	3	1.2614	1.2646	1.2678	1.2691	1.2755
P5-2	1	1.3725	1.3738	1.3834	1.3951	1.4046
	2	1.3927	1.4034	1.5152	1.6230	1.6606
	3	1.3674	1.3711	1.3860	1.4113	1.4207

表 5-13 的计算结果显示如下。

（1）①区最危险滑面安全系数不排水状态下为：$F_s = 1.2562$（岩质边坡，其中 P1-2-2 滑面，因其计算受第四系影响较大，计算结果不准确，因此将第四系以荷载的方式施加到大理岩上，然后统一计算边坡安全系数，$F_s = 1.3342$），$F_s = 0.6370$（第四系边坡）；完全排水状态下的最小安全系数为 $F_s = 1.2940$（岩质边坡），$F_s = 0.6370$（第四系边坡）。如果岩质边坡按照 40°边坡角设计，边坡处于完全稳定状态，安全系数 $F_s > 1.15$，第四系边坡处于失稳状态，另行考虑。

（2）②区最危险滑面安全系数不排水状态下为 $F_s = 1.2549$（P2-1-3 断面），完全排水状态下的最小安全系数为 $F_s = 1.2672$（P2-3-3 断面）。如果岩质边坡按照 40°边坡角设计，边坡处于完全稳定状态，安全系数 $F_s > 1.15$。

（3）③区最危险滑面安全系数不排水状态下为 $F_s = 1.2602$（P3-1-2 断面），完全排水状态下的最小安全系数为 $F_s = 1.2816$（P3-1-1 断面）。如果岩质边坡按照 40°边坡角设计，边坡处于完全稳定状态，安全系数 $F_s > 1.15$。

（4）④区最危险滑面安全系数不排水状态下为：$F_s = 1.2518$（岩质边坡），$F_s = 0.6396$（第四系边坡）；完全排水状态下的安全系数为：$F_s = 1.2613$（岩质边坡）；$F_s = 0.6396$（第四系边坡）。如果岩质边坡按照 40°边坡角设计，岩质边坡处于稳定状态，安全系数 Fs>1.15，第四系边坡处于失稳状态，另行考虑。

（5）⑤区最危险滑面安全系数不排水状态下为 $F_s = 1.2614$（P5-1-3 断面），完全排水状态下的最小安全系数为 $F_s = 1.2755$（P5-1-3 断面）。如果按照 40°边坡角设计，安全系数 $F_s > 1.15$，边坡处于稳定状态，如图 5-36 所示。

C　边坡稳态影响因素敏感性分析

利用《边坡稳定性评价设计系统》中的敏感性分析功能，对青海牛苦头矿区的 P5-1-3 危险滑动面的重度 R_R，底滑面的 c_B、φ_B 值，侧滑面的 c_S、φ_S 值，地

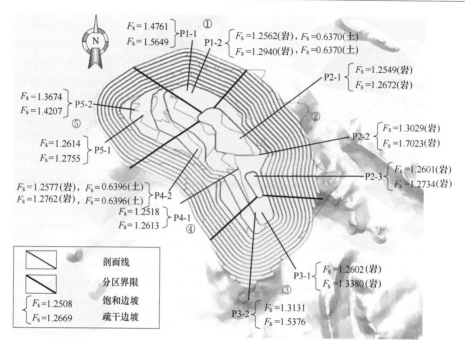

图 5-36　40°边坡角设计各分区安全系数分布图

震系数 K_c 和边坡加固角 G_M，分别进行了敏感性分析，其分析曲线如图 5-37 所示。不难看出，边坡排水率、底滑面 c_B、φ_B 值和地震仍然是影响边坡稳态的十分活跃的环境动力，是边坡变形破坏的诱发因素。例如干边坡和饱水边坡相比，稳定系数提高 0.0141；边坡在Ⅶ度地震作用下，稳定系数比Ⅷ度地震作用下显著提高，并随着地震系数的增加，其相应稳定系数迅速减小 0.0202。随着雨水入渗，底滑面抗剪强度指标 c_B、φ_B 值逐渐减小，边坡稳定系数明显降低。在边坡排水率为 100% 和 75% 时，稳定系数随着岩土体重度的增加而减小，他们都是影响边坡稳态的敏感因子。

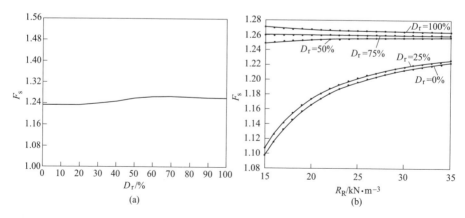

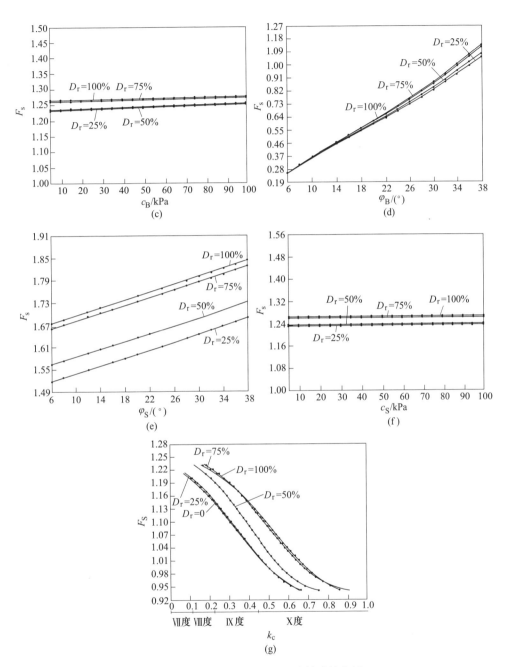

图 5-37　青海牛苦头矿区边坡敏感性分析

（a）边坡稳态对排水率 D_r；（b）边坡稳态对容重 R_R；（c）边坡稳态对底滑面黏聚力 c_B；

（d）边坡稳态对底滑面摩擦角 φ_B；（e）边坡稳态对侧滑面摩擦角 φ_S；

（f）边坡稳态对侧滑面黏聚力 c_S；（g）边坡稳态对水平地震系数 k_c

D　边坡工程加固角敏感性分析

为了寻求优化的加固角，工程计算做了三种既定加固总力（单位宽度取1m）的加固角敏感性分析。如图5-38所示，在7118kN加固力下，最佳加固角为0°（幅度范围0°~20°，在此范围内稳定系数变化极小）；在14236kN加固力作用下，最佳加固角为0°（幅度范围-10°~10°）；在21354kN加固力下，最佳加固角为-10°（幅度范围-20°~0°）。这说明，加固力越大，稳定系数对加固角的敏感性越大。根据《边坡稳定性评价设计系统》可以求得青海牛苦头矿区边坡稳定系数、地震系数和坡面荷载间的曲线关系如图5-39所示。

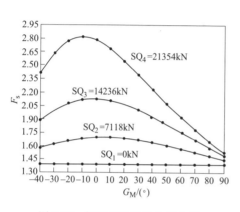

图5-38　加固角敏感性分析曲线

图5-39　稳态与地震、地面荷载关系曲线

5.3.3.4　最终边坡各分区43°边坡角稳定性评价

A　计算力学概化模型建立

43°边坡角各断面最危险滑动面的概化力学模型如图5-40~图5-50所示。

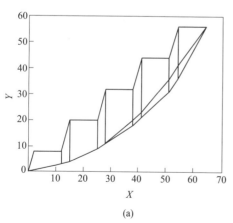

(a)

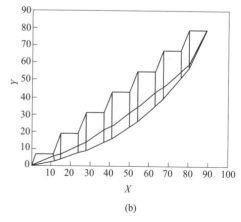

(b)

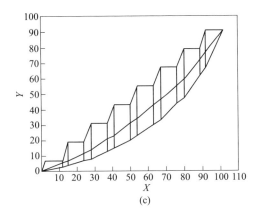

图 5-40 P1-1 断面 43°边坡角计算概化模型

（a）1 号危险滑面；（b）2 号危险滑面；（c）3 号危险滑面

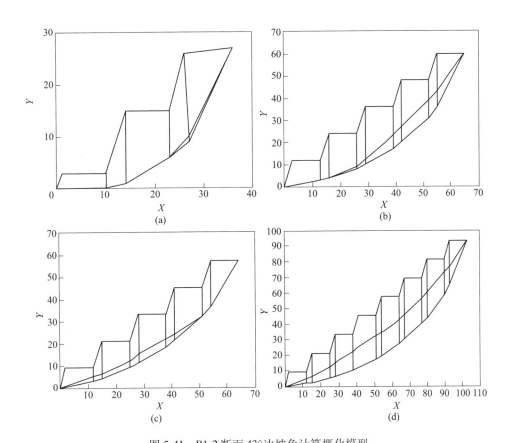

图 5-41 P1-2 断面 43°边坡角计算概化模型

（a）1 号危险滑面；（b）2 号危险滑面；（c）3 号危险滑面；（d）4 号危险滑面

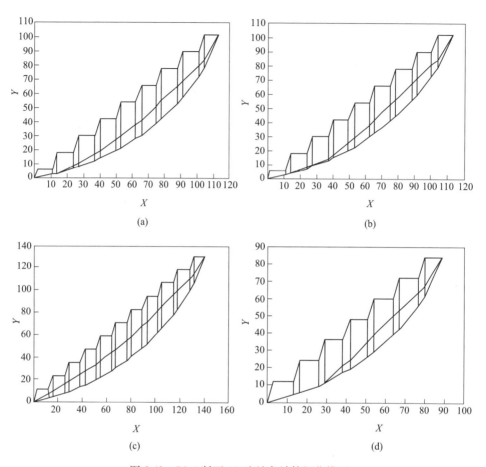

图 5-42　P2-1 断面 43°边坡角计算概化模型

（a）1 号危险滑面；（b）2 号危险滑面；（c）3 号危险滑面；（d）4 号危险滑面

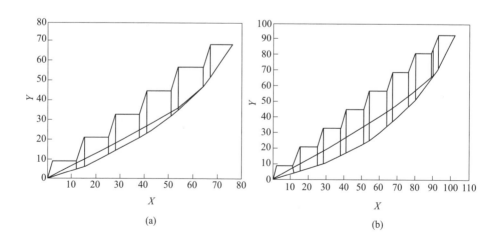

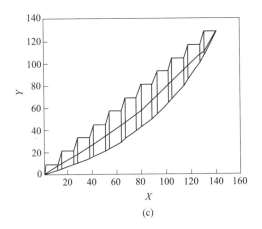

(c)

图 5-43 P2-2 断面 43°边坡角计算概化模型

（a）1 号危险滑面；（b）2 号危险滑面；（c）3 号危险滑面

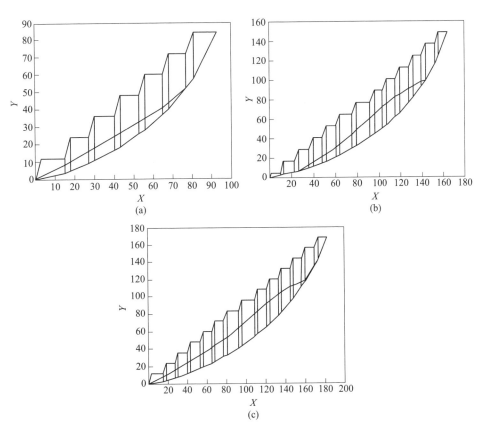

(a)

(b)

(c)

图 5-44 P2-3 断面 43°边坡角计算概化模型

（a）1 号危险滑面；（b）2 号危险滑面；（c）3 号危险滑面

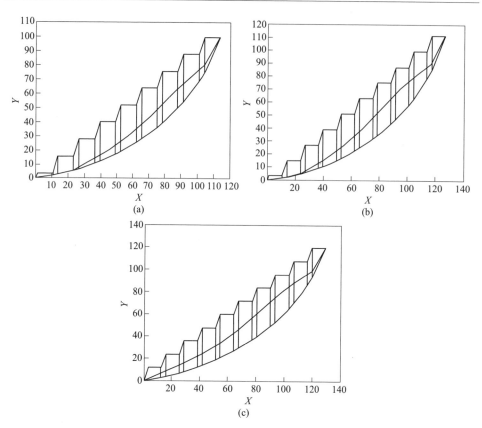

图 5-45　P3-1 断面 43°边坡角计算概化模型

（a）1 号危险滑面；（b）2 号危险滑面；（c）3 号危险滑面

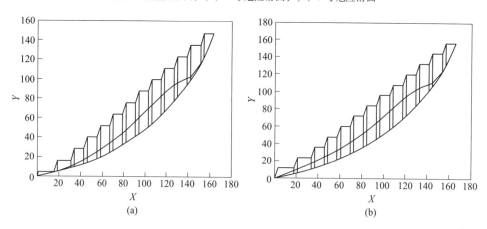

图 5-46　P3-2 断面 43°边坡角计算概化模型

（a）1 号危险滑面；（b）2 号危险滑面

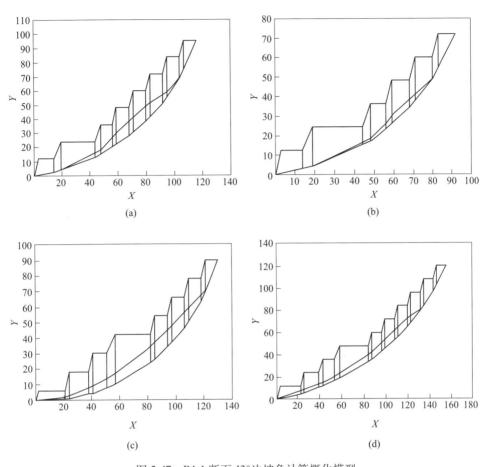

图 5-47 P4-1 断面 43°边坡角计算概化模型

(a) 1 号危险滑面；(b) 2 号危险滑面；(c) 3 号危险滑面；(d) 4 号危险滑面

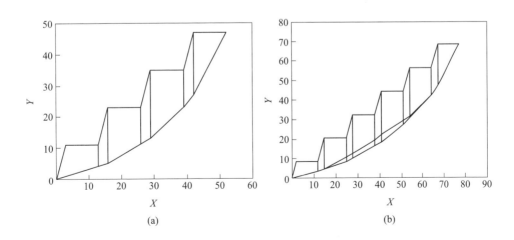

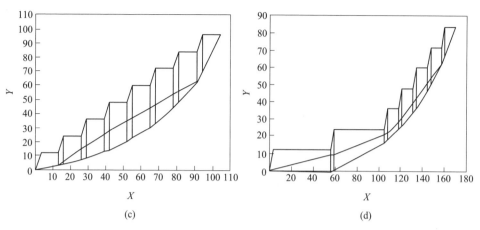

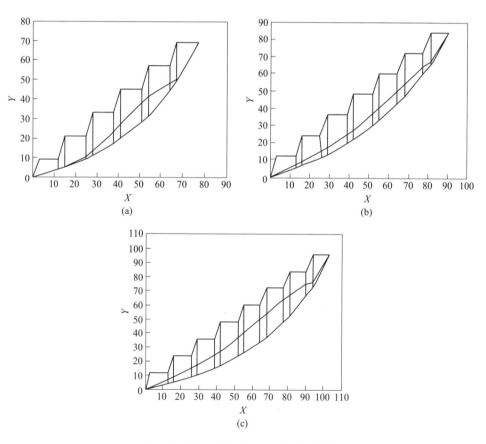

图 5-48　P4-2 断面 43°边坡角计算概化模型

（a）1 号危险滑面；（b）2 号危险滑面；（c）3 号危险滑面；（d）4 号危险滑面

图 5-49　P5-1 断面 43°边坡角概化模型

（a）1 号危险滑面；（b）2 号危险滑面；（c）3 号危险滑面

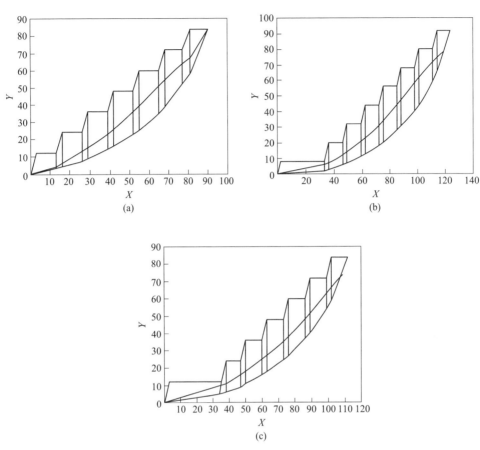

图 5-50 P5-2 断面 43°边坡角计算概化模型

（a）1号危险滑面；（b）2号危险滑面；（c）3号危险滑面

B 稳定性评价结果

根据详勘资料，潜在滑动面确定后，基于不同的滑动面位置，借助 MSARMA 软件进行了边坡稳定系数的计算。计算时考虑该地区地震设防烈度为 7 度，地震加速度值 $0.1g$，边坡排水率按 0、25%、50%、75%、100%考虑，假定最不利状态为饱和状态，计算结果见表 5-14。

表 5-14 边坡稳定系数计算结果（43°边坡角）

计算剖面	潜在滑动面	边坡自然排水率				
		0%	25%	50%	75%	100%
P1-1	1	1.4349	1.4508	1.5006	1.5194	1.5194
	2	1.6915	1.6916	1.7078	1.7164	1.7235
	3	1.2521	1.2536	1.2690	1.2912	1.3833

计算剖面	潜在滑动面	边坡自然排水率				
		0%	25%	50%	75%	100%
P1-2	1	0.6972	0.6972	0.6972	0.7051	0.7051
	2	0.9958	0.9959	0.9979	1.0023	1.0061
	2	1.3269	1.3297	1.3302	1.3357	1.3909
	3	1.4519	1.4519	1.4794	1.5489	1.5796
	4	1.2649	1.2660	1.2767	1.2833	1.2861
P2-1	1	1.3163	1.3379	1.3418	1.3629	1.3651
	2	1.2645	1.2702	1.2761	1.2840	1.2852
	3	1.2627	1.3199	1.4301	1.4148	1.4584
	4	1.3304	1.3622	1.4538	1.5061	1.5061
P2-2	1	1.2726	1.2726	1.2997	1.4020	1.4273
	2	1.2600	1.2617	1.3115	1.4641	1.5067
	3	1.2606	1.2662	1.2713	1.4148	1.4584
P2-3	1	1.4858	1.4858	1.4953	1.5410	1.5410
	2	1.2679	1.2679	1.3291	1.4335	1.4572
	3	1.2710	1.2710	1.2799	1.2849	1.2985
P3-1	1	1.2672	1.2699	1.2726	1.2759	1.2814
	2	1.2618	1.2630	1.2722	1.3154	1.3203
	3	1.2631	1.2708	1.2772	1.2911	1.2938
P3-2	1	1.2621	1.2621	1.2870	1.3815	1.4029
	2	1.2617	1.2624	1.2721	1.2896	1.2945
P4-1	1	1.2526	1.2626	1.2685	1.2860	1.2877
	2	1.2520	1.2520	1.2617	1.2748	1.2797
	3	1.2511	1.2536	1.2618	1.2683	1.2751
	4	1.2601	1.2601	1.2664	1.2744	1.2765
P4-2	1	0.5516	0.5516	0.5516	0.5516	0.5516
	2	1.2687	1.2687	1.2766	1.2816	1.2869
	3	1.2512	1.2561	1.2588	1.2628	1.2630
	4	1.2508	1.2587	1.2601	1.2687	1.2698
P5-1	1	1.2765	1.3421	1.4120	1.4317	1.4317
	2	1.2534	1.2559	1.2624	1.2775	1.2797
	3	1.2508	1.2522	1.2528	1.2592	1.2669

计算剖面	潜在滑动面	边坡自然排水率				
		0%	25%	50%	75%	100%
P5-2	1	1.2903	1.3189	1.4247	1.5257	1.5571
	2	1.2484	1.2502	1.2655	1.2862	1.2879
	3	1.3451	1.3664	1.3732	1.3898	1.4006

表 5-14 的计算结果显示如下。

（1）①区最危险滑面安全系数不排水状态下为：$F_s = 1.2521$（岩质边坡，其中 P1-2-2 滑面，因其计算受第四系影响较大，计算结果不准确，因此将第四系以荷载的方式施加到大理岩上，然后统一计算边坡安全系数，$F_s = 1.3269$），$F_s = 0.6972$（第四系边坡）；完全排水状态下的安全系数为：$F_s = 1.2861$（岩质边坡），$F_s = 0.7051$（第四系边坡）。如果岩质边坡按照 43°边坡角设计，岩质边坡处于稳定状态，边坡安全系数 $F_s > 1.15$，第四系边坡处于失稳状态，另行考虑。

（2）②区最危险滑面安全系数不排水状态下为 $F_s = 1.2600$（P2-2-2 断面），完全排水状态下的安全系数为 $F_s = 1.5067$（P2-2-2 断面）。如果岩质边坡按照 43°边坡角设计，边坡安全系数 $F_s > 1.15$，边坡处于稳定状态。

（3）③区最危险滑面安全系数不排水状态下为 $F_s = 1.2617$（P3-2-2 断面），完全排水状态下的安全系数为 $F_s = 1.2945$（P3-2-2 断面）。如果岩质边坡按照 43°边坡角设计，边坡安全系数 $F_s > 1.15$，边坡处于稳定状态。

（4）④区最危险滑面安全系数不排水状态下为：$F_s = 1.2508$（岩质边坡），$F_s = 0.5516$（第四系边坡）；完全排水状态下的安全系数为：$F_s = 1.2698$（岩质边坡）、$F_s = 0.5516$（第四系边坡）。如果岩质边坡按照 43°边坡角设计，边坡安全系数 $F_s > 1.15$，岩质边坡处于稳定状态，第四系边坡处于失稳状态。

（5）⑤区最危险滑面安全系数不排水状态下为 $F_s = 1.2484$（P5-2-2 断面），排水状态下的安全系数为 $F_s = 1.2879$（P5-2-2 断面）。如果按照 43°边坡角设计，$F_s > 1.15$，边坡处于稳定状态，详见图 5-51 所示。

C 边坡稳态影响因素敏感性分析

利用《边坡稳定性评价设计系统》中的敏感性分析功能，对青海牛苦头矿区的 P2-1-4 危险滑动面的重度 R_R，底滑面的 c_B、φ_B 值，侧滑面的 c_S、φ_S 值，地震系数 k_c 和边坡加固角 G_M，分别进行了敏感性分析，其分析曲线如图 5-52 所示。

不难看出，边坡排水率、底滑面 c_B、φ_B 值和地震仍然是影响边坡稳态的十分活跃的环境动力，是边坡变形破坏的诱发因素。如干边坡和饱水边坡相比，稳

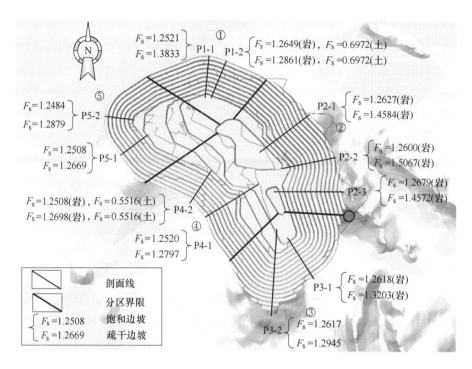

图 5-51   43°边坡角设计各分区安全系数分布图

定系数显著提高 0.1757；边坡在Ⅶ度地震作用下，稳定系数比Ⅷ度地震作用下显著提高，并随着地震系数的增加，其相应稳定系数迅速减小 0.0821。随着雨水入渗，底滑面抗剪强度指标 c_B、φ_B 值逐渐减小，边坡稳定系数明显降低。在边坡排水率为 100% 和 75% 时，稳定系数随着岩土体重度的增加而减小，他们都是影响边坡稳态的敏感因子。

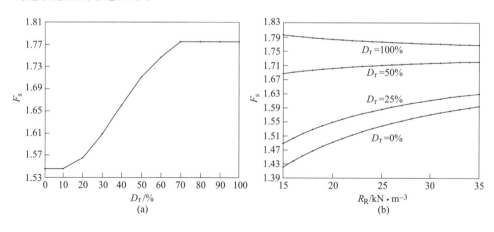

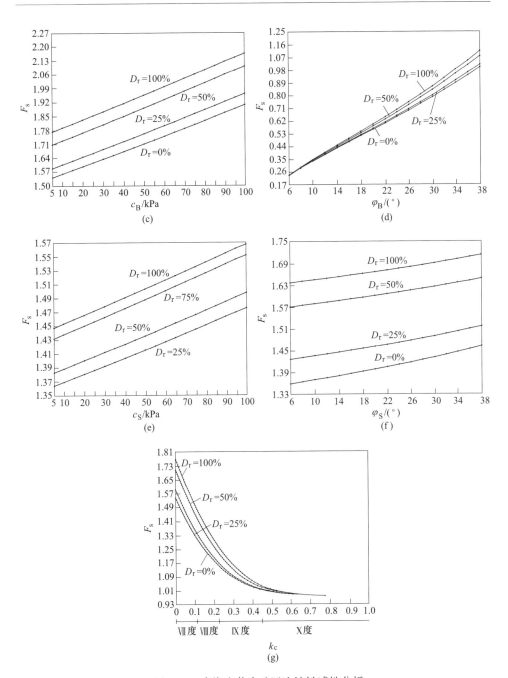

图 5-52 青海牛苦头矿区边坡敏感性分析

（a）边坡稳态对排水率 D_r；（b）边坡稳态对容重 R_R；（c）边坡稳态对底滑面黏聚力 c_B；

（d）边坡稳态对底滑面摩擦角 φ_B；（e）边坡稳态对侧滑面黏聚力 c_S；

（f）边坡稳态对侧滑面摩擦角 φ_S；（g）边坡稳态对水平地震系数 k_c

D　边坡工程加固角敏感性分析

为了寻求优化的加固角，工程计算做了三种既定加固总力（单位宽度，取1m）的加固角敏感性分析。如图5-53所示，在5594kN加固力下，最佳加固角为10°（幅度范围0°~30°，在此范围内稳定系数变化极小）；在11188kN加固力作用下，最佳加固角为0°（幅度范围−10°~10°）；在16782kN加固力下，最佳加固角为−10°（幅度范围−20°~0°）。这说明，加固力越大，稳定系数对加固角的敏感性越大。根据《边坡稳定性评价设计系统》可以求得青海牛苦头矿区边坡稳定系数、地震系数和坡面荷载间的曲线关系，如图5-54所示。

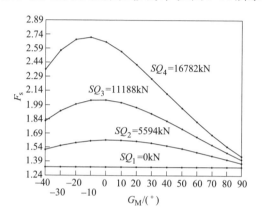

图 5-53　加固角敏感性分析曲线

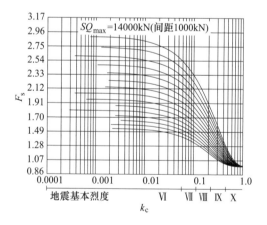

图 5-54　稳态与地震、地面荷载关系曲线

5.3.3.5　最终边坡各分区45°边坡角稳定性评价

A　计算力学概化模型建立

45°边坡角各断面最危险滑动面的概化力学模型如图5-55~图5-65所示。

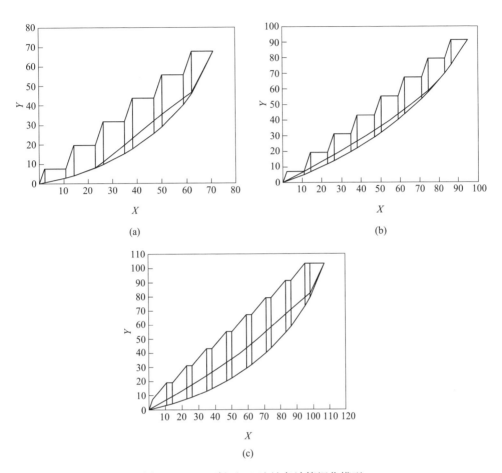

图 5-55 P1-1 断面 45°边坡角计算概化模型

(a) 1 号危险滑面;(b) 2 号危险滑面;(c) 3 号危险滑面

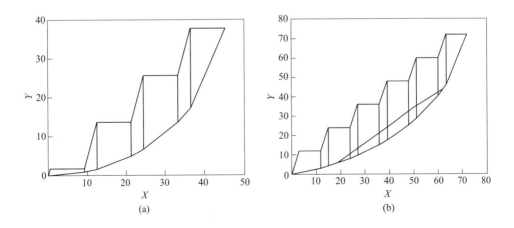

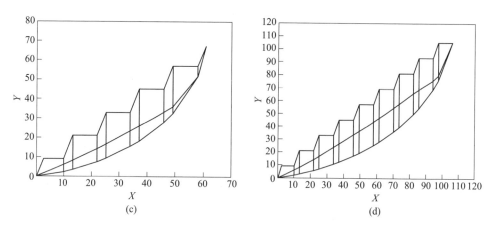

图 5-56　P1-2 断面 45°边坡角计算概化模型

（a）1 号危险滑面；（b）2 号危险滑面；（c）3 号危险滑面；（d）4 号危险滑面

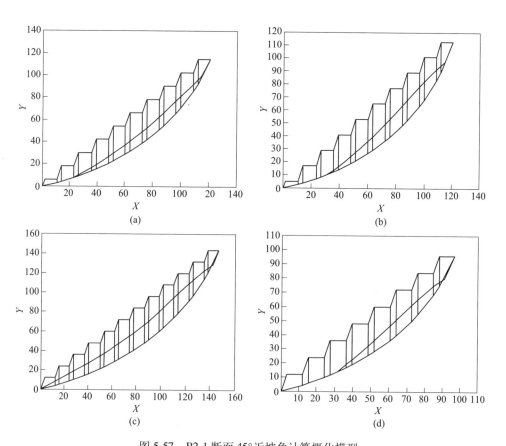

图 5-57　P2-1 断面 45°近坡角计算概化模型

（a）1 号危险滑面；（b）2 号危险滑面；（c）3 号危险滑面；（d）4 号危险滑面

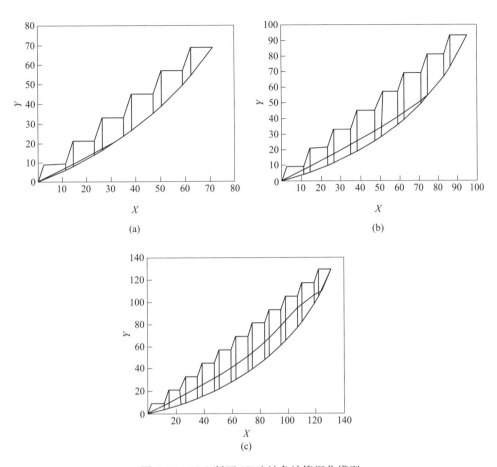

图 5-58　P2-2 断面 45°边坡角计算概化模型

（a）1 号危险滑面；（b）2 号危险滑面；（c）3 号危险滑面

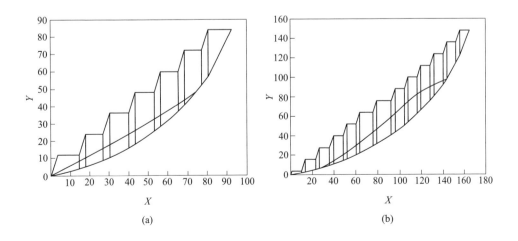

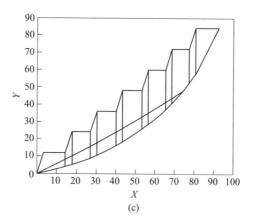

(c)

图 5-59　P2-3 断面 45°边坡角计算概化模型

（a）1 号危险滑面；（b）2 号危险滑面；（c）3 号危险滑面

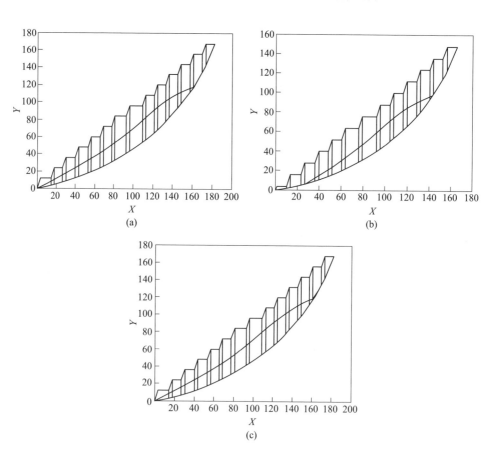

图 5-60　P3-1 断面 45°边坡角计算概化模型

（a）1 号危险滑面；（b）2 号危险滑面；（c）3 号危险滑面

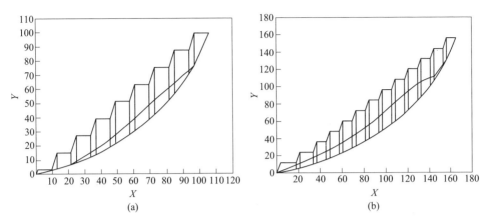

图 5-61 P3-2 断面 45°边坡角计算概化模型

（a）1 号危险滑面；（b）2 号危险滑面

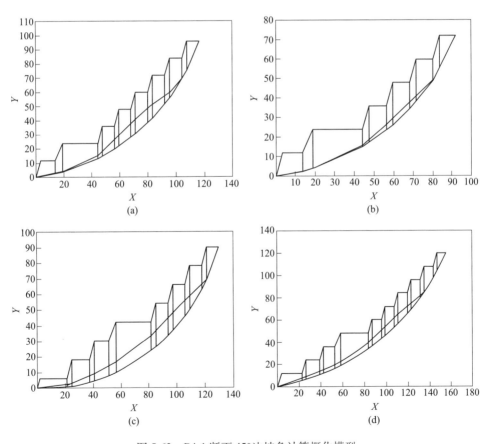

图 5-62 P4-1 断面 45°边坡角计算概化模型

（a）1 号危险滑面；（b）2 号危险滑面；（c）3 号危险滑面；（d）4 号危险滑面

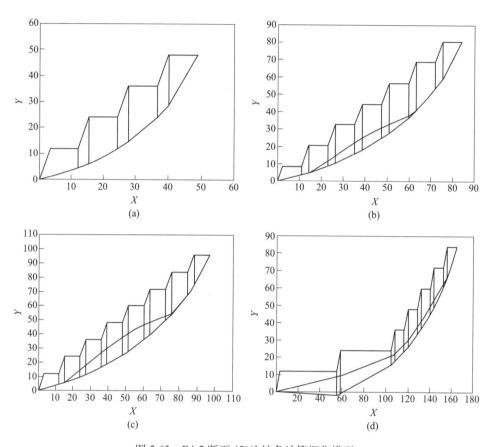

图 5-63　P4-2 断面 45°边坡角计算概化模型

（a）1 号危险滑面；（b）2 号危险滑面；（c）3 号危险滑面；（d）4 号危险滑面

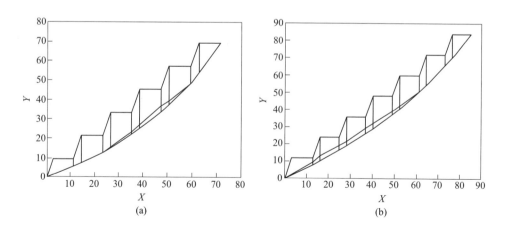

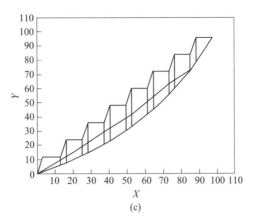

图 5-64　P5-1 断面 45°边坡角计算概化模型

（a）1 号危险滑面；（b）2 号危险滑面；（c）3 号危险滑面

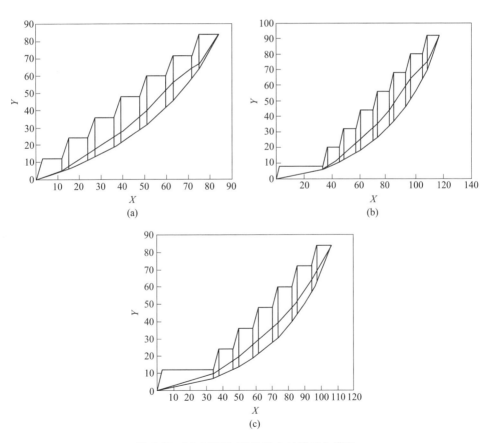

图 5-65　P5-2 断面 45°边坡角计算概化模型

（a）1 号危险滑面；（b）2 号危险滑面；（c）3 号危险滑面

B 稳定性评价结果

根据详勘资料，潜在滑动面确定后，基于不同的滑动面位置，借助MSARMA软件进行了边坡稳定系数的计算。计算时考虑该地区地震设防烈度为7度，地震加速度值0.1g，边坡排水率按0%、25%、50%、75%、100%考虑，假定最不利状态为饱和状态，计算结果见表5-15。

表 5-15 边坡稳定系数计算结果（45°边坡角）

计算剖面	潜在滑动面	边坡自然排水率				
		0%	25%	50%	75%	100%
P1-1	1	1.3209	1.3209	1.3715	1.4164	1.4289
	2	1.1934	1.1934	1.1977	1.2023	1.2159
	3	1.0831	1.0858	1.1037	1.1050	1.1086
P1-2	1	0.5963	0.5963	0.5963	0.5963	0.5963
	2	1.2235	1.2235	1.2362	1.2714	1.2840
	3	0.9745	0.9745	0.9763	0.9865	0.9859
	4	1.0242	1.0247	1.0321	1.0455	1.0512
P2-1	1	0.9279	0.9322	0.9473	0.9633	0.9646
	2	0.9083	0.9142	0.9332	0.9513	0.9541
	3	1.0655	1.0772	1.1039	1.1181	1.1162
	4	1.1940	1.2244	1.3115	1.3598	1.3649
P2-2	1	1.1864	1.1864	1.1864	1.2449	1.2519
	2	1.1887	1.1887	1.2133	1.3130	1.3477
	3	1.0948	1.0980	1.1061	1.1330	1.1777
P2-3	1	1.1243	1.1243	1.1272	1.1362	1.1351
	2	1.2478	1.2480	1.2517	1.2523	1.2633
	3	1.0691	1.0691	1.1148	1.1595	1.1587
P3-1	1	1.2064	1.2101	1.2829	1.3564	1.3648
	2	1.1781	1.1796	1.2733	1.3621	1.3751
	3	0.9794	0.9818	1.0272	1.0796	1.0834
P3-2	1	1.1088	1.1088	1.1530	1.1797	1.1843
	2	0.9979	0.9985	1.0336	1.0742	1.0786
P4-1	1	0.9975	0.9975	1.0013	1.0067	1.0082
	2	1.2417	1.2417	1.2600	1.2676	1.2691
	3	1.1760	1,1762	1.1808	1.1933	1.1967
	4	1.1109	1.1109	1.1146	1.1207	1.1195

计算剖面	潜在滑动面	边坡自然排水率				
		0%	25%	50%	75%	100%
P4-2	1	0.5327	0.5327	0.5327	0.5327	0.5327
	2	1.1129	1.1129	1.1193	1.1858	1.1948
	3	1.2336	1.2336	1.2463	1.2719	1.2725
	4	1.2441	1.2444	1.2472	1.2593	1.2668
P5-1	1	1.2205	1.2205	1.2583	1.2741	1.2741
	2	1.0484	1.0484	1.0526	1.0527	1.0539
	3	1.1374	1.1391	1.1614	1.1753	1.1789
P5-2	1	1.1421	1.1689	1.2565	1.3326	1.3397
	2	0.9865	0.9912	1.0067	1.0259	1.0311
	3	0.9362	0.9385	0.9452	0.9625	0.9631

表 5-15 的计算结果显示如下。

（1）①区最危险滑面安全系数不排水状态下为：$F_s = 1.0831$（岩质边坡），$F_s = 0.5963$（第四系边坡）；排水状态下的安全系数为：$F_s = 1.1086$（岩质边坡），$F_s = 0.5963$（第四系边坡）。如果岩质边坡按照 45° 边坡角设计，边坡工况按照自然边坡考虑，即 50% 排水条件下，$F_s = 1.0321$（50% 排水条件），$F_s < 1.15$，边坡处于潜在失稳状态，第四系边坡处于失稳状态。

（2）②区最危险滑面安全系数不排水状态下为 $F_s = 0.9083$（P2-1 断面），排水状态下的安全系数为 $F_s = 0.9541$（P2-1 断面）。如果岩质边坡按照 45° 边坡角设计，边坡工况按照自然边坡考虑，即 50% 排水条件下，$F_s = 0.9332$（50% 排水条件），$F_s < 1.00$，边坡处于失稳状态。

（3）③区最危险滑面安全系数不排水状态下为 $F_s = 0.9794$（P3-2 断面），排水状态下的安全系数为 $F_s = 1.0786$（P3-2 断面）。如果岩质边坡按照 45° 边坡角设计，边坡工况按照自然边坡考虑，即 50% 排水条件下，$F_s = 1.0272$（50% 排水条件），$F_s < 1.15$，边坡排水条件下处于潜在不稳定状态。

（4）④区最危险滑面安全系数不排水状态下为：$F_s = 0.9975$（岩质边坡），$F_s = 0.5327$（第四系边坡）；排水状态下的安全系数为：$F_s = 1.0082$（岩质边坡），$F_s = 0.5327$（第四系边坡）。如果岩质边坡按照 45° 边坡角设计，边坡工况按照自然边坡考虑，即 50% 排水条件下，$F_s = 1.1146$（50% 排水条件），$F_s < 1.15$，边坡排水条件下处于临界失稳状态，不排水条件下处于失稳状态，第四系边坡处于失稳状态。

（5）⑤区最危险滑面安全系数不排水状态下为 $F_s = 0.9362$（P5-1 断面），排水状态下的安全系数为 $F_s = 0.9631$（P5-1 断面）。如果按照 45°边坡角设计，边坡工况按照自然边坡考虑，即 50% 排水条件下，$F_s = 0.9452$（50% 排水条件），$F_s < 1.00$，边坡处于失稳状态，如图 5-66 所示。

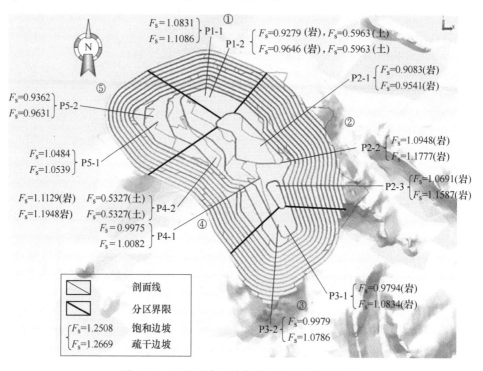

图 5-66　45°边坡角设计各分区安全系数分布图

C　边坡稳态影响因素敏感性分析

利用《边坡稳定性评价设计系统》中的敏感性分析功能，对青海牛苦头矿区的 P1-2-2 危险滑动面的重度 R_R，底滑面的 c_B、φ_B 值，侧滑面的 c_S、φ_S 值，地震系数 k_c 和边坡加固角 G_M，分别进行了敏感性分析，其分析曲线如图 5-67 所示。不难看出，边坡排水率、底滑面 c_B、φ_B 值和地震仍然是影响边坡稳态的十分活跃的环境动力，是边坡变形破坏的诱发因素。如干边坡和饱水边坡相比，稳定系数显著提高 0.0605；边坡在Ⅶ度地震作用下，稳定系数比Ⅷ度地震作用下显著提高，并随着地震系数的增加，其相应稳定系数迅速减小 0.0517。随着雨水入渗，底滑面抗剪强度指标 c_B、φ_B 值逐渐减小，边坡稳定系数明显降低。在边坡排水率为 100% 和 75% 时，稳定系数随着岩土体重度的增加而减小，它们都是影响边坡稳态的敏感因子。

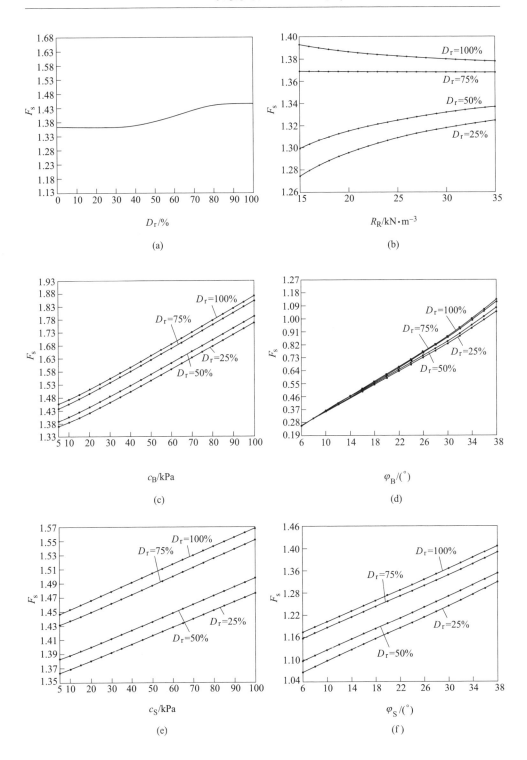

(a)

(b)

(c)

(d)

(e)

(f)

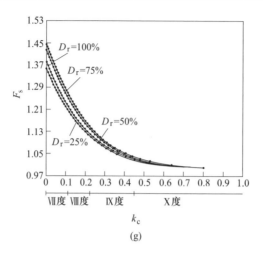

(g)

图 5-67   青海牛苦头矿区边坡敏感性分析

（a）边坡稳态对排水率 D_r；（b）边坡稳态对容重 R_R；（c）边坡稳态对底滑面黏聚力 c_B；
（d）边坡稳态对底滑面摩擦角 φ_B；（e）边坡稳态对侧滑面黏聚力 c_S；
（f）边坡稳态对侧滑面摩擦角 φ_S；（g）边坡稳态对水平地震系数 k_c

D 边坡工程加固角敏感性分析

为了寻求优化的加固角，工程计算做了三种既定加固总力（单位宽度，取 1m）的加固角敏感性分析。如图 5-68 所示，在 5044kN 加固力下，最佳加固角为 0°（幅度范围 0°～20°，在此范围内稳定系数变化极小）；在 10088kN 加固力作用下，最佳加固角为-10°（幅度范围-20°～10°）；在 15132kN 加固力下，最佳加固角为-20°（幅度范围-30°～-10°）。这说明，加固力越大，稳定系数对加固角的敏感性越大。根据《边坡稳定性评价设计系统》可以求得青海牛苦头矿区边坡稳定系数、地震系数和坡面荷载间的曲线关系，如图 5-69 所示。

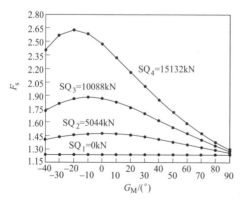

图 5-68   加固角敏感性分析曲线

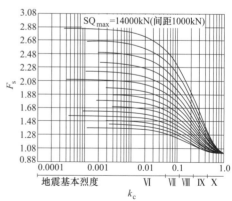

图 5-69   稳态与地震、地面荷载关系曲线

5.3.3.6 最终边坡各分区 44°边坡角稳定性评价

以上对青海牛苦头矿区边坡在 40°、43°和 45°边坡角条件下的稳定性进行了计算和评价，计算结果显示如下。

（1）边坡在 43°边坡角条件下的安全系数 $F_s>1.15$，从安全角度考虑边坡处于稳定状态，但是从剥采比等经济角度考虑边坡并非最优边坡角，需要对 44°边坡角进行安全系数计算。

（2）边坡在 45°边坡角条件下的安全系数 $F_s<1.15$，从安全角度考虑边坡处于潜在不稳定状态，需要对 44°边坡角进行安全系数计算。

因此，在以上研究的基础上，对上盘的①区~③区和下盘④区和⑤区稳定边坡分别建立了 44°边坡角条件下的边坡稳定性计算力学概化模型。

根据详勘资料，潜在滑动面确定后，基于不同的滑动面位置，借助 MSARMA 软件进行了边坡稳定系数的计算。计算时考虑①区~⑤区地震设防烈度为 7 度，地震加速度值 0.1g，边坡排水率按 0%、25%、50%、75%、100%考虑，假定最不利状态为饱和状态，计算结果见表 5-16。

表 5-16　边坡稳定系数计算结果（44°边坡角）

计算剖面	潜在滑动面	边坡自然排水率				
		0%	25%	50%	75%	100%
P1-1	1	1.3420	1.3420	1.3961	1.4418	1.4437
	2	1.2502	1.2502	1.2521	1.2553	1.2562
	3	1.2516	1.2539	1.2659	1.2757	1.2740
P1-2	1	0.5827	0.5827	0.5827	0.5827	0.5827
	2	1.2666	1.2666	1.2957	1.3508	1.3566
	3	1.3281	1.3281	1.3557	1.4768	1.4998
	4	1.2502	1.2561	1.3030	1.3357	1.3497
P2-1	1	1.2608	1.2611	1.2856	1.2972	1.2981
	2	1.2503	1.2736	1.3632	1.4242	1.4269
	3	1.2503	1.2603	1.2882	1.3050	1.3045
	4	1.3047	1.3262	1.4248	1.4729	1.4729
P2-2	1	1.2606	1.2606	1.2700	1.3342	1.3639
	2	1.2577	1.2579	1.2608	1.2670	1.2659
	3	1.2548	1.2608	1.2643	1.3148	1.4091
P2-3	1	1.3211	1.3324	1.3367	1.3457	1.3487
	2	1.2509	1.2780	1.2689	1.2754	1.2954
	3	1.2655	1.2698	1.2751	1.2791	1.2866

计算剖面	潜在滑动面	边坡自然排水率				
		0%	25%	50%	75%	100%
P3-1	1	1.2554	1.2594	1.3106	1.3947	1.4128
	2	1.2537	1.2681	1.3614	1.4727	1.5024
	3	1.2533	1.2680	1.3587	1.4896	1.5389
P3-2	1	1.2593	1.2618	1.2791	1.3654	1.3964
	2	1.2556	1.2556	1.3425	1.4492	1.4838
P4-1	1	1.0311	1.0898	1.1187	1.1589	1.1620
	2	1.1520	1.2604	1.2689	1.2712	1.2805
	3	1.1794	1.1801	1.1838	1.1992	1.2081
	4	1.1131	1.1131	1.1351	1.1394	1.1398
P4-2	1	0.6014	0.6014	0.6014	0.6014	0.6014
	2	1.1144	1.1159	1.1201	1.1892	1.2009
	3	1.2398	1.2429	1.2495	1.2748	1.2801
	4	1.2487	1.2496	1.2505	1.2601	1.2741
P5-1	1	1.2264	1.2287	1.2591	1.2798	1.2805
	2	1.0987	1.1094	1.1187	1.1361	1.1464
	3	1.1395	1.1481	1.1682	1.1793	1.1803
P5-2	1	1.1492	1.1701	1.2609	1.3459	1.3651
	2	1.0842	1.1098	1.1283	1.1402	1.1598
	3	1.0459	1.0981	1.1533	1.1698	1.1751

表 5-16 的计算结果显示如下。

（1）①区最危险滑面安全系数不排水状态下为：$F_s = 1.2502$（岩质边坡），$F_s = 0.5827$（第四系边坡）；完全排水状态下的安全系数为：$F_s = 1.2562$（岩质边坡），$F_s = 0.5827$（第四系边坡）。如果一区岩质边坡按照 44°边坡角设计，安全系数 $F_s > 1.15$，边坡处于稳定状态；第四系边坡安全系数 F_s 小于 1.00，边坡处于失稳状态，另行分析。

（2）②区最危险滑面安全系数不排水状态下为 $F_s = 1.2503$（P2-1-3 断面），完全排水状态下的安全系数为 $F_s = 1.3045$。如果岩质边坡按照 44°边坡角设计，安全系数 $F_s > 1.15$，边坡处于稳定状态。

（3）③区最危险滑面安全系数不排水状态下为 $F_s = 1.2533$（P3-1-3 断面），完全排水状态下的安全系数为 $F_s = 1.5389$。如果岩质边坡按照 44°边坡角设计，边坡不排水条件下最小安全系数 $F_s > 1.15$，边坡处于稳定状态。

（4）④区最危险滑面安全系数不排水状态下为：$F_s = 1.0311$（岩质边坡），$F_s = 0.6014$（第四系边坡）；排水状态下的安全系数为：$F_s = 1.1620$（岩质边坡），$F_s = 0.6014$（第四系边坡）。如果岩质边坡按照44°边坡角设计，边坡工况按照自然边坡考虑，即50%排水条件下，$F_s = 1.1187$（50%排水条件），$F_s <1.15$，边坡正常运用条件下边坡处于潜在不稳定状态，第四系边坡处于失稳状态。

（5）⑤区最危险滑面安全系数不排水状态下为 $F_s = 1.0459$（P5-2断面），排水状态下的安全系数为 $F_s = 1.1464$（P5-1断面）。如果按照44°边坡角设计，边坡工况按照自然边坡考虑，即50%排水条件下，$F_s = 1.1187$（50%排水条件），$F_s <1.15$，边坡处于潜在不稳定状态，详见图5-70所示。

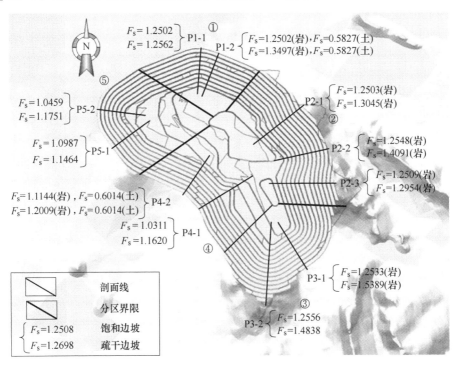

图 5-70   44°边坡角设计各分区安全系数分布图

5.3.3.7   第四系边坡角稳定性评价

④区和①区第四系覆盖层厚度局部超过30m，因此需要对这两个区的第四系厚度最优边坡角进行稳定性计算。本节按照33°、34°、35°、36°和37°进行计算和评价，地震烈度按照0.1g计算（Ⅶ度）。

第四系边坡37°边坡角稳定性计算概化模型如图5-71所示。

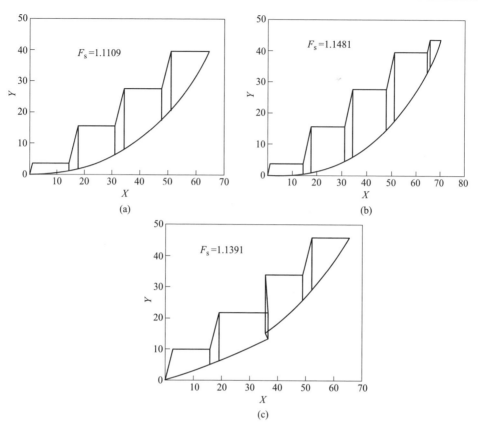

图 5-71   ①区和④区第四系地层 37°边坡角计算概化模型
（a）P1-2 断面 1 号危险滑面；（b）P1-2 断面 2 号危险滑面；（c）P4-2 断面危险滑面

第四系边坡 36°边坡角稳定性计算概化模型如图 5-72 所示。

第四系边坡 35°边坡角稳定性计算概化模型如图 5-73 所示。

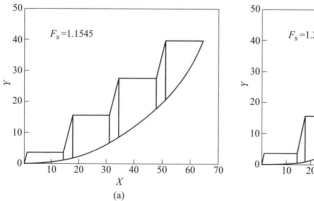

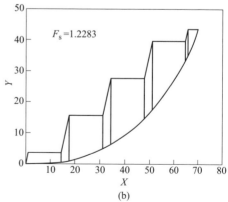

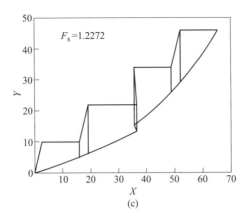

(c)

图 5-72　①区和④区第四系地层 36°边坡角计算概化模型

（a）P1-2 断面 1 号危险滑面；（b）P1-2 断面 2 号危险滑面；（c）P4-2 断面危险滑面

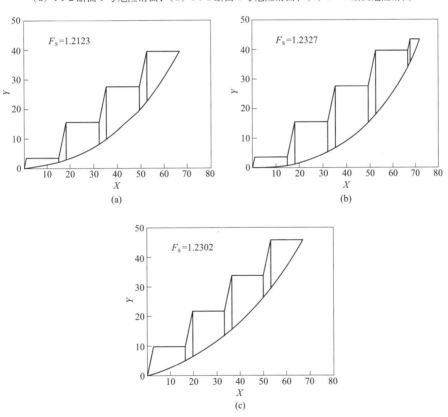

图 5-73　①区和④区第四系地层 35°边坡角计算概化模型

（a）P1-2 断面 1 号危险滑面；（b）P1-2 断面 2 号危险滑面；（c）P4-2 断面危险滑面

第四系边坡 34°边坡角稳定性计算概化模型如图 5-74 所示。

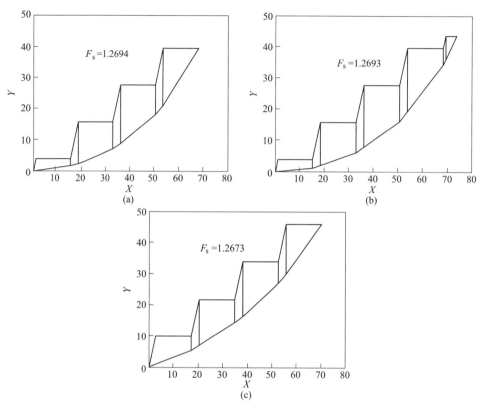

图 5-74   ①区和④区第四系地层 34°边坡角计算概化模型

（a）P1-2 断面 1 号危险滑面；（b）P1-2 断面 2 号危险滑面；（c）P4-2 断面危险滑面

第四系边坡 33°边坡角稳定性计算概化模型如图 5-75 所示。

计算结果见表 5-17。

表 5-17 计算结果证明，第四系地层边坡角为 36°时，安全系数 F_s>1.15，边坡处于稳定状态；当第四系地层边坡角为 37°时，安全系数 F_s<1.15，按照《水

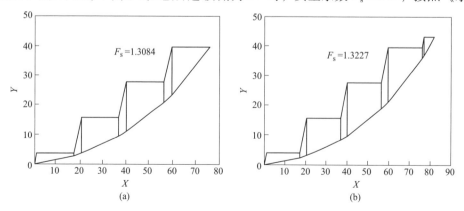

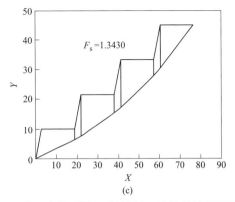

图 5-75 ①区和④区第四系地层 33°边坡角计算概化模型
（a）P1-2 断面 1 号危险滑面；（b）P1-2 断面 2 号危险滑面；（c）P4-2 断面危险滑面

表 5-17 第四系边坡稳定系数计算结果

滑面编号	边坡角/(°)	安全系数 F_s
P1-2-1	33	1.3084
	34	1.2694
	35	1.2123
	36	1.1545
	37	1.1109
P1-2-2	33	1.3227
	34	1.2693
	35	1.2327
	36	1.2283
	37	1.1481
P4-2-1	33	1.3430
	34	1.2673
	35	1.2302
	36	1.2272
	37	1.1391

利水电工程边坡设计规范》（SL 386—2007）和其他类似条件的矿山边坡工程类比，边坡处于潜在不稳定状态。因此，根据经济和安全双重标准的考虑，本次设计建议青海牛苦头矿区第四系边坡角为 36°。

5.3.3.8 单台阶高度和坡度角优化

由于受到构造、岩性、水等综合条件的影响，即使整体边坡处于稳定状态，单台阶也经常发生局部的失稳破坏，因此露天矿边坡设计和边坡角优化必须考虑到单台阶高度和单台阶边坡角的计算。

本节针对青海鸿鑫牛苦头矿区台阶角和台阶高度优化主要考虑单个台阶（12m、15m）和两个台阶并段（24m、30m）两种情况，且单个台阶坡面角与两个台阶并段后的坡面角相同。

典型的平面破坏分析结果图如图 5-76 所示，计算结果见表 5-18 和表 5-19。

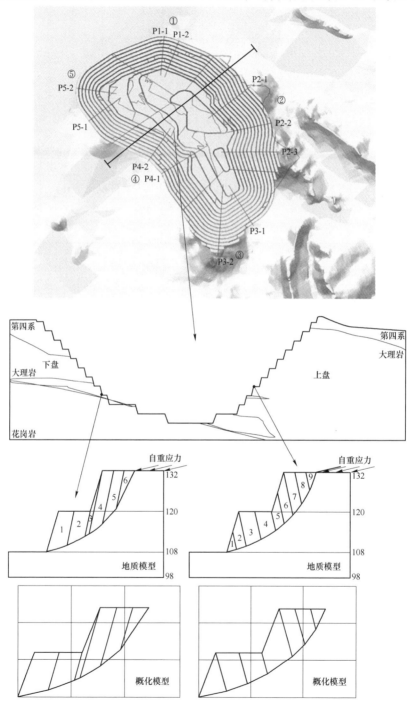

图 5-76　P2-4 和 P4-1 断面计算模型

表 5-18 12m 边坡台阶(含并段)高度和坡度角优化计算结果

坡面与结构面编号	坡面角/(°)	台阶高度/m	地震加速度（g=9.8m/s²）	计算工况/%	安全系数 F_s
下盘	70	12	0.1g	0	1.3091
			0.1g	25	1.3281
			0.1g	50	1.3323
			0.1g	75	1.3459
			0.1g	100	1.5172
		24	0.1g	0	1.2911
			0.1g	25	1.3193
			0.1g	50	1.3215
			0.1g	75	1.3329
			0.1g	100	1.4181
	75	12	0.1g	0	1.2041
			0.1g	25	1.2198
			0.1g	50	1.2387
			0.1g	75	1.2587
			0.1g	100	1.2792
		24	0.1g	0	1.1581
			0.1g	25	1.1878
			0.1g	50	1.2198
			0.1g	75	1.2379
			0.1g	100	1.2481
	80	12	0.1g	0	1.1421
			0.1g	25	1.1682
			0.1g	50	1.1833
			0.1g	75	1.2190
			0.1g	100	1.2471
		24	0.1g	0	1.1201
			0.1g	25	1.1389
			0.1g	50	1.1482
			0.1g	75	1.1681
			0.1g	100	1.1876

坡面与结构面编号	坡面角 /(°)	台阶高度 /m	地震加速度 ($g=9.8\mathrm{m/s^2}$)	计算工况 /%	安全系数 F_s
上盘	70	12	0.1g	0	1.3584
			0.1g	25	1.3673
			0.1g	50	1.3794
			0.1g	75	1.4982
			0.1g	100	1.6794
		24	0.1g	0	1.2655
			0.1g	25	1.2878
			0.1g	50	1.3467
			0.1g	75	1.4072
			0.1g	100	1.5383
	75	12	0.1g	0	1.3341
			0.1g	25	1.3467
			0.1g	50	1.3677
			0.1g	75	1.3907
			0.1g	100	1.4238
		24	0.1g	0	1.2081
			0.1g	25	1.2249
			0.1g	50	1.2547
			0.1g	75	1.2452
			0.1g	100	1.2879
	80	12	0.1g	0	1.1671
			0.1g	25	1.1766
			0.1g	50	1.1968
			0.1g	75	1.2387
			0.1g	100	1.2565
		24	0.1g	0	1.1322
			0.1g	25	1.1498
			0.1g	50	1.1588
			0.1g	75	1.1876
			0.1g	100	1.2092

表 5-19 15m 边坡台阶（含并段）高度和坡度角优化计算结果

坡面与结构面编号	坡面角/(°)	台阶高度/m	地震加速度（g=9.8m/s）	计算工况/%	安全系数 F_s
下盘	70	15	0.1g	0	1.1778
			0.1g	25	1.1790
			0.1g	50	1.1889
			0.1g	75	1.1970
			0.1g	100	1.2002
		30	0.1g	0	1.1587
			0.1g	25	1.1693
			0.1g	50	1.1888
			0.1g	75	1.1973
			0.1g	100	1.2011
	75	15	0.1g	0	1.1577
			0.1g	25	1.1546
			0.1g	50	1.1798
			0.1g	75	1.1894
			0.1g	100	1.1933
		30	0.1g	0	1.1345
			0.1g	25	1.1391
			0.1g	50	1.1462
			0.1g	75	1.1566
			0.1g	100	1.1682
	80	15	0.1g	0	1.0982
			0.1g	25	1.1093
			0.1g	50	1.1156
			0.1g	75	1.1363
			0.1g	100	1.1575
		30	0.1g	0	1.0091
			0.1g	25	1.0187
			0.1g	50	1.1083
			0.1g	75	1.1228
			0.1g	100	1.1432

坡面与结构面编号	坡面角 /(°)	台阶高度 /m	地震加速度 ($g=9.8\text{m/s}^2$)	计算工况 /%	安全系数 F_s
上盘	70	15	0.1g	0	1.1893
			0.1g	25	1.1904
			0.1g	50	1.1943
			0.1g	75	1.2011
			0.1g	100	1.2349
		30	0.1g	0	1.1764
			0.1g	25	1.1798
			0.1g	50	1.1908
			0.1g	75	1.2004
			0.1g	100	1.2244
	75	15	0.1g	0	1.1709
			0.1g	25	1.1793
			0.1g	50	1.1843
			0.1g	75	1.1931
			0.1g	100	1.2000
		30	0.1g	0	1.1212
			0.1g	25	1.1276
			0.1g	50	1.1344
			0.1g	75	1.1567
			0.1g	100	1.1791
	80	15	0.1g	0	1.1154
			0.1g	25	1.1241
			0.1g	50	1.1278
			0.1g	75	1.1433
			0.1g	100	1.1692
		30	0.1g	0	1.1131
			0.1g	25	1.1232
			0.1g	50	1.1300
			0.1g	75	1.1357
			0.1g	100	1.1532

从表 5-18 和表 5-19 分析结果表得知如下。

（1）在 0%~100%排水条件下，边坡的安全系数大致处于依次增加的趋势。

（2）上盘岩层节理裂隙以反倾为主，下盘岩层节理裂隙以顺层为主，这种构造影响已经在计算单元条块划分过程中给予了充分考虑，并且还考虑了地震（含工程爆破影响效应）、水、岩性等对边坡安全系数的影响。

（3）下盘选定的代表坡面 P4-1 在不同排水条件下，当台阶高度为 12m 时，达到容许安全系数（$F_s = 1.15$）的台阶边坡角为 75°；在台阶高度为 24m 时，达到容许安全系数（$F_s = 1.15$）的台阶边坡角为 75°。当台阶高度为 15m 时，达到容许安全系数（$F_s = 1.15$）的台阶边坡角为 75°；在台阶高度为 30m 时，达到容许安全系数（$F_s = 1.15$）的台阶边坡角为 70°。

（4）上盘选定的代表坡面 P2-4 在不同排水条件下，当台阶高度为 12m 时，达到容许安全系数（$F_s = 1.15$）的台阶边坡角为 80°；在台阶高度为 24m 时，达到容许安全系数（$F_s = 1.15$）的台阶边坡角为 75°；当台阶高度为 15m 时，达到容许安全系数（$F_s = 1.15$）的台阶边坡角为 75°；在台阶高度为 30m 时，达到容许安全系数（$F_s = 1.15$）的台阶边坡角为 70°。

（5）由于边坡结构面参数存在差异性，以及边坡结构面在人工扰动、风化、冻融的情况下参数有所降低，台阶还会出现局部破坏，因此在充分考虑最经济剥采比的前提下，建议青海鸿鑫露天矿上盘和下盘采用统一的边坡高度和坡度角，其中边坡最优单台阶高度为 12m，最优并段高度为 24m，最优台阶坡度角为 75°。

5.3.3.9 边坡角综合优化评价

基于 MSARMA 方法，通过对青海牛苦头矿区 40°、43°、44°和 45°离散边坡角安全系数进行数值计算和稳定性分析，得出如下建议。

（1）基于 MSARMA 方法的边坡稳定性评价充分考虑了岩性、钻孔信息、地层产状、边坡产状、爆破振动、地下水、边坡几何特征等参数。通过计算发现边坡稳定系数随着排水率的增加而增大，说明边坡受水的影响而稳定性变差，边坡在不排水（饱和）状态下稳定性最差。

（2）基于 MSARMA 极限平衡法计算得到的各分区不同边坡角安全系数，见表 5-20。从表中可以看出，①区~③区剖面边坡角调整为 44°时，安全系数 $F_s >$ 1.15，从安全和经济角度考虑，边坡处于最优稳定状态；④区和⑤区边坡角调整为 44°时，最小安全系数 $F_s < 1.15$；当④区和⑤区边坡角调整为 43°时，所有断面安全系数 $F_s > 1.15$，边坡才能处于稳定状态。因此，根据各剖面计算情况以及剖面与分区的对应情况，建议采场下盘①区~③区边坡角设计为 44°，④区和⑤区边坡角设计为 43°。

（3）第四系边坡如果按照 40°以上的角度设计，边坡在饱水和干燥状态下都处于不稳定状态，$F_s<1.0$，因此需要单独进行考虑。单独对④区和①区第四系厚度大于 8m 以上的边坡进行安全系数计算，经过计算发现第四系最优边坡角为 36°。

表 5-20　边坡稳定系数综合计算结果

计算剖面	潜在滑动面	角度/(°)	边坡自然排水率				
			0%	25%	50%	75%	100%
P1-1	1	40	1.4761	1.4761	1.5005	1.5649	1.5649
		43	1.4349	1.4508	1.5006	1.5194	1.5194
		44	1.3420	1.3420	1.3961	1.4418	1.4437
		45	1.3209	1.3209	1.3715	1.4164	1.4289
	2	40	1.7135	1.7135	1.7271	1.7322	1.7457
		43	1.6915	1.6916	1.7078	1.7164	1.7235
		44	1.2502	1.2502	1.2521	1.2553	1.2562
		45	1.1934	1.1934	1.1977	1.2023	1.2159
	3	40	1.5597	1.5613	1.5784	1.5816	1.5960
		43	1.2521	1.2536	1.2690	1.2912	1.3833
		44	1.2516	1.2539	1.2659	1.2757	1.2740
		45	1.0831	1.0858	1.1037	1.1050	1.1086
P1-2	1	40	0.6370	0.6370	0.6370	0.6370	0.6370
		43	0.6972	0.6972	0.6972	0.7051	0.7051
		44	0.5827	0.5827	0.5827	0.5827	0.5827
		45	0.5963	0.5963	0.5963	0.5963	0.5963
	2	40	1.3342	1.3569	1.4159	1.4535	1.5612
		43	1.3269	1.3297	1.3302	1.3357	1.3909
		44	1.2666	1.2666	1.2957	1.3508	1.3566
		45	1.2235	1.2235	1.2362	1.2714	1.2840
	3	40	1.6233	1.6233	1.7054	1.8076	1.8196
		43	1.4519	1.4519	1.4794	1.5489	1.5796
		44	1.3281	1.3281	1.3557	1.4768	1.4998
		45	0.9745	0.9745	0.9763	0.9865	0.9859
	4	40	1.2562	1.2562	1.2768	1.2846	1.2940
		43	1.2649	1.2660	1.2767	1.2833	1.2861
		44	1.2502	1.2561	1.3030	1.3357	1.3497
		45	1.0242	1.0247	1.0321	1.0455	1.0512

计算剖面	潜在滑动面	角度/(°)	边坡自然排水率				
			0%	25%	50%	75%	100%
P2-1	1	40	1.3560	1.3567	1.3607	1.3651	1.3701
		43	1.3163	1.3379	1.3418	1.3629	1.3651
		44	1.2608	1.2611	1.2856	1.2972	1.2981
		45	0.9279	0.9322	0.9473	0.9633	0.9646
	2	40	1.5039	1.5150	1.6149	1.5039	1.7452
		43	1.2645	1.2702	1.2761	1.2840	1.2852
		44	1.2503	1.2736	1.3632	1.4242	1.4269
		45	0.9083	0.9142	0.9332	0.9513	0.9541
	3	40	1.2549	1.2559	1.2622	1.2661	1.2672
		43	1.2627	1.3199	1.4301	1.4148	1.4584
		44	1.2503	1.2603	1.2882	1.3050	1.3045
		45	1.0655	1.0772	1.1039	1.1181	1.1162
	4	40	1.4771	1.4771	1.5636	1.6461	1.6585
		43	1.3304	1.3622	1.4538	1.5061	1.5061
		44	1.3047	1.3262	1.4248	1.4729	1.4729
		45	1.1940	1.2244	1.3115	1.3598	1.3649
P2-2	1	40	1.5648	1.5648	1.5648	1.5648	1.5724
		43	1.2726	1.2726	1.2997	1.4020	1.4273
		44	1.2606	1.2606	1.2700	1.3342	1.3639
		45	1.1864	1.1864	1.1864	1.2449	1.2519
	2	40	1.3029	1.3664	1.4963	1.5011	1.7023
		43	1.2600	1.2617	1.3115	1.4641	1.5067
		44	1.2577	1.2579	1.2608	1.2670	1.2659
		45	1.1887	1.1887	1.2133	1.3130	1.3477
	3	40	1.3629	1.3713	1.4610	1.5467	1.5881
		43	1.2606	1.2662	1.2713	1.4148	1.4584
		44	1.2548	1.2608	1.2643	1.3148	1.4091
		45	1.0948	1.0980	1.1061	1.1330	1.1777
P2-3	1	40	2.2302	2.2302	2.2547	2.3768	2.4505
		43	1.4858	1.4858	1.4953	1.5410	1.5410
		44	1.3211	1.3324	1.3367	1.3457	1.3487
		45	1.1243	1.1243	1.1272	1.1362	1.1351

计算剖面	潜在滑动面	角度/(°)	边坡自然排水率				
			0%	25%	50%	75%	100%
P2-3	2	40	1.2606	1.2606	1.2640	1.2725	1.2742
		43	1.2679	1.2679	1.3291	1.4335	1.4572
		44	1.2509	1.2780	1.2689	1.2754	1.2954
		45	1.2478	1.2480	1.2517	1.2523	1.2633
	3	40	1.2601	1.2610	1.2633	1.2670	1.2734
		43	1.2710	1.2710	1.2799	1.2849	1.2985
		44	1.2655	1.2698	1.2751	1.2791	1.2866
		45	1.0691	1.0691	1.1148	1.1595	1.1587
P3-1	1	40	1.2695	1.2700	1.2731	1.2766	1.2816
		43	1.2672	1.2699	1.2726	1.2759	1.2814
		44	1.2554	1.2594	1.3106	1.3947	1.4128
		45	1.2064	1.2101	1.2829	1.3564	1.3648
	2	40	1.2602	1.2617	1.2689	1.3279	1.3380
		43	1.2618	1.2630	1.2722	1.3154	1.3203
		44	1.2537	1.2681	1.3614	1.4727	1.5024
		45	1.1781	1.1796	1.2733	1.3621	1.3751
	3	40	—	—	—	—	—
		43	1.2631	1.2708	1.2772	1.2911	1.2938
		44	1.2533	1.2680	1.3587	1.4896	1.5389
		45	0.9794	0.9818	1.0272	1.0796	1.0834
P3-2	1	40	1.3131	1.3348	1.4494	1.5297	1.5376
		43	1.2621	1.2621	1.2870	1.3815	1.4029
		44	1.2593	1.2618	1.2791	1.3654	1.3964
		45	1.1088	1.1088	1.1530	1.1797	1.1843
	2	40	1.3466	1.3512	1.3702	1.3850	1.3871
		43	1.2617	1.2624	1.2721	1.2896	1.2945
		44	1.2556	1.2556	1.3425	1.4492	1.4838
		45	0.9979	0.9985	1.0336	1.0742	1.0786
P4-1	1	40	1.2572	1.2636	1.2703	1.2948	1.2978
		43	1.2526	1.2626	1.2685	1.2860	1.2877
		44	1.0311	1.0898	1.1187	1.1589	1.1620
		45	0.9975	0.9975	1.0013	1.0067	1.0082

计算剖面	潜在滑动面	角度/(°)	边坡自然排水率				
			0%	25%	50%	75%	100%
P4-1	2	40	1.2561	1.2561	1.2609	1.2697	1.2758
		43	1.2520	1.2520	1.2617	1.2748	1.2797
		44	1.1520	1.2604	1.2689	1.2712	1.2805
		45	1.2417	1.2417	1.2600	1.2676	1.2691
	3	40	1.2518	1.2521	1.2576	1.2609	1.2613
		43	1.2511	1.2536	1.2618	1.2683	1.2751
		44	1.1794	1.1801	1.1838	1.1992	1.2081
		45	1.1760	1,1762	1.1808	1.1933	1.1967
	4	40	1.2694	1.2716	1.2857	1.2974	1.3101
		43	1.2601	1.2601	1.2664	1.2744	1.2765
		44	1.1131	1.1131	1.1351	1.1394	1.1398
		45	1.1109	1.1109	1.1146	1.1207	1.1195
P4-2	1	40	0.6396	0.6396	0.6396	0.6396	0.6396
		43	0.5516	0.5516	0.5516	0.5516	0.5516
		44	0.6014	0.6014	0.6014	0.6014	0.6014
		45	0.5327	0.5327	0.5327	0.5327	0.5327
	2	40	1.2704	1.2704	1.2739	1.2817	1.2870
		43	1.2687	1.2687	1.2766	1.2816	1.2869
		44	1.1144	1.1159	1.1201	1.1892	1.2009
		45	1.1129	1.1129	1.1193	1.1858	1.1948
	3	40	1.3059	1.3059	1.3404	1.4404	1.4671
		43	1.2512	1.2561	1.2588	1.2628	1.2630
		44	1.2398	1.2429	1.2495	1.2748	1.2801
		45	1.2336	1.2336	1.2463	1.2719	1.2725
	4	40	1.2577	1.2577	1.2589	1.2691	1.2762
		43	1.2508	1.2587	1.2601	1.2687	1.2698
		44	1.2487	1.2496	1.2505	1.2601	1.2741
		45	1.2441	1.2444	1.2472	1.2593	1.2668
P5-1	1	40	1.3446	1.3450	1.3475	1.3492	1.3476
		43	1.2765	1.3421	1.4120	1.4317	1.4317
		44	1.2264	1.2287	1.2591	1.2798	1.2805
		45	1.2205	1.2205	1.2583	1.2741	1.2741

计算剖面	潜在滑动面	角度/(°)	边坡自然排水率				
			0%	25%	50%	75%	100%
P5-1	2	40	1.2632	1.2664	1.2683	1.2790	1.2820
		43	1.2534	1.2559	1.2624	1.2775	1.2797
		44	1.0987	1.1094	1.1187	1.1361	1.1464
		45	1.0484	1.0484	1.0526	1.0527	1.0539
	3	40	1.2614	1.2646	1.2678	1.2691	1.2755
		43	1.2508	1.2522	1.2528	1.2592	1.2669
		44	1.1395	1.1481	1.1682	1.1793	1.1803
		45	1.1374	1.1391	1.1614	1.1753	1.1789
P5-2	1	40	1.3725	1.3738	1.3834	1.3951	1.4046
		43	1.2903	1.3189	1.4247	1.5257	1.5571
		44	1.1492	1.1701	1.2609	1.3459	1.3651
		45	1.1421	1.1689	1.2565	1.3326	1.3397
	2	40	1.3927	1.4034	1.5152	1.6230	1.6606
		43	1.2484	1.2502	1.2655	1.2862	1.2879
		44	1.0842	1.1098	1.1283	1.1402	1.1598
		45	0.9865	0.9912	1.0067	1.0259	1.0311
	3	40	1.3674	1.3711	1.3860	1.4113	1.4207
		43	1.3451	1.3664	1.3732	1.3898	1.4006
		44	1.0459	1.0981	1.1533	1.1698	1.1751
		45	0.9362	0.9385	0.9452	0.9625	0.9631

5.4　牛苦头露天矿最终边坡角确定

由 5.2 和 5.3 节的 Geo-slope 和 MSarma 极限平衡分析结果可知，青海牛苦头矿区边坡角如果按照 45° 角度设计，所有分区的最危险边坡安全系数 $F_s < 1.15$，在矿山开采过程中难以保证安全生产。因此又逐一对五个分区不同断面进行了 40°、43°、44°（岩质边坡）和 33°、34°、35°、36°、37°（第四系边坡）边坡角安全系数计算。

根据表 5-20 显示，不同计算方法所获得的安全系数存在一定差别，其中 MSarma 法计算结果偏小，Geo-slope 法计算结果偏大。因此，为确保安全，本节计算采用两种方法不同折减系数对五个分区的边坡进行边坡角优化。

各剖面优化结果见表 5-21。从表中可以看出如下。

表 5-21 各剖面最终边坡角优化结果

分区	剖面	可研设计边坡角/(°)	边坡安全系数		优化计算后边坡安全系数						优化后最终边坡角/(°)
			Geo-studio	Msarma(50%)	40° Geo-studio	40° Msarma	43° Geo-studio	43° Msarma	44° Geo-studio	44° Msarma	
①	P1-1	45	1.296	1.1037	—	1.4761	1.405	1.2521	1.352	1.2502	44
	P1-2	45	1.322	0.9763	—	1.3342	1.413	1.2649	1.371	1.2502	
②	P2-1	45	1.318	0.9332	—	1.3560	1.415	1.2627	1.368	1.2503	44
	P2-2	45	1.330	1.1061	—	1.3029	1.409	1.2600	1.369	1.2548	
	P2-3	45	1.310	1.1148	—	1.2734	1.410	1.2679	1.359	1.2509	
③	P3-1	45	1.341	1.0272	—	1.2695	1.412	1.2618	1.371	1.2533	44
	P3-2	P45	1.335	1.0336	—	1.3131	1.416	1.2617	1.364	1.2556	
④	P4-1	45	1.315	1.0013	—	1.2518	1.370	1.2520	—	1.0311	43
	P4-2	45	1.310	1.1193	—	1.2577	1.363	1.2508	—	1.1144	
⑤	P5-1	45	1.302	1.0526	—	1.2614	1.358	1.2508	—	1.0987	43
	P5-2	45	1.322	0.9452	—	1.3674	1.376	1.2484	—	1.0459	

（1）①区~③区总体上属于反倾边坡，岩质边坡的边坡角调整为 44°后，饱水最小安全系数 F_s>1.15，处于稳定状态。第四系边坡的边坡角调整为 36°，饱水最小安全系数 F_s≈1.15，处于最优稳定状态。

（2）④区和⑤区总体上属于顺层边坡，岩质边坡的边坡角调整为 43°后，饱水最小安全系数 F_s>1.15，边坡处于最优稳定状态。第四系边坡的边坡角调整为 36°，饱水最小安全系数 F_s≈1.15，边坡处于最优稳定状态。

青海牛苦头矿区边坡各剖面优化结果如图 5-77 所示。

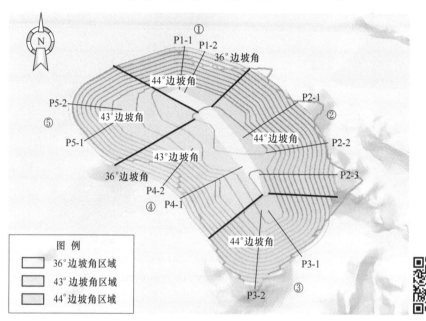

图 5-77　各分区最终边坡角

扫描二维码
查看彩图

5.5　首采区临时边坡角稳定性评价

青海鸿鑫露天矿最终边坡属于Ⅰ级边坡，所以在进行稳定性评价时安全系数 F_s 按照 1.15 取值。但是按照计算惯例，临时边坡从服役时间上考虑，可以酌情降低 1~2 个级别，按照《水利水电工程边坡设计规范》（SL 386—2007）中的要求，当边坡级别为Ⅱ~Ⅲ级时，安全系数 F_s 取值为 1.05~1.10（见表 5-1），为了保障矿山的安全开采，本节中保守选取 F_s=1.10。

以下采用 Geo-slope 法和 Msarma 法对青海鸿鑫露天矿首采区临时边坡角进行优化计算。根据现场调查和 3dmine 断面几何特征分析，本次拟计算断面 2 条，分别位于首采区南帮边坡曲率改变点，即受挤压应力集中区域，断面由西向东编号分别为 $P_{首}$-1 和 $P_{首}$-2，如图 5-78 所示。

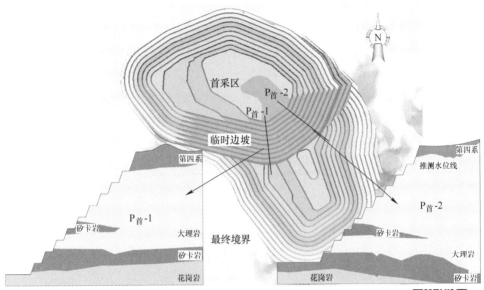

图 5-78 首采区临时边坡角优化断面分布图

5.5.1 基于 Msarma 法的临时边坡角稳定性评价

5.5.1.1 临时边坡 45°边坡角稳定性评价

A 地质模型

首先对 45°边坡角进行稳定性计算，两个断面地质模型如图 5-79 所示。

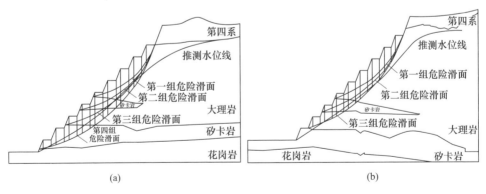

图 5-79 首采区 45°临时边坡地质模型

（a）P$_首$-1 断面地质模型；（b）P$_首$-2 断面地质模型

B 计算力学概化模型建立

45°边坡角各断面最危险滑动面的概化力学模型如图 5-80 和图 5-81 所示。

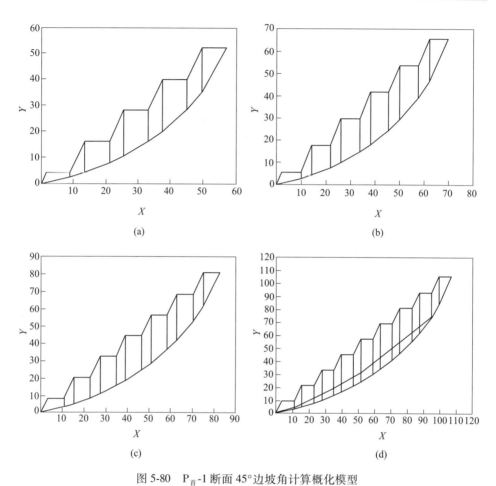

图 5-80 $P_{首}$-1 断面 45°边坡角计算概化模型

（a）1 号危险滑面；（b）2 号危险滑面；（c）3 号危险滑面；（d）4 号危险滑面；

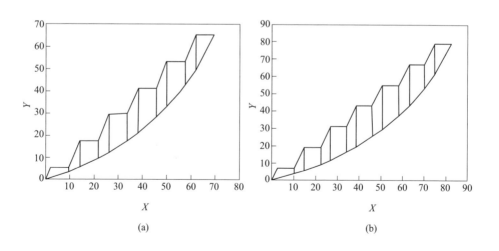

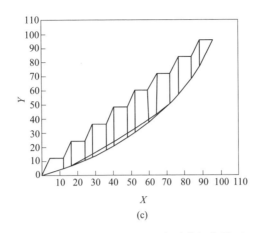

(c)

图 5-81 P_首-2 断面 45°边坡角计算概化模型

(a) 1 号危险滑面; (b) 2 号危险滑面; (c) 3 号危险滑面

C 稳定性评价结果

根据详勘资料，潜在滑动面确定后，基于不同的滑动面位置，借助 MSARMA 软件进行了边坡稳定系数的计算。计算时考虑该地区地震设防烈度为 7 度，地震加速度值 $0.1g$，边坡排水率按 0%、25%、50%、75%、100%考虑，假定最不利状态为饱和状态，计算结果见表 5-22。

表 5-22 边坡稳定系数计算结果（45°边坡角）

计算剖面	潜在滑动面	边坡自然排水率				
		0%	25%	50%	75%	100%
P_首-1	1	1.4219	1.4219	1.4219	1.4219	1.4219
	2	1.1475	1.1475	1.1475	1.1475	1.1475
	3	1.5083	1.5083	1.5083	1.5083	1.5083
	4	1.1417	1.1417	1.1441	1.1495	1.1495
P_首-2	1	1.3717	1.3717	1.3717	1.3717	1.3717
	2	1.1253	1.1253	1.1253	1.1253	1.1253
	3	1.4338	1.4338	1.4403	1.4794	1.4838

表 5-22 的计算结果显示如下。

青海鸿鑫矿业露天矿首采区临时边坡最危险滑面安全系数在 50%排水状态下均达到 1.14 以上，如果首采区 P_首-1、P_首-2 所在边坡按照 45°边坡角设计，边坡工况按照自然边坡考虑，即 50%排水条件下，$F_s>1.10$，边坡处于稳定状态。

D 边坡稳态影响因素敏感性分析

利用《边坡稳定性评价设计系统》中的敏感性分析功能，对青海牛苦头矿

区首采区 $P_{首}$-1、$P_{首}$-2 危险滑动面的重度 R_R，底滑面的 c_B、φ_B 值，侧滑面的 c_S、φ_S 值，地震系数 k_c 和边坡加固角 G_M，分别进行了敏感性分析，其分析曲线如图 5-82 所示。不难看出，边坡排水率、底滑面 c_B、φ_B 值和地震仍然是影响边坡稳态的十分活跃的环境动力，是边坡变形破坏的诱发因素。如干边坡和饱水边坡相比，稳定系数显著提高 0.0605；边坡在Ⅶ度地震作用下，稳定系数比Ⅷ度地震作用下显著提高，并随着地震系数的增加，其相应稳定系数迅速减小 0.0517。随着

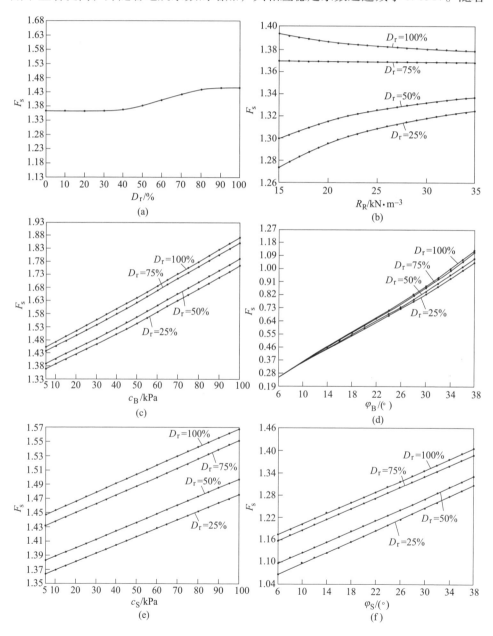

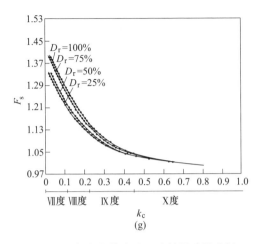

图 5-82　青海牛苦头矿区边坡敏感性分析

（a）边坡稳态对排水率 D_r；（b）边坡稳态对容重 R_R；（c）边坡稳态对底滑面黏聚力 c_B；

（d）边坡稳态对底滑面摩擦角 φ_B；（e）边坡稳态对侧滑面黏聚力 c_S；

（f）边坡稳态对侧滑面摩擦角 ρ_S；（g）边坡稳态对水平地震系数 k_c

雨水入渗，底滑面抗剪强度指标 c_B、φ_B 值逐渐减小，边坡稳定系数明显降低。在边坡排水率为 100% 和 75% 时，稳定系数随着岩土体重度的增加而减小，他们都是影响边坡稳态的敏感因子。

E　边坡工程加固角敏感性分析

为了寻求优化的加固角，工程计算做了三种既定加固总力（单位宽度，取 1m）的加固角敏感性分析。如图 5-83 所示，在 6399kN 加固力下，最佳加固角为 0°（幅度范围 0°~20°，在此范围内稳定系数变化极小）；在 12798kN 加固力作用下，最佳加固角为 -10°（幅度范围 -20°~10°）；在 19197kN 加固力下，最佳加固

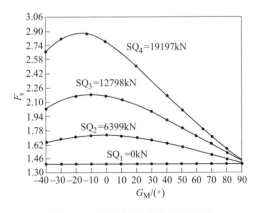

图 5-83　加固角敏感性分析曲线

角为-20°（幅度范围-30°～-10°）。这说明，加固力越大，稳定系数对加固角的敏感性越大。根据《边坡稳定性评价设计系统》可以求得青海牛苦头矿区边坡稳定系数、地震系数和坡面荷载间的曲线关系如图5-84所示。

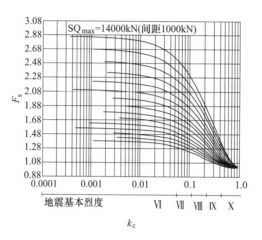

图 5-84　稳态与地震、地面荷载关系曲线

5.5.1.2　临时边坡 46°边坡角稳定性评价

A　地质模型

以下对 46°边坡角进行稳定性计算，两个断面地质模型如图 5-85 所示。

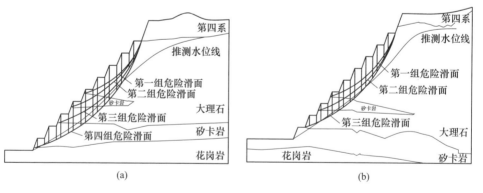

(a) 　　　　　　　　　　　　　(b)

图 5-85　首采区 46°临时边坡地质模型

（a）P$_首$-1 断面地质模型；（b）P$_首$-2 断面地质模型

B　计算力学概化模型建立

46°边坡角各断面最危险滑动面的概化力学模型如图 5-86 和图 5-87 所示。

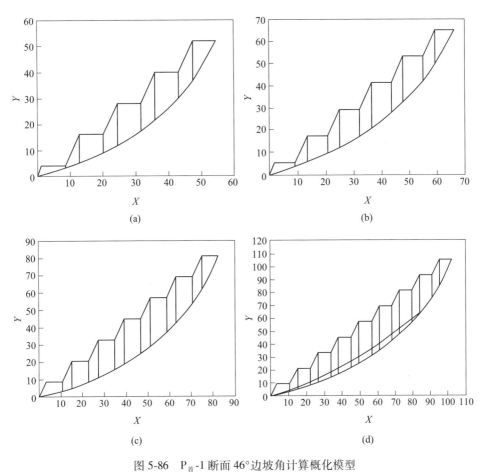

图 5-86　P_首-1 断面 46°边坡角计算概化模型

（a）1 号危险滑面；（b）2 号危险滑面；（c）3 号危险滑面；（d）4 号危险滑面

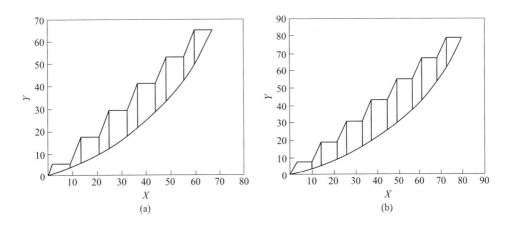

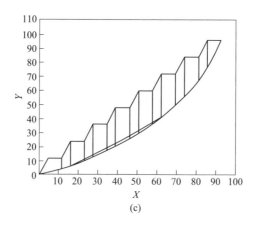

图 5-87　P_首-2 断面 46°边坡角计算概化模型

（a）1 号危险滑面；（b）2 号危险滑面；（c）3 号危险滑面

C　稳定性评价结果

根据详勘资料，潜在滑动面确定后，基于不同的滑动面位置，借助 MSARMA 软件进行了边坡稳定系数的计算。计算时考虑该地区地震设防烈度为 7 度，地震加速度值 0.1g，边坡排水率按 0、25%、50%、75%、100%考虑，假定最不利状态为饱和状态，计算结果见表 5-23。

表 5-23　边坡稳定系数计算结果（46°边坡角）

计算剖面	潜在滑动面	边坡自然排水率				
		0	25%	50%	75%	100%
P_首-1	1	1.3644	1.3644	1.3644	1.3644	1.3644
	2	1.1269	1.1269	1.1269	1.1269	1.1269
	3	1.4321	1.4321	1.4321	1.4321	1.4321
	4	1.1215	1.1215	1.1224	1.1276	1.1289
P_首-2	1	1.3210	1.3210	1.3210	1.3210	1.3210
	2	1.1006	1.1006	1.1006	1.1006	1.1006
	3	1.4212	1.4212	1.4212	1.4444	1.4472

表 5-23 的计算结果显示如下。

首采区最危险滑面安全系数在 50%排水状态下均达到 1.10 以上，如果首采区 P_首-1、P_首-2 所在边坡按照 46°边坡角设计，边坡工况按照自然边坡考虑，即 50%排水条件下，F_s>1.10，边坡处于稳定状态。需要注意的是，在 46°条件下，

P$_首$-2 的安全系数接近临界值 1.10，在实际生产过程中应采取监测措施，加强监测工作。

D 边坡稳态影响因素敏感性分析

利用《边坡稳定性评价设计系统》中的敏感性分析功能，对青海牛苦头矿区的 P1-2-2 危险滑动面的重度 R_R，底滑面的 c_B、φ_B 值，侧滑面的 c_S、φ_S 值，地震系数 k_c 和边坡加固角 G_M，分别进行了敏感性分析，其分析曲线如图 5-88 所示。不难看出，边坡排水率、底滑面 c_B、φ_B 值和地震仍然是影响边坡稳态的十分活跃的环境动力，是边坡变形破坏的诱发因素。如干边坡和饱水边坡相比，稳定系数显著提高 0.0605；边坡在Ⅶ度地震作用下，稳定系数比Ⅷ度地震作用下显著提高，并随着地震系数的增加，其相应稳定系数迅速减小 0.0517。随着雨水入渗，底滑面抗剪强度指标 c_B、φ_B 值逐渐减小，边坡稳定系数明显降低。在边坡排水率为 100% 和 75% 时，稳定系数随着岩土体重度的增加而减小，它们都是影响边坡稳态的敏感因子。

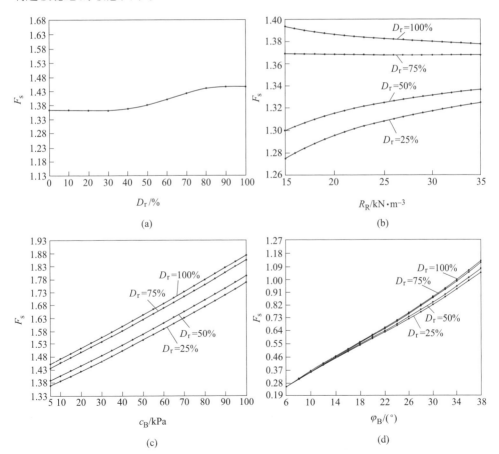

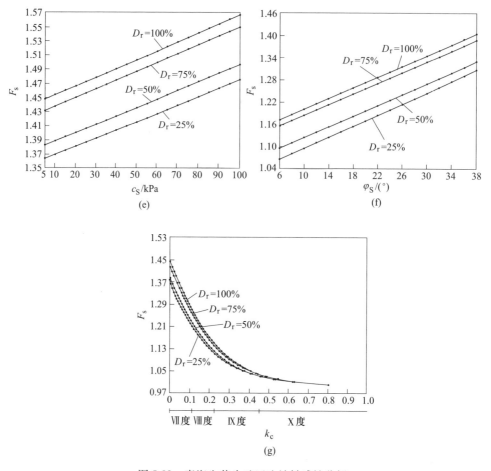

图 5-88　青海牛苦头矿区边坡敏感性分析

（a）边坡稳态对排水率 D_r；（b）边坡稳态对容重 R_R；（c）边坡稳态对底滑面黏聚力 c_B；

（d）边坡稳态对底滑面摩擦角 φ_B；（e）边坡稳态对侧滑面黏聚力 c_S；

（f）边坡稳态对侧滑面摩擦角 ρ_S；（g）边坡稳态对水平地震系数 k_c

E　边坡工程加固角敏感性分析

　　为了寻求优化的加固角，工程计算做了三种既定加固总力（单位宽度，取 1m）的加固角敏感性分析。如图 5-89 所示，在 6732kN 加固力下，最佳加固角为 0°（幅度范围 0~20°，在此范围内稳定系数变化极小）；在 13464kN 加固力作用下，最佳加固角为 -10°（幅度范围 -20°~10°）；在 20196kN 加固力下，最佳加固角为 -20°（幅度范围 -30°~-10°）。这说明，加固力越大，稳定系数对加固角的敏感性越大。根据《边坡稳定性评价设计系统》可以求得青海牛苦头矿区边坡稳定系数、地震系数和坡面荷载间的曲线关系如图 5-90 所示。

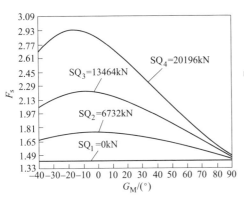

图 5-89　加固角敏感性分析曲线

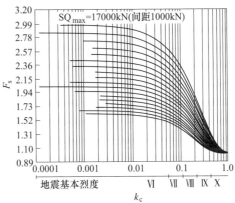

图 5-90　稳态与地震、地面荷载关系曲线

5.5.1.3　临时边坡 47°边坡角稳定性评价

A　地质模型

以下对 47°边坡角进行稳定性计算，两个断面地质模型如图 5-91 所示。

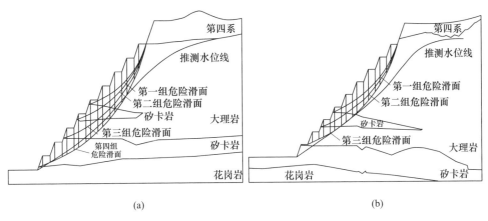

图 5-91　首采区 47°临时边坡地质模型

（a）$P_{首}$-1 断面地质模型；（b）$P_{首}$-2 断面地质模型

B　计算力学概化模型建立

47°边坡角各断面最危险滑动面的概化力学模型如图 5-92 和图 5-93 所示。

C　稳定性评价结果

根据详勘资料，潜在滑动面确定后，基于不同的滑动面位置，借助 MSARMA 软件进行了边坡稳定系数的计算。计算时考虑该地区地震设防烈度为 7 度，地震加速度值 $0.1g$，边坡排水率按 0、25%、50%、75%、100%考虑，假定最不利状态为饱和状态，计算结果见表 5-24。

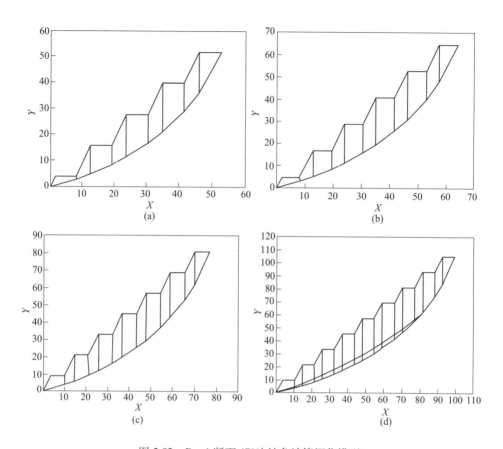

图 5-92　P$_{首}$-1 断面 47°边坡角计算概化模型

（a）1 号危险滑面；（b）2 号危险滑面；（c）3 号危险滑面；（d）4 号危险滑面

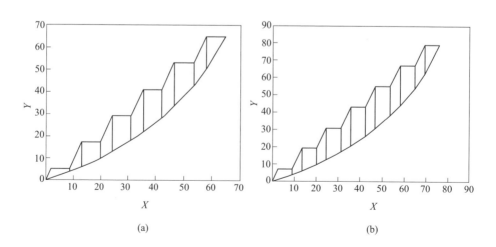

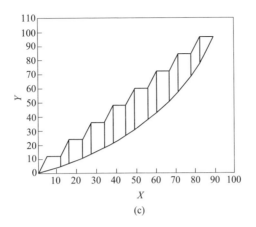

(c)

图 5-93 P$_首$-2 断面 47°边坡角计算概化模型

(a) 1 号危险滑动；(b) 2 号危险滑动；(c) 3 号危险滑动

表 5-24 边坡稳定系数计算结果（47°边坡角）

计算剖面	潜在滑动面	边坡自然排水率				
		0%	25%	50%	75%	100%
P$_首$-1	1	1.3454	1.3454	1.3454	1.3454	1.3454
	2	1.0811	1.0811	1.0811	1.0811	1.0811
	3	1.4216	1.4216	1.4216	1.4216	1.4216
	4	1.0947	1.0947	1.1030	1.1065	1.1084
P$_首$-2	1	1.2726	1.2726	1.2726	1.2726	1.2726
	2	1.0651	1.0651	1.0651	1.0651	1.0651
	3	1.3928	1.3928	1.3928	1.3928	1.3928

表 5-24 的计算结果显示如下。

首采区最危险滑面安全系数在 50%排水状态下为：$F_s = 1.0811$（P$_首$-1 断面），$F_s = 1.0651$（P$_首$-2 断面）。如果首采区边坡按照 47°边坡角设计，边坡工况按照自然边坡考虑，即 50%排水条件下，$F_s = 1.0651$（50%排水条件），$F_s < 1.10$，边坡处于临界失稳状态。

D 边坡稳态影响因素敏感性分析

利用《边坡稳定性评价设计系统》中的敏感性分析功能，对青海牛苦头矿区的 P1-2-2 危险滑动面的重度 R_R，底滑面的 c_B、φ_B 值，侧滑面的 c_S、φ_S 值，地震系数 k_c 和边坡加固角 G_M，分别进行了敏感性分析，其分析曲线如图 5-94 所示。不难看出，边坡排水率、底滑面 c_B、φ_B 值和地震仍然是影响边坡稳态的十分活跃的环境动力，是边坡变形破坏的诱发因素。如干边坡和饱水边坡相比，稳定系数显著提高 0.0605；边坡在Ⅶ度地震作用下，稳定系数比Ⅷ度地震作用下显著提高，并随着地震系数的增加，其相应稳定系数迅速减小 0.0517。随着雨水入渗，底滑面抗剪强度指标 c_B、φ_B 值逐渐减小，边坡稳定系数明显降低。在边坡排水率为 100% 和 75% 时，稳定系数随着岩土体重度的增加而减小，它们都是影响边坡稳态的敏感因子。

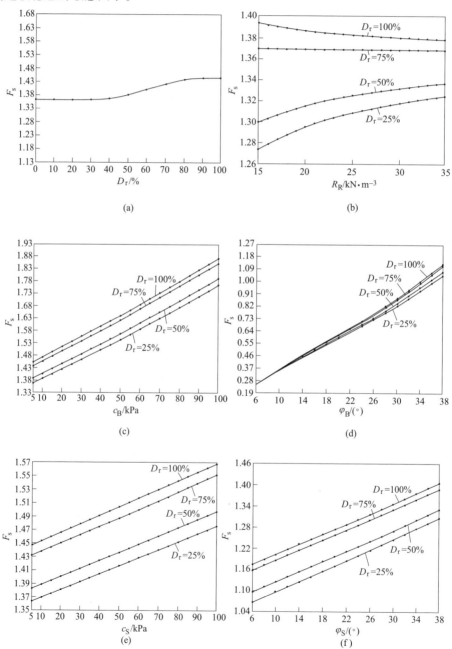

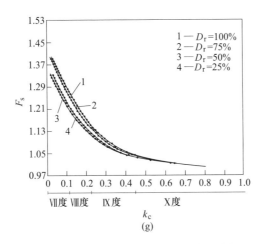

图 5-94 青海牛苦头矿区边坡敏感性分析

（a）边坡稳态对排水率 D_r；（b）边坡稳态对容重 R_R；（c）边坡稳态对底滑面黏聚力 c_B；

（d）边坡稳态对底滑面摩擦角 φ_B；（e）边坡稳态对侧滑面黏聚力 c_S；

（f）边坡稳态对侧滑面摩擦角 ρ_S；（g）边坡稳态对水平地震系数 k_c

E 边坡工程加固角敏感性分析

为了寻求优化的加固角，工程计算做了三种既定加固总力（单位宽度，取1m）的加固角敏感性分析。如图 5-95 所示，在 6757kN 加固力下，最佳加固角为0°（幅度范围 0°~20°，在此范围内稳定系数变化极小）；在 13514kN 加固力作用下，最佳加固角为-10°（幅度范围-20°~10°）；在 20271kN 加固力下，最佳加固角为-20°（幅度范围-30°~-10°）。这说明加固力越大，稳定系数对加固角的敏感性越大。根据《边坡稳定性评价设计系统》可以求得青海牛苦头矿区边坡稳定系数、地震系数和坡面荷载间的曲线关系如图 5-96 所示。

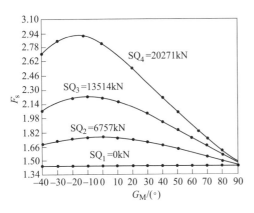

图 5-95 加固角敏感性分析曲线

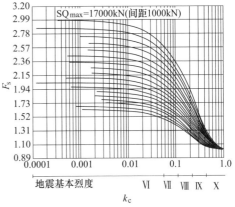

图 5-96 稳态与地震、地面荷载关系曲线

5.5.2 基于 Geo-slope 法的临时边坡角稳定性评价

A 首采区临时边坡计算剖面

青海鸿鑫公司牛苦头首采区临时边坡与最终境界关系如图 5-97 所示,在临时边坡上选取 P首-1 和 P首-2 断面采用 Geo-slope 进行计算分析。

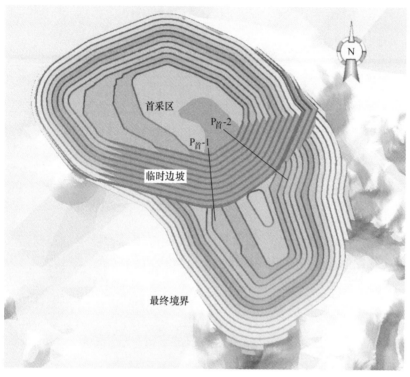

图 5-97 首采区临时边坡计算剖面位置图

扫描二维码
查看彩图

首采区的三维地质模型是依据初步设计的 45°边坡角而建立的,直接截取的两个剖面中边坡角为 45°,为确定各分区露天边坡的最优边坡角,在 Auto-CAD 中处理各剖面,获取不同边坡角(45°、46°、47°)地质剖面模型,为 Geo-slope 极限平衡计算提供基础模型。

B 安全系数选取

本节介绍边坡为首采区的临时边坡,根据 5.1.2 节中稳定性计算安全系数及适用条件的原则,把边坡等级降为 2 级或 3 级计算。在运用 Geo-slope 软件进行首采区临时边坡稳定性计算时,安全系数阈值选定为 1.30。

岩体力学参数见表 5-25。

表 5-25 岩体力学参数表

剖面编号	岩石类型	相对密度 $\gamma/kN \cdot m^{-3}$	黏聚力 c/kPa	内摩擦角 $\varphi/(°)$
$P_{首}$-1	大理岩	26.8	215	31
	矽卡岩（矿层）	42.6	290	44
	花岗岩	27.0	280	37
$P_{首}$-2	大理岩	26.8	220	30
	矽卡岩（矿层）	42.6	295	43
	花岗岩	27.0	285	36

C 计算结果分析

按照规范设置边坡安全系数最小值，在考虑地震荷载条件下取 $F_s = 1.30$，即边坡安全系数 F_s 计算值大于 1.30，才说明边坡处于安全状态。本次主要依据 Morgenstern-Price 法的安全系数计算结果与选定的 1.30 安全系数阈值进行对比，选定各分区的边坡角。

安全系数计算结果见表 5-26。

表 5-26 安全系数计算结果汇总表

计算剖面	边坡角/(°)	Ordinary 法	Bishop 法	Janbu 法	Morgenstern-Price 法
$P_{首}$-1	45	1.283	1.333	1.266	1.327
	46	1.274	1.308	1.257	1.306
	47	1.261	1.294	1.245	1.291
$P_{首}$-2	45	1.290	1.328	1.263	1.337
	46	1.278	1.304	1.248	1.317
	47	1.259	1.275	1.228	1.284

根据表 5-26 计算结果可以看出：

（1）$P_{首}$-1 和 $P_{首}$-2 计算剖面在 47°边坡角条件下，计算出的安全系数值均小于选定的安全系数阈值 1.30，此时边坡处于不稳定状态；

（2）将计算剖面边坡角调整为 46°后，$P_{首}$-1 和 $P_{首}$-2 计算剖面的边坡安全系数值略高于安全系数阈值 1.30，处于较好的稳定状态；

（3）将计算剖面边坡角调整为 45°后，$P_{首}$-1 和 $P_{首}$-2 计算剖面的安全系数 $F_s = 1.32 \sim 1.33$，处于完全稳定性状态。

$P_{首}$-1 和 $P_{首}$-2 计算剖面的极限平衡计算结果如图 5-98 和图 5-99 所示，综合对比后，$P_{首}$-1 和 $P_{首}$-2 计算剖面第四系软弱层最优边坡角选定为 46°。

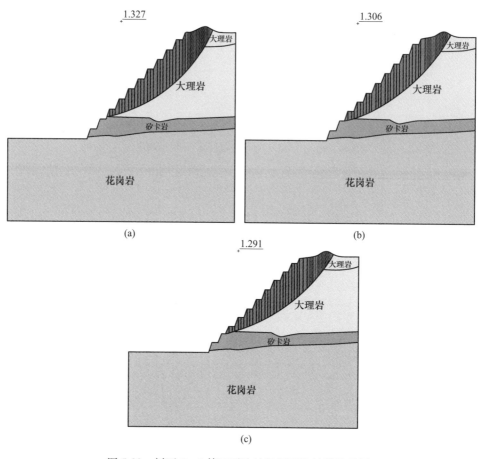

图 5-98　剖面 $P_{音}$-1 第四系边坡极限平衡计算结果图

（a）45°边坡角；（b）46°边坡角；（c）47°边坡角

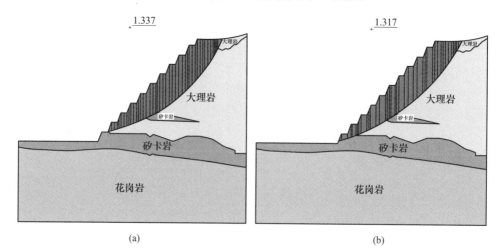

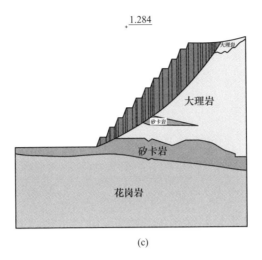

(c)

图 5-99　剖面 P_首-2 第四系边坡极限平衡计算结果图

(a) 45°边坡角；(b) 46°边坡角；(c) 47°边坡角

按照 $F_s = 1.30$ 为验算标准，经 Geo-slope 极限平衡计算，青海鸿鑫牛苦头矿区首采区临时边坡的边坡角调整为 46°。

5.6　牛苦头 M1 露天边坡冻融影响计算分析

冻融循环作用是由环境温度的变化而导致的岩土体，以及孔隙含水处于低温冻结和暖温融解的循环过程。冻融侵蚀的主要作用对象是岩体的组成颗粒和孔隙水，在冻结和融解的过程中微缺陷不断的萌生、扩展和贯通，在宏观上则表现为岩土体性状的变化和承载能力的下降。冻融损伤随着冻融作用时间和循环频率而不断累积，使得岩体的整体性和强度不断降低，最终对岩体类工程形成了灾害。因此，对岩土工程来说，冻融作用下岩土体的损伤劣化影响已然成为高寒地域的主要灾源之一。

5.6.1　岩石冻融现象

岩石是自然界中各种矿物的集合体，由于组成岩石的各种矿物颗粒在物理力学性质上的差异以及岩石内部存在的胶状物、节理、微孔隙和裂隙等缺陷，岩石的非均匀特性较为明显。

冻融对于岩石的损伤破坏作用主要体现在以下两方面。

（1）岩石内部的孔隙中均含有一定量的水分，这些水分在冻结过程中逐渐发生相变，从而形成固态的冰，由于体积膨胀产生的冻胀力对微孔隙造成损伤；而已固结成冰的孔隙水在融解状态下，随着温度的提高转化为液态，体积减少的同时对岩石周围的水产生一定的吸附作用，加强了水在岩石内部的迁移，使得岩石的含水量增加，导致岩石在接下来冻融循环过程中的损伤程度不断提高。

（2）组成岩石的矿物颗粒的种类和均匀性均有所不同，包括颗粒的大小、形状、种类和物理化学性质等，在冻融循环作用的温度变化影响下，这些成岩颗粒之间的相互作用得到了强化，热胀冷缩和各项异性极易导致颗粒之间的黏结面不断被弱化，从而导致原始孔隙的扩大或者形成新的孔隙等，孔隙空间的增加也加强了岩石对水的吸附作用，从而加速微裂隙的产生。

在自然界中，岩土体由于长期处于冻融循环的环境中，受到损伤破坏作用而形成的冻融现象较为明显。图5-100为寒区岩石在冻融作用下引起的岩石崩解，高寒地区季节性和昼夜性温差较大，导致地表岩体的节理、裂隙因内部水的相变而不断发育、扩展，最终部分表面岩石脱离岩体形成岩石的崩解。

对于自然条件下的岩体，当温度较高时，水渗入裂缝和节理之中，待气温降低时这些裂缝中的水结冰而体积膨胀，促使节理、裂隙扩大，增加了岩体的含水量；而表面岩体被其间的裂隙、节理等分割为多个相连的小岩块，在温度作用下岩块的热胀

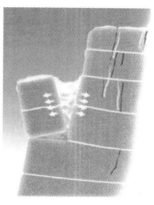

图 5-100 岩石在冻融作用下
脱离岩体表面

冷缩差异使得岩块之间裂隙进一步扩大。冻融侵蚀的循环作用使得岩体表面不断出现脱离岩体整体的碎块、砾石等。地势较为缓和的区域，脱离岩体形成的碎石容易形成石海；在盆状或者山沟等的地形上，较容易形成石河；在坡度陡峭的地形上，则会形成碎石堆。

图5-101（a）为碎石在冻融作用下热胀冷缩时不断向下移动的原理图。岩石受到冻融影响脱离岩体表面形成碎石，这些碎石在温差的变化作用下不断发生热胀冷缩。碎石受热膨胀使得其本身的体积有所增加，从而对周边的碎石形成挤压，受挤压的碎石将沿着重力方向产生一定的位移；在低温时碎石体积减小，碎石间的空间增大，在重力等的作用下碎石也会产生一个向下移动的过程；此外伴随着雨水等冲刷作用，加速了碎石向坡下移动的过程，并最终在一定的位置形成堆积。

图5-101（b）为碎石在冻融温差及重力作用下的迁移分解图。在寒区，温度较低时碎石下的岩土体形成冻胀，地表位置抬高，从 AB 逐渐到达 CD 的位置上，覆盖其上的碎石随着地表的抬升也从起先的 M 提高到了 M' 的位置上；当温度逐渐上升，岩土体慢慢由 CD 缩回到初始的 AB，而碎石由于自身的重力因素形成了沿坡向下的分力作用，从 M' 位置变换到了 M''，随着冻融次数的增多，碎石移动距离越来越远。

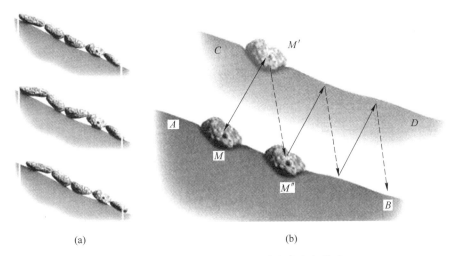

图 5-101　碎石在冻融作用下沿重力方向移动

（a）碎石因热胀冷缩移动；（b）碎石在冻融及重力影响下的移动

5.6.2　冻融作用的区域分布

存在冻融作用的地域一般都具有较为典型的特征，即高寒高海拔、季节（昼夜）温度变化剧烈等，同时这些区域也受到其他侵蚀作用的影响，包括水、风和荷载等，多种侵蚀的复合作用提高了地域内岩土类工程如隧道、公路、铁路、堤坝、矿山和各种建筑物等受到的冻融破坏程度。

根据我国范围内平均气温年较差可知，各地区的气温变化明显，分布从5°到50°不等。我国南部的低纬度区域终年温度适宜，纬度越高，温度变化越大，在青藏高原、内蒙古和东三省等地域年温差在35℃以上，局部地区达到了罕见的50°。冻融作用程度指标分级见表5-27。

表 5-27　冻融作用程度指标分级

指　标	年平均气温/℃	平均气温年较差/℃	冻融特征
强	-4~5	35~49（高纬度）	季节融化
		18~24（高海拔）	
中等	5~10	24~35	季节冻结
弱	10~20	12~24	夜间冻结

5.6.3　牛苦头矿区冻深的确定

由于研究开展的时间和进度要求，目前并未在青海鸿鑫牛苦头矿区 M1 矿体露天边坡范围内实际测量季节性冻土层深度，因此无法准确得知牛苦头矿区冻深影响范围，故根据《建筑气象参数标准》（JGJ 35—87）中对中国季节性冻土标准冻深线图的划分，初步确定青海牛苦头矿区边坡最大冻深为2m。

5.6.4　极限平衡法分析季节冻土区融化边坡稳定性

5.6.4.1　基本假定

对于季节性冻土区边坡的失稳，其滑动的土体是沿着冻融接触面向下滑移。由于季节冻土区的冻融层厚度相对较浅，在滑坡学中的分类属于浅层滑坡。其潜在滑动面平行斜坡面，且属于平面滑动面类型。由于斜坡滑动面的埋深与长度之比很小，一般属于无限斜坡类型。

就上述的分析做如下假设：

（1）可能的滑动面为平面且平行于坡面；

（2）假设条间作用力共线相等；

（3）由于为浅层滑塌，不考虑坡端阻力的影响。

5.6.4.2　典型剖面冻融影响计算分析

依据前期岩石试样的冻融试验测试结果以及其他相关参数类别，利用强度折减法确定冻融层边坡岩体的强度参数（见表5-28），并结合Geo-slope计算分析软件，计算边坡冻融层厚达2m时整体边坡的安全系数，与未冻融时边坡的安全系数计算结果进行对比，确定牛苦头矿区M1矿体露天边坡受当地冻融作用的影响程度。

表 5-28　未冻融层与冻融层岩体计算参数表

剖面编号	岩石类型	相对密度 $\gamma/kN \cdot m^{-3}$		黏聚力 c/kPa		内摩擦角 $\varphi/(°)$	
		未冻融	冻融	未冻融	冻融	未冻融	冻融
P4-2	第四系	18.7	20.0	25	5	32	22
	大理岩	26.8	27.1	196	137	28	20
	矽卡岩（矿层）	42.6	43.0	265	185	41	27
	花岗岩	27.0	27.4	270	189	34	23
P5-2	大理岩	26.8	27.1	189	132	27	19
	矽卡岩（矿层）	42.6	43.0	241	168	40	26
	花岗岩	27.0	27.4	250	175	33	22

从图 5-102 及表 5-29 中的稳定性计算结果可以看出（以 Morgenstern-Price 算法为例），冻融对土质边坡稳定性影响较大，对岩质边坡的影响较小。如图 5-102(a) 中单台阶破坏的边坡安全最小系数为 0.65，图 5-102(b) 中双台阶滑移破坏情况下的边坡安全系数为 1.115，图 5-102(c) 中三台阶整体破坏情况下的边坡安全系数则达到了 1.254，说明土质边坡受冻融影响发生冻土层浅层局部滑坡的可能性较大，发生整体滑坡的几率较小；从图 5-102(d) 中可以看出，考虑表层冻融情况下的岩质边坡最小安全系数为 1.282，冻融对岩质边坡的整体稳定性影响不大。综合分析冻融对边坡的影响可以得出，冻融对于露天矿山整体边坡的

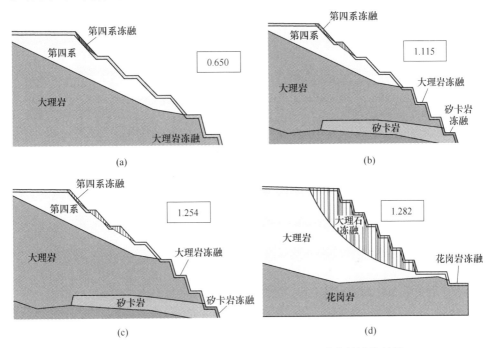

图 5-102 考虑表层岩土体冻融情况下的边坡稳定性计算结果

(a) P4-2 剖面考虑冻融土质边坡稳定性（单台阶）；(b) P4-2 剖面考虑冻融土质边坡稳定性（双台阶）；
(c) P4-2 剖面考虑冻融土质边坡稳定性（三台阶）；(d) P4-2 剖面考虑冻融岩质边坡稳定性

表 5-29 冻融前后边坡最小安全系数统计表

计算剖面	边坡角 /(°)	Ordinary 法		Bishop 法		Janbu 法		Morgenstern-Price 法	
		未冻	冻融	未冻	冻融	未冻	冻融	未冻	冻融
P4-2	36	1.218	0.636	1.271	0.656	1.208	0.630	1.268	0.650
P5-2	43	1.335	1.238	1.380	1.287	1.317	1.220	1.376	1.282

整体稳定性影响不大，但对于破碎松软区域的岩土体边坡，在雨雪冻融条件下会造成局部的滑塌危险，因此应加强对破碎区域岩体雨雪季节的表面防护工作，尽量减少冻融对表面破碎岩体区域的侵蚀影响，以保证矿山的安全生产。

5.7　空区对边坡稳定性影响分析及探测治理技术研究

由于前期民采等原因，造成牛苦头矿区地下存在一定规模的采空区，这些空区对于未来露天矿开采带来了很多的不确定性影响，产生较大的安全隐患。本节针对牛苦头矿区目前已查明的空区形态及规模，结合矿区的工程地质及水文地质条件，建立基于矿区开采的三维工程地质模型，分析空区对露天矿开采的影响机制，初步评价目前空区对未来露天矿开采的影响程度，在此基础上，提出相应的空区探测技术及治理对策，为实现露天矿安全高效开采提供理论及技术支持。

5.7.1　空区形态分布特征

根据目前矿区的已有地质资料的分析，矿区范围内的空区主要有 1 中段、2 中段、附中段及在施工钻探期间发现的位于附中段和 2 中段之间的空区。根据三维工程地质建模（见图 5-103 和图 5-104）的统计结果，矿区范围内空区体积大致为 $4.8 \times 10^4 \mathrm{m}^3$，其中存在于露天坑范围内的空区体积为 $3.2 \times 10^4 \mathrm{m}^3$（随着开采的进行，此部分空区将被剥离），露天边坡之下的空区为 $1.6 \times 10^4 \mathrm{m}^3$。可以看出，露天边坡范围内的空区的体积相对较小。

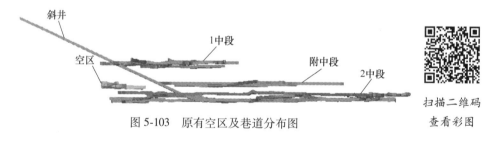

图 5-103　原有空区及巷道分布图

扫描二维码
查看彩图

通过图 5-103 和图 5-104 可以看出，矿区范围内空区总的分布特征是以巷道采掘为主，并存有少量的具有相当规模的空区，并且大多数空区分布在露天坑最终境界范围内，这种小窑采空区的特点是采空区范围窄小，在上覆荷载作用下自身产生失稳后变形剧烈，大多产生较大的裂缝、台阶及陷坑。从边坡稳定性的角度来看，此范围内的空区不会对最终边坡的稳定性产生影响，但将对采场剥离施工产生安全影响，因此需要在现场施工过程中及时查明影响性较大的空区分布形态及位置，提前做好安全应对措施。

空区距露天边坡下的远近对于边坡稳定性影响大小不同。位于最终境界边坡下的空区体积相对于露天坑内空区较小，且大部分空区以巷道采掘为主，距离最

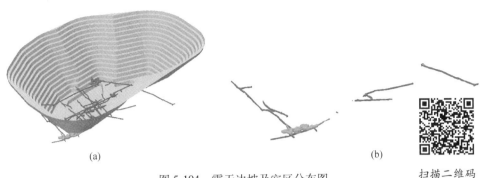

图 5-104 露天边坡及空区分布图

(a) 露天坑内外空区位置关系；(b) 露天坑最终境界边坡下空区

扫描二维码
查看彩图

终边帮位置较远，此位置的空区基本不会对最终边坡稳定性产生较大影响；但距离边坡较近的空区，极有可能对最终边帮的稳定性产生较大影响，其中以巷道掘进为主（见图 5-105 红色部分）对边坡的稳定性影响相对较小，而颇具规模的空区（见图 5-105 绿色部分）由于规模大、距离最终边帮较近，对最终边帮的稳定性影响较大。

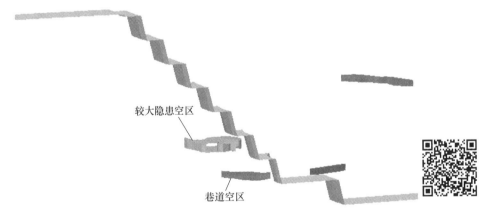

较大隐患空区

巷道空区

图 5-105 最终境界边坡内空区分布示意图

扫描二维码
查看彩图

根据露天矿边帮及空区形态特征，可以判断出附中段（补充西北角空区位置）较大规模的空区（见图 5-105 绿色区域空区）对于最终境界边坡的对边坡稳定性及施工安全会产生较大影响。因此，选定该区域（V 工程地质分区）内的典型剖面（见图 5-105），采用有限差分软件 FLAC3D，综合分析无空区工况、空区存在工况及空区采用充填体充填后的工况等不同情况下的边坡稳定性特征进行模拟对比分析，研究隐患空区对于边坡稳定性的影响机制及程度，为有针对性地提出空区探测技术及治理对策提供理论和技术支持。

5.7.2 空区对边坡稳定性影响分析

5.7.2.1 工程地质力学模型

A 基本假设

（1）矿岩体假设为理想弹塑性体，在屈服点以后，随着塑性流动，材料强度和体积无改变，并且不考虑岩石应变硬化（或软化）。

（2）矿体和围岩为局部均质、各向同性的材料，塑性流动不改变材料的各向同性。

（3）考虑到岩石脆性，分析中涉及所有物理量均与时间无关。

（4）矿区内基本无断层等大型变形破碎带，模拟中未考虑在内。

（5）实际工程中未对现场地应力进行实测，本模拟跟已有研究的全国地应力总结分析资料进行赋值。

（6）计算中忽略地震波、爆炸冲击波对岩体稳定性的影响，以岩体参数的取值综合考虑地下水、结构面等因素对岩体的影响。

B 强度准则

模拟计算采用理想弹塑性本构模型 Mohr-Coulomb 屈服准则判断岩体的破坏，其计算公式为：

$$f_s = \sigma_1 - \sigma_3 \frac{1 + \sin\varphi}{1 - \sin\varphi} - 2c\sqrt{\frac{1 + \sin\varphi}{1 - \sin\varphi}} \tag{5-39}$$

式中 σ_1，σ_3——最大和最小主应力；

　　　　c——黏结力；

　　　　φ——摩擦角。

当 $f_s > 0$ 时，材料将发生剪切破坏。在通常应力状态下，岩体的抗拉强度很低，因此可根据抗拉强度准则（$\sigma_3 \geqslant \sigma_T$）判断岩体是否产生拉破坏。

C 计算模型

综合考虑矿岩分布特点及露天坑影响范围等因素，建立剖面工程地质力学模型如图 5-106 所示。工程地质力学模型上部边界为实际地表，模型主要包括了露天坑范围、地下矿体范围及空区，充分利用 3MIDAS/GTS、FLAC3D 在建模、网格划分和计算方面的优势，完成最终的模拟计算和分析。模型共划分为 7775 个单元，15752 个节点。模型底部边界为垂直方向约束，四个侧面为水平方向约束，上部边界为自由边界。地应力采用国内已有研究资料综合分析的结果。计算采用的物理力学参数见表 5-30。

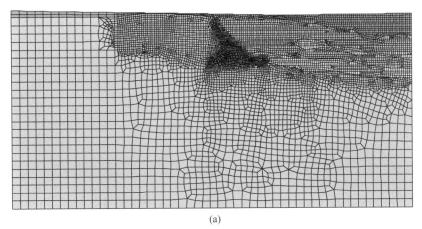

(a)

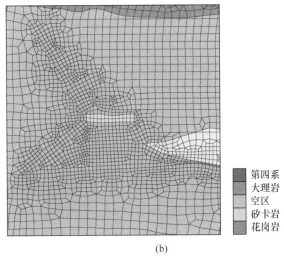

第四系
大理岩
空区
矽卡岩
花岗岩

(b)

图 5-106 工程地质力学模型

（a）总体模型；（b）空区局部放大模型

扫描二维码
查看彩图

表 5-30 工程岩体物理力学参数

序号	岩性名称	密度 /kg·m⁻³	弹性模量 /GPa	泊松比	黏聚力 /MPa	摩擦角 /(°)	抗拉强度 /MPa
1	第四系	1359	0.3	0.45	0.15	31.5	—
2	大理岩	2679	11.1	0.26	2.20	34.0	1.00
3	花岗岩	2702	13.3	0.24	2.50	39.0	2.50

序号	岩性名称	密度 /kg·m⁻³	弹性模量 /GPa	泊松比	黏聚力 /MPa	摩擦角 /(°)	抗拉强度 /MPa
4	矽卡岩	4258	20.4	0.24	1.47	42.0	1.80
5	充填体	1890	1.90	0.28	0.70	25.0	0.50

　　D　模拟过程、模拟工况及监测布置

　　为了更为清晰和准确的描述开采过程中空区对边坡稳定性的影响机制及程度，对于露天坑开采过程的模拟采用逐个台阶依次开挖的方法进行模拟，分别模拟无空区、空区存在、空区充填（在 3576 平台剥离后充填充填体）三种工况。空区上部设置竖向变形及应力监测点和监测断面，具体监测点的布置如图 5-107 所示。

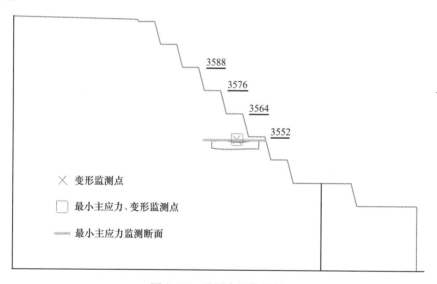

图 5-107　监测布置位置图

5.7.2.2　应力变化分析

　　通过图 5-108 可以看出，在有无空区、空区存在、空区处理情况下，露天坑逐个台阶开采后，在台阶表面一定深度范围内都会出现开挖卸荷引起的拉应力，拉应力的最大值接近 0.8MPa，此部分的拉应力导致了台阶表面的卸荷裂隙的发生和发展。空区存在时拉应力最大，达到 0.95MPa，出现在空区顶板位置附近，这是因为空区本身的存在由于开采的强烈扰动作用下应力产生重新分布在顶板附近位置出现拉应力增大的现象，在空区的左下方则出现应力集中现象，拉应力的增大会使空区顶板的裂隙和节理进一步发展、发育，顶板失稳概率增大，一旦失稳，上覆岩体将会沿此部位产生大面积的滑塌，造成最终边坡局部失稳破坏。通过图5-108(c)可以看出，空区充填后拉应力的状态得到改善，接近于无空区的应力分布状态。

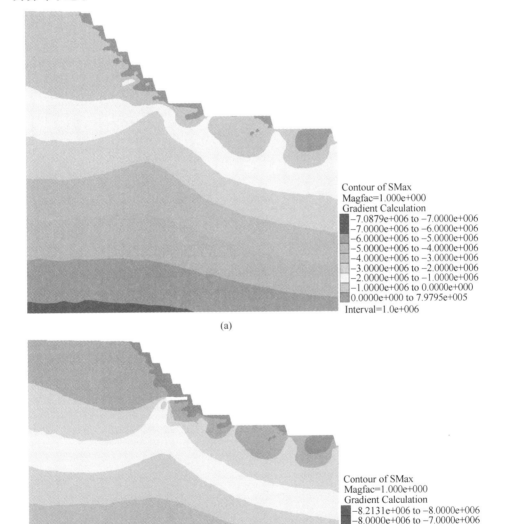

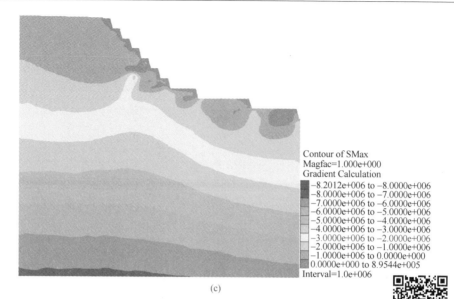

(c)

图 5-108　最小主应力分布图

（a）无空区；（b）空区存在；（c）空区充填

扫描二维码
查看彩图

图 5-109 揭示了无空区、空区存在、空区充填三种情况露天坑开采后的剪应力的分布状态。可以看出，无空区时剪应力最大值（即危险部位）出现在空区部位下一个台阶的坡脚位置，剪应力相对较小；空区存在状态下，剪应力最大值向空区内侧的边角部位移动，促成了上覆大范围台阶向空区范围内的俯冲滑塌移动破坏；空区被填充状态下，剪应力的最大值在台阶部位的内侧，由于剪应力最大值相对较小，上部台阶可能发生向充填区的移动变形。

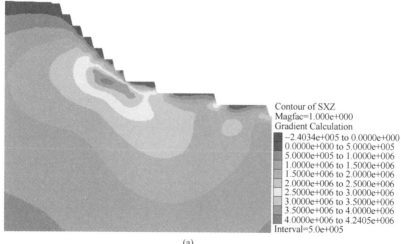

(a)

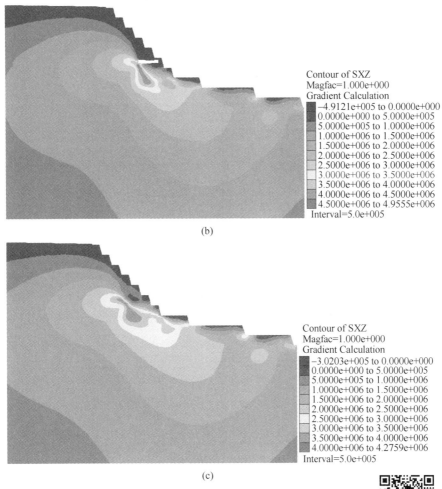

Contour of SXZ
Magfac=1.000e+000
Gradient Calculation
-4.9121e+005 to 0.0000e+000
0.0000e+000 to 5.0000e+005
5.0000e+005 to 1.0000e+006
1.0000e+006 to 1.5000e+006
1.5000e+006 to 2.0000e+006
2.0000e+006 to 2.5000e+006
2.5000e+006 to 3.0000e+006
3.0000e+006 to 3.5000e+006
3.5000e+006 to 4.0000e+006
4.0000e+006 to 4.5000e+006
4.5000e+006 to 4.9555e+006
Interval=5.0e+005

(b)

Contour of SXZ
Magfac=1.000e+000
Gradient Calculation
-3.0203e+005 to 0.0000e+000
0.0000e+000 to 5.0000e+005
5.0000e+005 to 1.0000e+006
1.0000e+006 to 1.5000e+006
1.5000e+006 to 2.0000e+006
2.0000e+006 to 2.5000e+006
2.5000e+006 to 3.0000e+006
3.0000e+006 to 3.5000e+006
3.5000e+006 to 4.0000e+006
4.0000e+006 to 4.2759e+006
Interval=5.0e+005

(c)

图 5-109 剪应力分布图
(a) 无空区；(b) 空区存在；(c) 空区充填

扫描二维码
查看彩图

通过图 5-108 和图 5-109 可以看出，台阶逐个剥离过程中，产生强烈的开采扰动，在开采至监测点位置附近，扰动影响最大，应力急剧增大，开采过后产生明显的卸荷，由于空区的存在，充填与否对于开采过程中的影响较大。通过图5-110 和图 5-111 可以看出，开采至空区位置附近（3564 台阶、3552 台阶），空区存在的情况下，顶板出现明显的拉应力，拉应力的存在使得空区顶板容易产生拉伸破坏；而空区充填后，顶板总体呈现为压应力，应力得到明显改善。因此，在开采后期，此空区附近仍然成为维护的重点，仍要采取必要的长锚索锚固等加固措施。

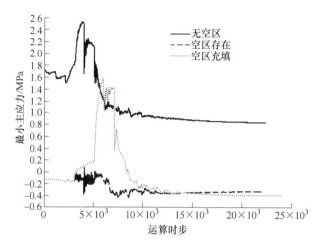

图 5-110　空区顶板监测点最小主应力-运算时步关系曲线图

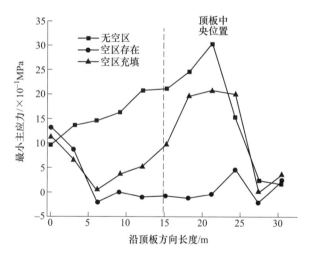

图 5-111　空区顶板监测断面最小主应力分布图（开采完 3552 台阶时）

6.7.2.3　变形变化分析

通过图 5-112 和图 5-113 可以看出，由于空区的存在，其顶板处岩体位移变形量较大，最大达到了 23.3mm，发生在空区顶板的中央位置，在此位置易产生拉裂缝，出现初期的掉块等现象，进而导致大面积的滑塌破坏。这种明显的变形影响范围能够向上延伸至一个台阶高度（12m）以上，此范围成为空区影响的危险区域；充填处理后的空区，空区顶板岩体变形情况受到了极大的抑制，顶板的最大变形量最大值降为 4.6mm，说明充填体对顶板变形控制作用较为明显，有效控制了上覆岩体的移动变形情况，降低了空区引起的滑塌等地质灾害的概率。

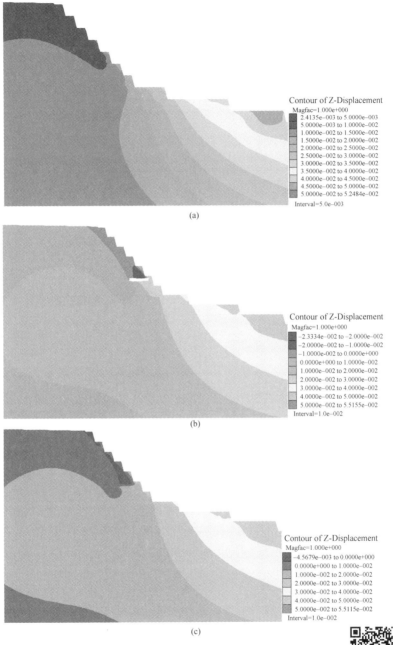

图 5-112 竖向变形分布图

(a) 无空区；(b) 空区存在；(c) 空区充填

扫描二维码

查看彩图

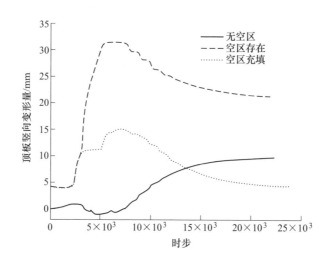

图 5-113　空区顶板监测点变形-运算时步关系曲线图

　　通过图 5-114 可以看出，无空区时剪应变增量最大值出现在台阶坡面的坡角部位，其中 3528 平台和 3552 平台的剪应变增量相对较大，是可能发生滑动破坏的剪出口部位；而空区存在情况下，首先发生剪切破坏的位置转移到空区与台阶最为接近的部位，此部位的破坏依次引起上覆台阶的大范围多台阶的滑裂破坏，破坏后果较为严重；在空区充填情况下，剪应变增量最大值发生在充填空区部位，剪应变增量相对较小，上覆岩体向着空区方向发生有限移动变形，发生剪切破坏的可能性较小。

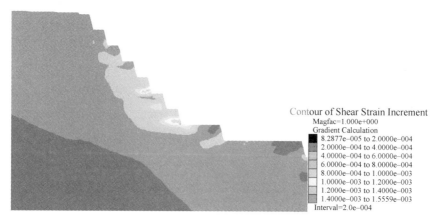

(a)

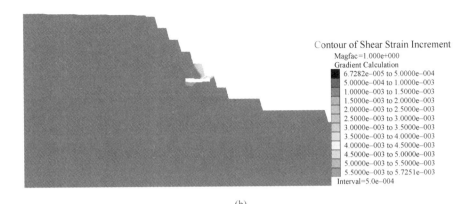

(b)

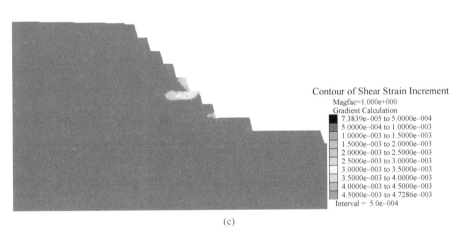

(c)

图 5-114 剪应变分布图

(a) 无空区；(b) 空区存在；(c) 空区充填

扫描二维码
查看彩图

5.7.2.4 塑性区域分布特征分析

图 5-115 揭示了不同情况下的台阶剥离后的塑性区分布特征。在无空区情况下，塑性区只出现在单个台阶表面区域，以剪切破坏为主，辅以小范围的卸荷造成的表面张拉破坏；空区存在的情况下，在空区周边产生大面积的塑性区域，拉剪破坏较为严重，成为整个边坡可能首先发生破坏的区域；在空区被充填后，拉剪破坏的范围得到有限的控制，部分拉剪破坏恢复到弹性状态，发生剪切破坏的可能性变小，因此，采用充填体充填空区后，整个边坡的稳定性得到有效的改善。

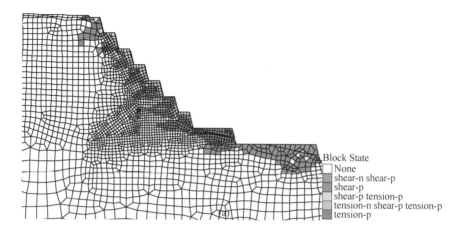

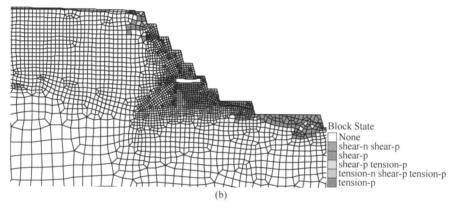

(b)

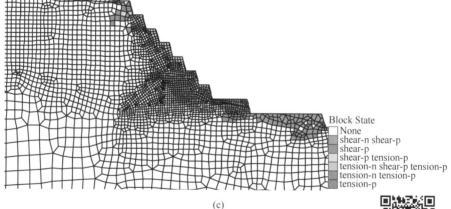

(c)

图 5-115　塑性区分布图

(a) 无空区；(b) 空区存在；(c) 空区充填

扫描二维码

查看彩图

5.7.2.5 空区对边坡稳定性影响

通过以上对于无空区、空区存在和空区填充三种情况的应力、变形、塑性区等方面的分析可以看出，空区的存在使边坡失稳的可能性增大，发生剪切滑塌破坏的位置发生变化，产生地质灾害的范围扩大，严重影响着整个边坡的稳定和后续的安全生产；在对空区充填处理后，边坡的稳定性得到改善，出现失稳破坏的可能性降低。

总体来看，牛苦头矿区露天边坡内有采空区的区域不是很大，只有在露天坑西北部区域最终边坡内存在一较大空区范围，对边坡最终边坡安全影响较大，但由于地下采场在露天坑内也存在着较多的巷道及采场空区。因此，空区对整个生产的安全影响应引起业主的高度重视，建议开采过程中及早对可能存在较大空区的区域进行超前探测，摸清矿区内空区的位置、形态和规模，及时对空区进行加固处理，以保证整个矿山的安全高效开采。

5.7.3 空区探测技术

近年来发展起来的采空区探测技术在国内许多矿山得到了广泛应用，解决了很多老矿山的接续生产及隐患排查等困难。目前国内采空区探测方法主要有钻孔探测、地球物理探测、采空区三维激光扫描等。钻孔探测是最直接的采空区探测方法，通过地表（或井下）钻孔施工直达采空区，确定获取采空区位置的同时，可以获取采空区上部岩石质量特征。地球物理探测有钻孔探测、地震法、电阻率法、电磁法、常规电法等，近年来又相继出现了精度更高的三维地震探测技术、地震 CT 探测技术、瑞利波探测技术探地雷达（GPR）探测法。近年来发展的激光 3D 扫描新技术，以其准确、快捷、方便、实用的特点，在地下采空区探测方面得到广泛的应用。

5.7.3.1 地球物理探测技术

常规地球物理探测方法中，瞬变电磁法的应用较为广泛。瞬变电磁法（TEM，Transient Electromagnetic Method）属时间域电磁测深法，又称纯异常场法，它是利用阶跃波形电磁脉冲激发，利用不接地回线向地下发射一次场，在一次场的间歇期间（断电后），测量由地下介质产生的感应二次场随时间的变化来达到寻找各种地质目标体的一种引人注目的地球物理勘探方法。该方法是自八十年代在国内地质找矿、采空区探测等方面广泛应用并在近几年取得长足发展的物探新技术。

瞬变电磁法与其他物探方法相比具有许多优势和特点：

（1）该方法观测和研究的是二次场即纯异常场，克服了复杂的一次场补偿问题，同时受地形影响小，探测效果更明显，原始数据的保真度更高。

（2）时域方法对于导电围岩和导电覆盖层的分辨能力优于频域方法，并且测量方法技术既快又简单，更适合勘探工作的需要。

（3）可以采用同点组合（框内回线、重叠回线）进行观测，可以与探测目标达到最佳耦合，所得到异常的幅度大，形态简单及受旁侧影响小，提高了对地质体的横向分辨率。

（4）鉴于方法的探测深度仅取决于大地电阻率和测量仪器的采样时间范围，故而易于采用加大发送功率（发送回线中供以大电流）办法增强二次场，以提高信噪比来扩大探测深度。

（5）对铺设发送回线的形状、方位和点位要求相对不严格，测地工作简单，实现流水作业可有较高的工作效率。

（6）瞬变电磁法对含水体非常敏感、受地形影响小、探测深度中等、施工效率高。

图 5-116 为北京矿冶研究总院在金厂峪金矿采用瞬变电磁法测试的 160 线视电阻率等值线剖面图。从剖面图上看，在 290m 以上为低阻层，根据采空区物探异常的判定原则，在 314 中段未见异常；在 287 中段上也未见采空区异常；在 262 中段上 36 ~ 46m、72 ~ 98m 见明显的高阻封闭异常，推测为采空区异常；在 223 中段上见高阻异常明显，并且与 262 中段的异常贯通，推测为采空区异常，探测结果与开采资料综合对比分析后得出该区域存在空区的可能性极大，为业主掌握露天采坑内空区分布情况提供了依据。

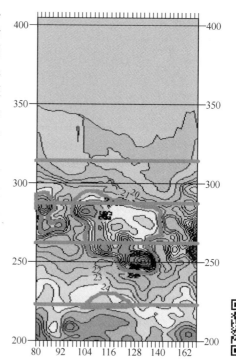

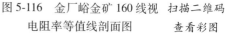

图 5-116　金厂峪金矿 160 线视   扫描二维码
电阻率等值线剖面图　　查看彩图

5.7.3.2　钻孔探测技术

通过钻孔探测能够详细了解矿体及围岩岩石强度、完整性、含水性以及采空区充填状况等特征。采空区与完整岩层差异明显，用钻进过程中进尺速率，甚至掉钻的现象来判断采空区的充填情况如图 5-117 所示。

图 5-117 钻孔勘探岩石取芯图

　　另外，采空区探测具有其特殊性，除了要考虑采空区位置以及地层岩性外，还要考虑采空区造成的整个变形带（弯曲变形带、裂隙发育带、破碎冒落带）特征，如图 3-118 所示。地质人员在钻探前根据收集资料，可以初步估算出采空区上覆盖基岩的几个变形带厚度。此技术结合后续的三维激光扫描技术在北京矿冶研究总院承担的中色赞比亚卢安夏铜业有限公司地下空区探测研究中得到成功应用。

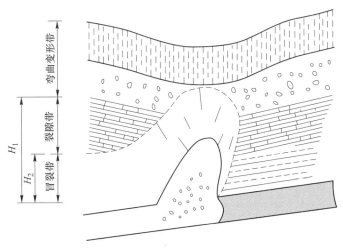

图 5-118 采空区上覆岩层剖面分带

5.7.3.3　采空区三维激光扫描技术

目前国内外使用较多的 3D 激光测量扫描仪有加拿大 OPTECH 公司的 CMS 系统、英国 MDL 公司的 C-ALS 系统和北京矿冶研究总院自主研发的 BLSS 系统。参考各项经济技术指标后，本书作者认为可以考虑选用国产的 BLSS 系统，主要包括三防笔记本电脑、设备控制箱、扫描仪主机、连接杆支架等，具体如图 5-119 所示。该系统量程在 300m 以内，测量精度为 ±2cm，扫描角度为 360°×300°，能够满足采空区的精细测量要求。

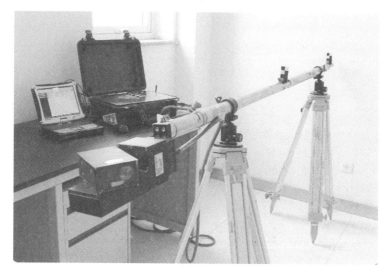

图 5-119　BLSS 系统各组成部分图

3D 激光扫描技术是对确定目标的整体或局部进行完整的三维坐标数据探测，在三维空间进行从左到右，从上到下的全自动高精度扫描，进而得到完整的、全面的、连续的、关联的点云数据，从而真实地描述出目标的整体结构及形态特性。通过扫描探测点云（见图 5-120）来逼近目标的完整原形及矢量化数据结构，可进行目标的三维重建；然后通过全面的后处理可获取复杂形体的几何内容，如距离、面积、体积、目标结构形变、结构位移及变化关系等。

通过 BLSS 系统自带软件对点云数据进行去噪、拼接、定方位角、赋原点坐标等操作后，再利用 3DMine 软件重建实体，最终得到的空区模型。图 5-121 为金厂峪三维激光扫描生成的空区实测模型图。

5.7.3.4　采空区探测方法选择

根据牛苦头矿区的已有工程地质及水文地质、空区分布的大致资料，综合对比各种探测方法的优缺点及适用性，选择符合矿山实际的采空区探测方式。

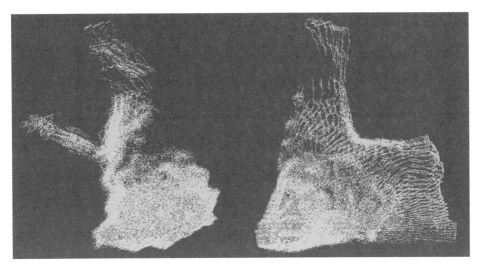

图 5-120　三维激光扫描点云图

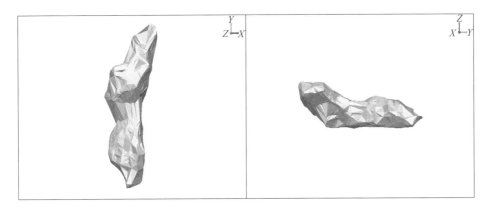

图 5-121　金厂峪金矿拼接后采空区模型

通过表 5-28 结合牛苦头矿区的实际情况，上述罗列的三种空区探测技术都适应于牛苦头矿区地下空区的探测，对于全面普查性的摸清空区的分布位置，采用地球物理探测比较适应；要进一步摸清空区的具体位置、矿岩特性及相关的矿体品位等，选用钻孔探测效果较好；三维激光扫描技术适用于条件简单、精准度要求高、规模相对较大的空区。各种方法的优缺点对比见表 5-31。

表 5-31　采空区探测方式优缺点对比

探测方式	优　点	缺　点	适　用　性
地球物理探测	探测快速、操作方便	探测深度较浅，受水等外界条件影响较大	适用于地表规整的、外界影响条件小的近地表采空区探测

探测方式	优　点	缺　点	适　用　性
钻孔探测	探测范围广、能够获取矿体品位特征、矿岩强度、水文地质等信息	探测成本大，效率低	适用于多种探测相结合的复杂条件下采空区探测
三维激光扫描	能够快速、直接探测采空区三维形态	受水、粉尘影响较大，不支持水下探测	适用于采空区条件简单、外界影响小的无水采空区探测

结合牛苦头目前的矿山情况，由于前期采空区的相关资料比较齐全，且仍存在斜井、巷道等可以进一步查明，建议采用采场空区形态井下实测为主、部分条件恶劣无法实地勘测的，可通过地表钻孔采用三维激光扫描技术，对空区赋存形态进行精准探测。

5.7.4　空区治理对策

前述分析已经表明，牛苦头矿区的大范围空区有 $\frac{1}{3}$ 在最终边帮之下，$\frac{2}{3}$ 在剥离采矿区域之下，空区的存在严重影响着矿山的安全生产和最终边帮的稳定。在进行准确探测空区的基础上，对空区进行加固治理是保证后续露天矿安全高效开采至关重要的前提。

5.7.4.1　采空区主要处理技术

采空区主要处理技术有崩落围岩处理采空区、固体物料充填采空区、留矿柱支撑采空区、封闭隔离采空区、联合法处理等五种。

（1）崩落围岩是指用崩落的围岩回填采空区并形成缓冲保护垫层，防止空场内大量岩石突然冒落而造成危害。这种方法能及时消除空场，防止应力过分集中和大规模的地压活动；并且可以简化处理工艺，提高劳动生产率。

崩落围岩处理采空区可分为自然崩落围岩和强制崩落围岩两种。前者适用于围岩强度低、较松软及易崩落的岩体条件，用留矿法开采后立即回收矿柱的可自然崩落围岩；后者常见的方法有深孔、中深孔切槽放顶和地下峒室爆破、地表深孔爆破及浅孔削壁充填等。近些年，将 VCR 法等爆破技术成功应用于爆破处理采空区。崩落围岩处理采空区的适用条件是：

1）地表允许崩落，地表崩落后对矿区及农业生产无害。

2）采空区上方预计崩落区在矿界范围以内、矿柱已回采完毕、井巷设施已不再使用并已撤除等。

（2）充填采空区是指从坑外通过车辆运输或管道输送方式将废石或湿式充填材料送入采空区，把采空区充填密实以消除空区的一种方法。充填采空区的作用有：

1) 在于充填体支撑空区，控制地压活动；

2) 减少矿体上部地表下沉量；

3) 防止矿岩内因火灾；

4) 降低残矿回收时矿石的损失与贫化。

用充填法处理采空区，一方面要求对采空区或空区群的位置、大小以及与相邻采空区的所有通道进行封闭，加设隔离墙，充填脱水以及防止充填料流失；另一方面，采空区中必须能有钻孔、巷道或天井相通，以便充填料能直接进入采空区，密实充填采空区。

充填处理采空区分干式充填和湿式充填两种。前者建立充填系统投资少，简单易行，但充填能力低，多用于矿体规模不大的中小矿山及老矿山；后者流动性好，充填速度快，效率高，但需一整套充填输送系统和设施，投资大。胶结充填较水砂、尾砂充填成本更高。为了提高矿石回收率和矿山开采后对地表生态的影响，目前国内外矿山都倾向于用嗣后充填法一次性处理矿房回采后的采空区。

(3) 矿柱支撑采空区包括留永久矿柱或构筑人工假柱处理采空区，一般用于缓倾斜薄至中厚以下的矿体，用房柱法、全面法回采，顶板相当稳定，地表允许冒落的矿山。在矿柱量不多的情况下，留矿柱支撑空区不仅在回采过程中能做到安全生产，而且在回采结束后空区仍不垮落，达到支撑空区的目的。因此，必须认真研究岩体力学、地质构造情况，以便得到合理的矿柱尺寸并预测地压情况。

(4) 封闭隔离采空区是一种经济、简便的方法，多在下列情况下应用：

1) 一些孤立的小矿体开采后形成的空区，围岩稳固，空区若冒落也不会影响周围矿体的开采。

2) 一些大矿体开采后形成连续的采空区，空区下部仍需继续回采。

5.7.4.2 矿区范围内采空区的分类

(1) 最终境界内的采空区：露天开采过程中，受采空区及其开采爆破等多重因素影响，空区周围岩体可能发生垮落失稳现象，上部作业人员和设备可能面临安全隐患，因此预留足够厚度的空区安全顶板至关重要以及对采空区进行安全处理是必不可少的。

(2) 最终边坡下采空区：露天开采至最终边坡时，边坡处于开挖卸荷状态，岩体应力较为集中。当采空区分布于最终边坡坡脚时，将非常不利于保持边坡的稳定。采空区距离边坡越近，对边坡整体稳定性影响越大；随埋藏深度增加，采空区与边坡潜在滑移面越近，边坡安全系数降低；采空区走向与边坡坡面平行时对边坡整体稳定性影响较大，与边坡坡面垂直时对边坡局部有影响。

5.7.4.3　不同类型空区的处理办法

露天开采影响范围内采空区的分类不同,采空区的形态、分布及地质环境不同,对露天开采作业安全、最终边坡的稳定性其影响程度是不同的,因此应采用不同的采空区安全处理综合措施。

(1) 最终境界内的采空区:确定地下采空区顶板的安全厚度,是为露天开采采剥工作提供安全稳定的作业条件,保证安全生产。通常采用极限分析法、弹性力学理论、经验公式等确定合理的空区顶板安全厚度,根据空区跨度不同顶板安全厚度一般在 15~20m。国内有关矿山依据跨度不同采空区顶板安全厚度确定为 15~25m。

当露天作业平台距离空区顶板不足安全厚度时,必须对采空区进行安全处理。考虑到矿山未来是否建立尾砂充填系统还不明确,推荐采用深孔爆破崩落顶板充填处理采空区,即在露天作业平台下穿凿深孔,爆破崩落采空区顶板以填实空区;同时深孔穿凿也能起到探测采空区的目的。当采空区跨度不足 5m,可不对采空区崩落处理,但是应避免在采空区上方直接作业。表 5-32~表 5-34 为贵州瓮福集团两矿区及河北省金厂峪矿综合考虑多种因素推荐的空区跨度与顶板安全厚度的关系。

表 5-32　空区跨度与顶板安全厚度的关系（大塘矿区）

空区跨度/m	12	15	18	20
顶板安全厚度/m	10.1	12.0	13.7	14.8

表 5-33　采高为 8m 时空区跨度与顶板安全厚度（穿岩洞矿区）

空区跨度/m	4.0	7.0	10.0	15.0	20.0	25.0
计算的顶板安全厚度/m	2.1	5.2	9.2	12.3	16.6	22.9
推荐的顶板安全厚度/m	6.0	13			24	

表 5-34　空区跨度与顶板安全厚度的关系（金厂峪矿区）

空区跨度 d/m	$d<15$	$20>d\geqslant15$	$d\geqslant20$
顶板安全厚度/m	15	20	25

根据牛苦头矿区已查明的空区的规模和形态,以大采高和大跨度空区为确定上覆平台安全作业时留设的岩层的安全厚度,根据前述对于空区稳定性的分析,确定一个台阶高度 12m 作为影响范围,在上述分析的空区跨度大约为 27m,参考上述矿区的安全厚度留设,确定牛苦头矿区的安全厚度为两个台阶高度（即24m）,小于此厚度时必须采取必要的安全加固措施,保证开采过程中的设备及

人员的安全及边坡的稳定。

（2）最终边坡附近采空区：采空区距离边坡越近，对边坡整体稳定性影响越大，采空区位置及跨度是影响边坡稳定性的主要因素。丁新启[178]等认为空区在一定距离范围内对边坡影响明显，超过一定距离空区对边坡影响不大，且空区跨度越大对边坡的影响范围越大。通过研究表明，空区距离边坡为 35~40m 时，空区对边坡基本上无影响。

为充分保证露天开采最终边坡的稳定，空区走向与边坡坡面垂直时，推荐空区距离边坡在 40m 以内，通过充填井采用废石填充密实采空区；空区走向与边坡坡面平行时，推荐空区距离边坡在 50m 以内，采用废石填充密实采空区；此范围以外采空区可不予处理。如果采空区局部暴露于边坡坡面，距离边坡坡面 5m 时，可采用混凝土填充处理采空区直至边坡坡面。

5.7.4.4　采空区处理的安全技术保障措施

国内外在采空区近区开采的实践表明，为确保采空区近区开采安全，首先应对采空区进行处理，采用可行的安全开采技术保障措施，必须进行安全监测。

（1）为确保安全处理采空区，应设置由矿山安全、技术部门、采矿车间和工程承包方共同组成的专门机构负责，协调采空区探查、处理的各项安全技术管理工作。

（2）认真研判采空区资料，对不明或规模较大的空区顶板，要先行探查。坚持探查处理与采矿并举，探查处理先行的原则。

（3）技术部门应及时对空区上方的作业平台进行标定，设立明显的警示标志，让每位管理、作业人员及时了解空区范围与分布，做到心中有数。严禁无关人员和机械车辆进入。

（4）空区附近的作业顺序，应遵循从边缘向空区中心渐进揭露的原则。应加强现场观察与指挥，发现异常情况，人员和设备应及时撤离，并报告有关部门。

（5）采空区发生大的地压活动之前，会产生如地音、声发射、岩体变形加剧等征兆，必须进行最终边坡及危险空区安全监测，推荐最终边坡采用智能全站仪大面积监测或者边坡雷达监测，局部关键点采用 GPS 高精度全天候监测。

6 牛苦头矿边坡稳定性安全防护措施

随着矿山开采规模和开采深度的日益增加,各种不确定性因素会对边坡的稳态造成超出预想的灾害,可能出现如下问题:

(1)通过数值计算得出的稳定边坡,在采掘过程中可能出现局部滑坡灾害。

(2)边坡滚石对采场底部作业设备和人员造成安全威胁。

(3)顺层边坡采掘过程中,出现表层顺层滑坡,威胁运输车辆和采掘设备。

(4)反倾边坡在日照、风、降雨的联合作用下,出现严重风化,出现掉块、崩塌灾害。

(5)第四系散体结构出现局部滑坡灾害。

针对以上问题,基于前期青海鸿鑫矿业牛苦头露天矿岩石力学的研究成果,对该矿山开采过程中的边坡稳定性安全防护措施进行系统研究,提出相应的防治措施,主要包括边坡安全监测、边坡加固治理、定期清坡、坡脚防护等。

6.1 边坡稳态综合监测预警网络构建

充分考虑青海鸿鑫露天矿山开拓方式、开采计划、边坡几何形态、岩性构造、降雨等滑坡影响因素,基于信息融合技术开发“露天矿山滑坡综合监测预警系统”。该系统采用模块化组合模式,针对每种参量建立了独立的数据自动采集子系统,并基于在线安全监测平台,综合处理、分析所有监测数据演变特征及其耦合关系,提出一套完整的预警模式和预警等级,实现了对青海鸿鑫露天矿山边坡监测信息化、数字化、智能化、安全性、稳定性和实时性的预警目标。

6.1.1 边坡监测的基本要求

青海鸿鑫露天矿山边坡稳定性监测必须满足如下要求。

(1)实现远程及恶劣天气下的数据自动采集。在刮风下雨天气,监测人员难以上山、下雨时操作仪器遇水短路不能工作,无法采集数据,因此必须利用自动监测设备实现恶劣天气下的数据自动采集。

(2)实现实时连续监测,掌握临界变化的预测预报。数据监测频率可以动态实时调整,晴天状态下为了降低设备能耗,减小数据采集频率,恶劣天气条件下,则增加数据采集频率,从而可以捕捉到灾害来临前和发生时的重要信息。

（3）实现灾害发生前期、中期和后期的长期全过程监测预报。

（4）重点监测部位，实现立体交叉监测。在重点监测部位，如老滑体、公路、铁路、民房、车间等重要构筑物附近，要实现滑坡立体交叉监测，具有地表变形监测、深部位移（应力）监测、孔隙水压力等综合监测。

6.1.2 监测原理及系统组成

通过对青海鸿鑫露天矿山开拓方式、开采计划、边坡几何形态、岩性构造、水文地质等滑坡影响因素的分析，随着矿山开采深度的增加，边坡高度、角度、软弱夹层产状、地下水、降水、爆破等都将成为严重影响边坡稳定性的主要内因和外因。

因此，本章针对青海鸿鑫露天矿山边坡稳态监测分成两个监测阶段，分别是首采段监测方案和最终边坡监测方案，监测内容设置为地表位移监测、深部滑动力监测、地下水水位/压监测、降雨量监测、爆破震动监测五大类。

6.1.2.1 地表位移监测子系统

A 监测方法

露天矿山边坡地表位移监测通常采用极坐标测量法，这种方法是测量中一种比较实用也比较常用的观测方法，它就是通过将仪器架设到已知坐标的稳定点上，通过利用已知点来定向，观测未知点的水平角、垂直角和斜距，通过这些观测量和已知点数据来求得未知点的三维坐标，如图6-1所示。

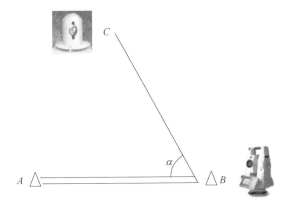

图6-1 极坐标法原理

已知点 A、B 两点的坐标分别为 (X_A, Y_A, H_A)、(X_B, Y_B, H_B)，未知点 C 的坐标假设为 (X_C, Y_C, C_A)，则 BA 方向的方位角为：$\alpha_{BA} = \tan^{-1} \dfrac{X_B - X_A}{Y_B - Y_A}$，而

BC 的方位角为：$\alpha_{BC}=\alpha_{BA}+\alpha$，那么 C 点的坐标可以计算出来，其计算公式为：

$$\begin{cases} X_C = X_B + D_{BC}\cos\alpha_{BC} \\ Y_C = Y_B + D_{BC}\sin\alpha_{BC} \end{cases} \tag{6-1}$$

式中，D_{BC} 为 B、C 两点之间的平距。它可以通过斜距 S 和垂直角 i 来计算，即：

$$D_{BC} = S\cos i \tag{6-2}$$

C 点的高程可以通过三角高程的方法来求，其计算公式为：

$$H_C = H_B + D\tan i + i_h - a_h \tag{6-3}$$

式中　i——垂直角；

　　　i_h——仪器高；

　　　a_h——棱镜高度。

B　监测系统组成

自动化监测系统主要由 TM30 系列自动化全站仪、计算机、数据通信设备和监测子软件等组成。

（1）监测站：根据现场条件，滑坡体对面的山坡上，永久性建立 1~2 个永久性监测站，用于安置自动变形监测系统的全站仪。监测站需建有基础稳定的仪器墩，安置自动化全站仪，如图 6-2 所示。

图 6-2　自动化全站仪和监测点

（2）控制计算机房：控制计算机房一般选在全站仪监测站或办公区的计算机房，应有较好的供电等条件。考虑到滑坡体监测现场与办公区之间的距离较远，利用光纤或无线网桥，实现控制机房与监测站计算机之间的无线通信，如图 6-3 所示。

（3）基准点：在变形区以外，建立了两个稳定的基准点。每个基点上配有一套对准监测站的反射单棱镜。监测站至各基点的方向与距离要尽量覆盖变形监测区。监测站与各基点之间的已知距离、方位和高差是整个自动化监测系统的基础。

（4）变形点：在滑坡变形监测点上安置有类似基点的对准监测站的反射单棱镜，如图 6-4 所示。

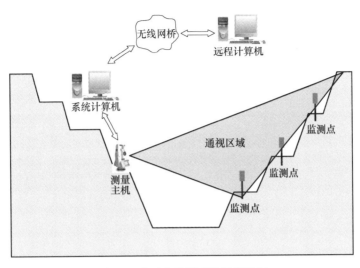

图 6-3 自动化监测系统远程控制

 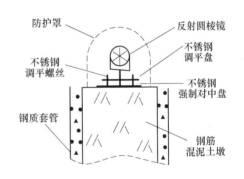

图 6-4 基点或位移测点上的棱镜及防护罩

C 主要技术指标

该子系统主要技术指标见表 6-1。

表 6-1 位移监测子系统技术指标

序号	设备名称	技 术 指 标	
1	望远镜	放大倍率	30X
		最短视距	1.7m
2	测角	方法	绝对连续编码度盘，四重角度探测
		精度	0.5″
		最小读数	0.1″

序号	设备名称	技　术　指　标	
3	驱动	压电陶瓷驱动	
		旋转角速度	$180°/s$
		最大加速度	$360°/s^2$
4	测距	标准测量精度	1mm+1ppm
		精密测量精度	0.6mm+1ppm
		圆棱镜测程	3500m
5	ATR 测量	圆棱镜测量范围	3000m
		基本定位精度	1mm
6	键盘/显示器	1/4VGA 彩色触摸屏	双面/43 键
7	数据记录	256M 内存	支持 CF 卡
		联机储存数据	RS232 接口
8	温度	工作温度	$-20 \sim +50℃$
		防水	IP54

6.1.2.2　深部滑动力监测子系统

A　监测方法

深部滑动力作为天然力学系统的一部分是不可测的，而人为力学系统是可以测量的。因此，采用"穿刺摄动"技术，把力学传感系统穿过滑动面，固定在相对稳定的滑床之上，施加一个小的预应力扰动 P，称之为"扰动力"，将可测的人为力学系统插入到不可测的天然力学系统中，组成一个新的部分力学量可测的复杂力学系统，即：

人为力学系统 + 天然力学系统 = 复杂力学系统

进而推导出可测力学量和非可测力学量之间的函数关系，根据可测的力学量计算出不可测的滑动力，这样就解决了天然力学系统不可测的难题。

滑坡是主要在重力作用下产生的坡体变形，因此作用在天然滑坡力学系统的基本力系主要由：下滑力 T_1、抗滑力 T_2 和滑体自身重力 G 三组力构成，如图 6-5 所示。

天然状态下，滑动面上的下滑力与抗滑力处于平衡状态（即 $T_1 \leqslant T_2$），边坡稳定。但是，当影响边坡稳定性的外部条件或内部条件发生变化后，会打破原始平衡状态，使滑坡体内的应力重新分布，当 $T_1 > T_2$ 时，边坡出现失稳破坏。因此，只要能够准确测量出 T_1 和 T_2 的大小，就可以判断滑坡体内应力的变化状态，超前预报滑坡灾害的发生时间和规模。为了能够对 T_1 和 T_2 进行测量，按照"2+1"模式，引入人为可测扰动力 P 后，可以通过对 P 的直接监测而间接计算

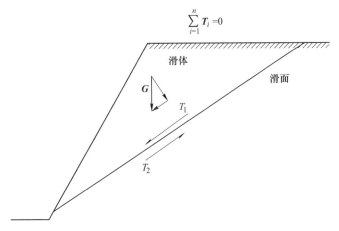

图 6-5 滑坡力学系统示意图（天然力学系统）

出滑动力 T_1 的大小。由天然力学系统和人为力学系统组合而成的复杂力学系统如图 6-6 所示。

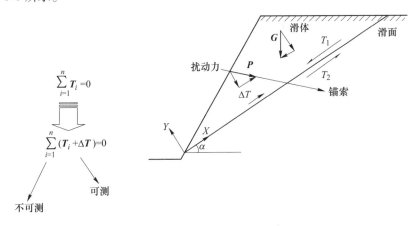

图 6-6 滑坡可测力学系统示意图

B 监测力学模型建立

露天矿山滑坡发生后，与稳定坡体脱离而滑动的部分岩体或土体称为滑坡体。滑坡体滑动时与不动体间形成分界面，滑体沿其下滑的分界面称为滑动面。滑动面上部的岩体称为滑体，下部岩体称为滑床。

根据滑动力远程监测原理，对滑动力进行监测，需要通过穿过滑动面与滑床锚固的力学传感系统来实现。力学传感系统主要由力学传感器和锚索两部分组成。在锚索上施加一个预应力 P，即称为扰动力。滑动面上的滑动力可以根据极限平衡原理通过扰动力求解得出。因此，对锚索上扰动力变化特征进行实时监测, 可以求解出滑动力的大小, 从而及时掌握边坡的演变特征。

在滑动力学系统可测性原理的基础上, 采用极限力学平衡原理, 建立人为力学系统和天然力学系统之间的函数关系。图 6-7 表示了滑坡体远程监测预警系统对边坡滑动力监测的力学模型。

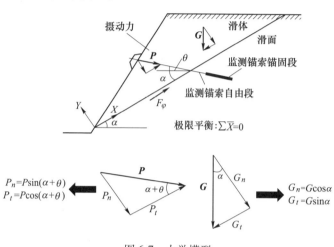

图 6-7　力学模型

基于极限平衡理论, 可以推导出滑动力监测力学模型 (以平面破坏为例):

$$G_t = P\left[\cos(\alpha + \theta) + \sin(\alpha + \theta)\tan\overline{\varphi}\right] + G\cos\alpha\tan\overline{\varphi} + cl \qquad (6\text{-}4)$$

令:

$$k_1 = \cos(\alpha + \theta) + \sin(\alpha + \theta)\tan\overline{\varphi}$$
$$k_2 = G\cos\alpha\tan\overline{\varphi} + cl$$

得:

$$G_t = k_1 P + k_2 \qquad (6\text{-}5)$$

式中　$\overline{\varphi}$——边坡滑动体各土层内摩擦角加权平均值, (°);

　　　c——滑动面各土层黏聚力, kPa;

　　　l——滑动面长度, m。

式 (6-5) 表达了在极限平衡状态下, 人为力学系统和天然力学系统之间的函数关系符合简单的线性关系, 即通过恒阻通信缆索上扰动力可以直接求解出下滑力大小, 从而实现了对滑动面上下滑力的量测。

C　监测系统构成

力学数据采集设备包括恒阻大变形缆索、力学传感器、力学信号采集-发射装置等, 如图 6-8 所示。

(1) 力学传感器: 对现有监测设备和系统的研究发现, 设计一种能保障监

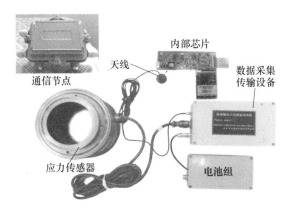

图 6-8　力学数据采集系统结构组成

测人员生命安全的监测系统必须安装相应传感器。这样可以降低监测人员工作量和危险性，提高监测精度，故在系统设计时考虑了传感器的开发。该部分安装在滑坡体上，主要是测量锚索上的力学量，实现了对力学量的自动采集与传输功能，如图 6-9 所示。

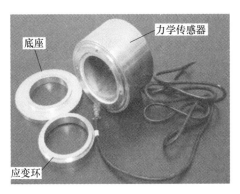

图 6-9　力学传感系统结构图

（2）力学信号采集-发射装置：数据采集-传输设备结构如图 6-10 所示，该设备主要由三部分构成。

1）信号采集-传输设备。该部分安装在力学传感器上部的保护装置内，是由高精密电子部件集成的核心系统。核心电子部件主要由采集存储模块、信号发射模块和 ID 卡组成，其中每个 ID 卡有唯一的网络标识，对应一个数据库文件，可以保存该标识的监测信息。

2）电池组。使用 3.7V 锂电池组或太阳能电池，其中锂电池组可以提供 3 个月左右的供电，太阳能电池可以提供每周不少于 4h 光照的连续供电。

3）天线。该部件的工作效果直接影响到滑坡监测预警预报的准确性，因此，在安装时要对该部件的工作状态和效果进行校验，直到达到最优的工作状态。

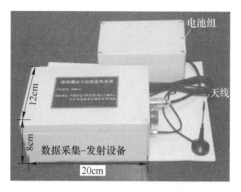

图 6-10　数据采集-发射系统结构图

（3）室内监测设备构成：包括数据接收器、数据处理系统以及一些辅助分析软件，系统工作原理如图 6-11 所示。

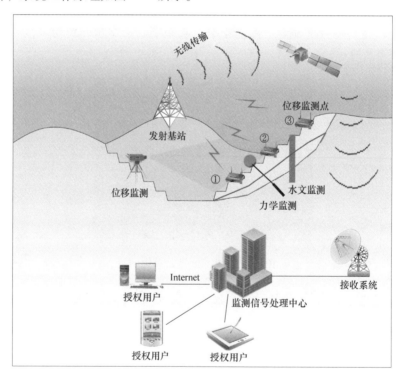

图 6-11　滑动力监测子系统工作原理

6.1.2.3　地下水渗透压监测子系统

A　监测方法

当前，地下水位和水压自动监测主要依赖自记式压力探头，其内部核心部件主要由电池、压力传感器（测量水压和气压）、温度传感器（测量温度）、数据储存介质。地下水位和水压监测原理如图6-12所示。

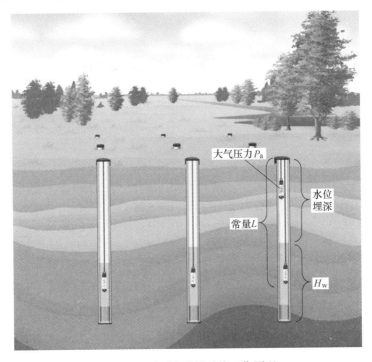

图 6-12   地下水监测系统工作原理

图6-12右侧水井中悬挂在水下的探头测量到的压力为探头以上水柱所产生的压力 P_w 和大气压力 P_a 之和；而悬挂在空气中的探头则测量的是大气压力 P_a，将二者相减即可得到 P_w。水柱高度 H_w 按照式（6-7）计算：

$$H_w = \frac{P_w}{\rho g} \tag{6-6}$$

水位埋深：

$$H = L - H_w \tag{6-7}$$

式中，L 是固定值，可以利用反算法求得，即操作员将探头放入监测钻孔后，用测绳测量当时的水位埋深 H_0，加上当时的水柱高度 H_{w_0}，就是 L 的值。

B   监测系统构成

地下水渗透压监测子系统具有地下水水位测量、地下水水压测量的功能。该子系统由现场子系统和室内子系统组成。

（1）现场子系统包括水位计（见图6-13）和数据采集器和数据传输设备（见图6-14）。该设备具有传感、采集、发射的功能，可将水位计电子数据自动采集、自动发射到接收分析系统。

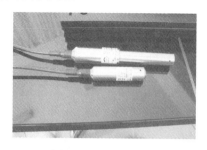

图 6-13　电子水位计

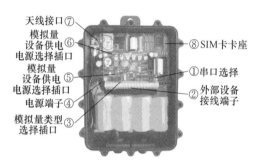

天线接口⑦
模拟量
设备供电⑥
电源选择插口
模拟量
设备供电⑤
电源选择插口
电源端子④
模拟量类型③
选择插口

⑧SIM卡卡座
①串口选择
②外部设备
接线端子

图 6-14　数据采集-传输设备

（2）室内子系统是智能接收分析系统（见图 6-15），可将现场发来的数据自动接收并处理形成动态监测曲线和监测预警曲线，根据监测曲线和预警准则判断所监测区水位演变特征和降雨量之间的耦合关系。

系统工作原理如图 6-16 所示。

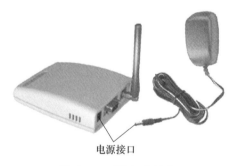

电源接口

图 6-15　系统拓扑结构

C　监测系统技术指标

（1）系统选用 BS 结构软件，应用于水位监测。

（2）分辨率：水位传感器分辨率为 1cm。

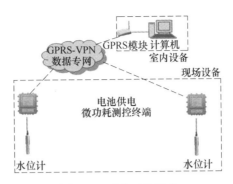

图 6-16 系统工作原理

（3）测量误差：95%测点允许误差±2cm，99%测点允许误差±3cm。

（4）环境条件：工作温度-30~+50℃，工作湿度小于95%（40℃）。

（5）可靠性：满足仪器正常维护条件下，MTBF≥25000h。

（6）支持监测曲线绘制和超水位预警。

6.1.2.4 降雨量监测子系统

A 监测方法

降雨量监测常用设备有雨量计、自计雨量计、遥测雨量计、自动测报雨量计以及其他各种自动雨量测报装置。

比如翻斗式遥测雨量计，该型雨量计结构简单、可靠性较高，并且早已广泛应用于水文测报系统中。其工作原理是：当雨水通过漏斗进入机械稳态组件构成的翻斗内，达到一定的量时，引起翻斗翻转并产生一个脉冲信号从而触发计数器。滑坡在线监测系统中降雨量监测通常选择遥测雨量计、自计雨量计或智能雨量站等监测装置。

B 监测技术指标

（1）测量误差应小于0.2mm/min。

（2）工作电压：DC 5~15V。

（3）环境温度：-20~70℃。

（4）相对湿度：不大于95%。

（5）测量精度：±0.5%。

降雨量监测子系统工作示意如图6-17所示。

6.1.2.5 爆破震动监测子系统

A 监测方法

爆破震动的强度可以通过质点振动位移、速度和加速度等参量来描述。爆破

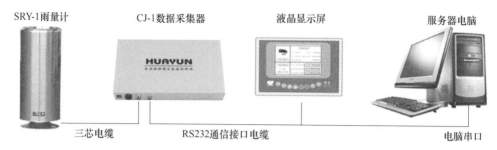

SRY-1雨量计　　　　CJ-1数据采集器　　　　液晶显示屏　　　　服务器电脑

三芯电缆　　　　　　RS232通信接口电缆　　　　　　　　　电脑串口

图6-17　降雨量监测系统工作示意图

地震波在岩体中传播时，岩体质点的运动是三维的，可分解为互相垂直的三个方向的分量，实际测试过程需要同时测试这三个正交分量（X、Y、Z），再求其矢量和已完整描述地震波在岩体中的传播规律，震动速度按照式（6-8）计算。露天矿山爆破引起的地表振动频率比天然地震高 1~2 个数量级，随着爆破距离的增大，振动频率逐渐降低，大多数情况下爆破震动频率为 30~300Hz。

$$v_r = \sqrt{(v_{UD})^2 + (v_{JX})^2 + (v_{QX})^2} \tag{6-8}$$

式中　　v_r——震动速度；

　　　　v_{UD}——垂向震动速度峰值；

　　　　v_{JX}——径向震动速度峰值；

　　　　v_{QX}——切向震动速度峰值。

　　由于炸药在岩石中的爆炸作用，安装布置在监测点上的传感器随着质点振动而振动，使传感器内部的磁系统、空气隙、线圈之间作相对的运动，变成电动势信号。电动势信号通过导线输入可变增益放大器将信号放大，进入 AD 转换，再通过时钟、触发电路，同时也通过存储器信号保护，再通过 CPU 系统输入计算机，采用波形显示和自主开发的数据处理软件进行波形分析和数据处理。

　　B　监测系统构成

　　爆破震动监测子系统主要由 TC-4850N 爆破测振仪、3G/GPRS 功能模块、三向振动速度传感器、公网服务器数据中心和客户端构成。监测子系统如图6-18所示，监测拓扑结构如图6-19所示。

　　C　监测技术指标

　　（1）通道数：4 通道并行采集。

　　（2）采样率：$100S/s \sim 100kS/s$ 可调。

　　（3）频响范围：三向振动速度传感器 X、Y、Z（$5 \sim 300Hz$）。

　　（4）防水级别：传感器水压试验不小于 $1.5 kg/cm^2$。

　　（5）AD 分辨率：16Bit。

　　（6）量程：±1V、±10V，最大输入值 10V（35cm/s）。

图 6-18 爆破震动监测子系统

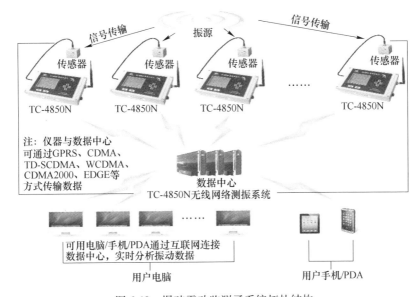

图 6-19 爆破震动监测子系统拓扑结构

（7）存储容量：不小于256M，支持外扩SD卡（最高32GB）。

（8）读数精度：1‰。

（9）时钟精度：1个月±5秒。

（10）工作环境：$-10\sim75℃$，$20\%\sim100\%RH$。

6.1.2.6 青海鸿鑫露天矿山滑坡综合监测预警系统

青海鸿鑫露天矿山滑坡综合监测预警系统应包含数据自动采集、传输、储存、处理分析及综合预警等部分，并且具备在各种气候条件下实现适时监测的能力。在线监测系统应采用专用电源供电，不宜直接用现场生产或照明电源。系统电源应具有稳压及过电保护措施，以避免受到当地电源波动过大的影响。系统应有可靠的防雷电措施，系统的接地应可靠，接地电阻应满足电气设备接地要求。电缆应加以保护，特别是室外电缆应布设在电缆沟或电缆保护管内。容易受到周围环境影响的传感器应加以保护；安装在露天矿边坡外部的设备，应考虑日照、温度、风沙等恶劣天气对监测设备的影响，必要时应采用特殊的防护措施。在线实时监测系统网络拓扑图如图 6-20 所示。

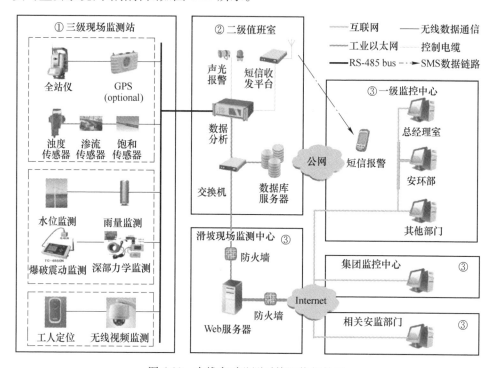

图 6-20　在线实时监测系统网络拓扑图

　　本节建立在线实时监测系统对露天矿边坡表面位移、深部力学量、降雨量、地下水位、地下水压、爆破震动等参量进行在线监测，并对监测数据进行耦合实时分析，进而对边坡安全状态进行多种途径的预警预报，并经由互联网进行远程信息发布。

　　该监测系统包括三级监控平台，其中：

　　（1）三级监测站为现场参数监测站，主要用于表面位移数据提取及传输；

　　（2）二级值班室为数据处理及安全分析站，主要用于数据管理、分析、安全分析及信息的互联网发布；

　　（3）一级监控中心为管理站，监管人员在一级监控中心通过计算机对边坡安全状态进行在线监管。

　　同时，二级值班室信息发布系统的信息还可以远传至矿山监控中心、集团监控中心乃至相关安监部门进行方便快捷的监管。具体网络拓扑图如图 6-20 所示。

6.1.3 系统防雷、供电和通信模式

6.1.3.1 系统防雷模式

（1）多重防雷措施并举，包括防直击雷和防感应雷。防直击雷主要采用预放电避雷针及有效接地来实现；防感应雷包括电源防雷和信号防雷，其中电源防雷主要通过交直流隔离、电源防雷器以及有效接地来实现，而信号防雷则主要通过信号光电隔离及信号防雷器来实现。

（2）所有监测点其主机均安装保护箱内并设置防直击雷避雷针。

（3）所有监测点主机电源采用在线式UPS与外部供电线路进行隔离，并连接电源防雷保护器。

（4）所有监测点主机信号线路设置信号防雷保护器。

（5）所有视频监控摄像机除采用避雷针、电源防雷保护器外，其视频信号线路同样设置信号防雷保护器。

（6）所有设备及其保护箱都严格接地，接地电阻应小于 4Ω。

（7）同一横断面上多个防雷接地点在距离较近时可考虑连接成防雷网。

系统防雷示意图如图 6-21 所示。

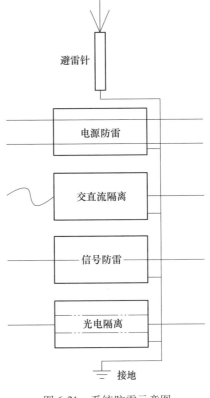

图 6-21 系统防雷示意图

6.1.3.2 系统供电

室外传感器和数据采集设备可以采用太阳能供电，或者直接用 220V 交流电供电。使用交流电方法简单，直接使用电源线与设备连接即可，但是野外布电有时受环境及地理位置的限制导致成本高，施工困难等缺点。太阳能恰好解决这一问题，但太阳能供电也受天气等因素影响，因此要适当选择太阳板的存储容量。太阳能无线供电示意图如图 6-22 所示。

太阳能电源接入方法：架设好由太阳能电池板、电池切换控制器及大容量蓄电池组成的不间断电源供应系统（有条件的地方也可以使用 220V 市电接 UPS 后备电源）后，连接到 VNet 系列接收机的电源输入端及传感器电源接入端。

太阳能发电系统由太阳能电池组、太阳能控制器、蓄电池（组）组成。输

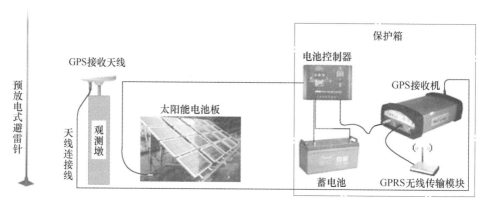

图 6-22　太阳能无线供电示意图

出的电压为 12V，直接供给设备使用，各部分的作用如下。

（1）太阳能电池板。太阳能电池板是太阳能发电系统中的核心部分，也是太阳能发电系统中价值最高的部分。其作用是将太阳的辐射能力转换为电能，或送往蓄电池中存储起来，或推动负载工作。太阳能电池板的质量和成本将直接决定整个系统的质量和成本。

采用平均转换效率在 15% 以上的优质单晶硅太阳电池单片，具有优良的弱光响应性能，符合 IEC61215 和电气保护 II 级标准。太阳能电池转换效率高。而且太阳能电池板阵列一次性性能佳。

太阳能电池板阵列的表面采用高透光绒面钢化玻璃封装，气密性、耐候性好，抗腐蚀。阳极氧化铝边框机械强度高，具有良好的抗风性和防雹性，可在各种复杂恶劣的气候条件下使用，便于安装。太阳能电池板在制造时，先进行化学处理，表面做成了一个像金字塔一样的绒面，能减少反射，更好地吸收光能。采用双栅线，使组件的封装的可靠性更高。太阳能电池板阵列抗冲击性能佳，符合 IEC 国际标准。太阳能电池板阵列层之间采用双层 EVA 材料以及 TPT 复合材料，组件气密性好，抗潮，抗紫外线好，不容易老化。

（2）直流接线盒。采用密封防水、高可靠性多功能 ABS 塑料接线盒，耐老化防水防潮性能好；连接端采用易操作的专用公母插头，使用安全、方便、可靠。带有旁路二极管能减少局部阴影而引起的损害。工作温度为 -40 ~ +90℃，使用寿命可达 20 年以上，衰减小于 20%。

（3）太阳能控制器。太阳能控制器的作用是控制整个系统的工作状态，并对蓄电池起到过充电保护、过放电保护的作用。在温差较大的地方，合格的控制器还应具备温度补偿的功能。其他附加功能如光控开关、时控开关都应当是控制器的可选项。本系统采用规格为 12V/10A 的控制器。

（4）蓄电池。一般为铅酸电池，小微型系统中，也可用镍氢电池、镍镉电池或锂电池。其作用是在有光照时将太阳能电池板所发出的电能储存起来，到需要的时候再释放出来。本系统采用的为铅酸电池，设计容量为120Ah，可以满足阴雨天10天左右工作时间。

6.1.3.3　系统通信

（1）主要采用当地移动 GPRS 传输方式，现场勘察移动的信号良好，能够满足数据传输需要。也方便现场维护方便，并确保实现远程监控与工作维护。

（2）在没有无线平台的地区，可以考虑利用搭建无线网桥或光线完成数据通讯功能，这样成本可能会有所提高。

6.1.4　首采段监测点布设及实施技术规范

6.1.4.1　地表位移监测网设计

青海鸿鑫露天矿首采段最长边620m，短边400m，面积 $16.5 \times 10^4 m^2$。由于边坡相对较长、规模较大，对整个边坡进行多参数监测从资金投入和技术保障上难度都非常大，因此必须以地表位移监测为主导，降雨量监测、水位监测、水压监测、爆破振动监测为辅助，按照一定的设计原则，建立整体位移监测网。另外，考虑到首采段南部边坡属于临时边坡，边坡倾向和岩层倾向大角度相交，边坡相对稳定，为了防止监测费用的浪费，该区段边坡主要以地表位移和爆破振动监测为主。

A　确定监测点位

根据露天矿首采段边坡的实际情况，按照主滑方向和滑动面范围确定测线：

（1）上盘永久边坡测线间距120m，测点密度36m；

（2）下盘永久边坡测线间距80m，测点密度24m；

（3）临时边坡测线间距150m，测点密度48m。

测线上按照一定的密度布设监测点，监测点设置根据台阶高度确定，原则上每个并段台阶上至少有一个监测点。滑坡监测点设计依据国土资源部2004年制定的《三峡库区滑坡地质灾害防治工程设计技术要求》，见表6-2。

表6-2　地质灾害防治工程分级

工程重要性	危及人数	经济损失/亿元	安全系数	
			常态	特殊态
Ⅰ级	≥2000	>1.0	≥1.25	≥1.1
Ⅱ级	300~2000	0.2~1.0	≥1.20	≥1.05
Ⅲ级	<300	<0.2	≥1.15	≥1.00

监测线和监测点的布置，原则上根据滑坡工程的重要性分级，按照表6-3设计标准。

表 6-3　地表位移监测点设计标准

工程重要性	测线间距/m	监测点密度/m
Ⅰ 级	80	12~24
Ⅱ 级	120	36~48
Ⅲ 级	150	60

B　确定基准点位

通常情况下，埋设在比较稳定的基岩或在变形影响范围之外的区域，并且尽可能长期保留，保持其稳定不动。在保持通视的条件下，设置 2~3 个基准点点位即可。根据青海鸿鑫露天矿地形特征，设置 2 个基准点，点位分别布设在上下盘永久边坡稳定区域。

C　确定监测网

充分考虑平面和空间的展布，各测线按照一定规律形成监测网。监测网可以是一次性建设，也可以是分阶段建设。监测网的形成不但在平面，更重要的是要体现在空间上的展布，即在不同的并段台阶面上都要有测点分布。地表位移监测点分布见表 6-4，监测点分布如图 6-23 所示。

表 6-4　首采段地表位移监测点分布设计

边坡类型	编　号	位　置	距主站水平距离/m
永久边坡	Ⅰ-1-1	3504m 台阶	152
	Ⅰ-1-2	3540m 台阶	160
	Ⅰ-1-3	3576m 台阶	176
	Ⅰ-2-1	3504m 台阶	260
	Ⅰ-2-2	3540m 台阶	269
	Ⅰ-2-3	3576m 台阶	286
	Ⅰ-3-1	3504m 台阶	331
	Ⅰ-3-2	3540m 台阶	354
	Ⅰ-3-3	3576m 台阶	380
	Ⅰ-3-4	3612m 台阶	408
临时边坡	Ⅱ-1-1	3504m 台阶	357
	Ⅱ-1-2	3552m 台阶	406
	Ⅱ-1-3	3600m 台阶	453
	Ⅱ-2-1	3504m 台阶	335
	Ⅱ-2-2	3552m 台阶	373
	Ⅱ-2-3	3600m 台阶	417

续表6-4

边坡类型	编 号	位 置	距主站水平距离/m
永久边坡	Ⅲ-1-1	3528m 台阶	267
	Ⅲ-1-2	3552m 台阶	288
	Ⅲ-1-3	3576m 台阶	309
	Ⅲ-1-4	3600m 台阶	331
	Ⅲ-2-1	3528m 台阶	225
	Ⅲ-2-2	3552m 台阶	250
	Ⅲ-2-3	3576m 台阶	271
	Ⅲ-2-4	3600m 台阶	292
	Ⅲ-3-1	3540m 台阶	212
	Ⅲ-3-2	3564m 台阶	236
	Ⅲ-3-3	3588m 台阶	258
	Ⅲ-4-1	3540m 台阶	174
	Ⅲ-4-2	3564m 台阶	192
	Ⅲ-4-3	3588m 台阶	213
	基准点-1	下盘顶部裸露基岩	317
	基准点-2	上盘顶部裸露基岩	382

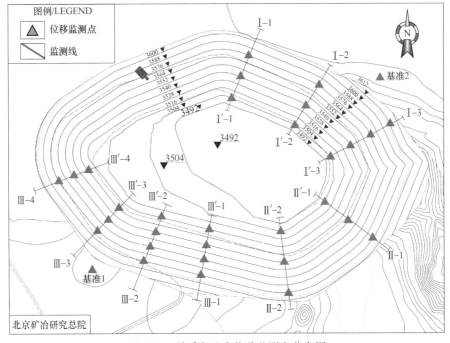

图 6-23　首采段地表位移监测点分布图

D　监测方法

为了降低监测成本，扩大监测面积，以 TM30 系列自动化全站仪监测为主，监测点设置棱镜。棱镜基台可以用无缝钢管也可以用砖混结构。基台埋深 0.5m，监测原理如图 6-24 所示。

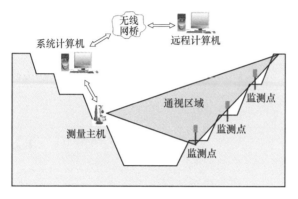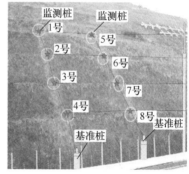

图 6-24　监测网构成和自动化控制系统

E　现场实施技术规范

（1）基准点观测桩建设：基准点观测桩应严格按照图纸施工，其设计如图 6-25 所示。

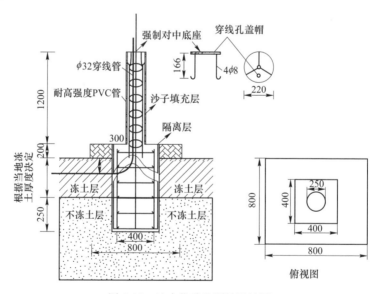

图 6-25　地表位移监测桩设计图

（2）基准点观测桩混凝土浇筑。

1）采用的水泥标号不小于 325。制作不受冻融影响的混凝土标石，应优先采用矿渣和火山灰质水泥，不得使用粉煤灰水泥。制作受冻融影响的混凝土标石，宜使用普通硅酸盐水泥。在制作受盐碱、海水或工业污染水侵蚀地区的标石时，需使用抗硫酸盐水泥。在沙漠、戈壁等干燥环境中的标石，不得使用火山灰质水泥。

2）石子采用级配合格的 5~40mm 的天然卵石或坚硬碎石，不宜采用同一尺寸的石子。

3）砂子采用 0.15~3mm 粒径的中砂，含泥量（质量分数）不得超过 3%。

4）水需采用清洁的淡水，硫酸盐含量（质量分数）不得超过 1%。

5）外加剂可根据施工环境选用，如早强剂、减水剂、引气剂等，其质量应符合相应规定，不得使用含氯盐的外加剂。

6）混凝土配置时其骨料配置及水泥、水、砂的用量及配合比例参照表 6-5。

表 6-5　混凝土材料配置及用量表

骨料种类	级配粒径 /mm	水	水泥	砂	石	配合比例
		质量/kg（体积/m³）	质量/kg（体积/m³）	质量/kg（体积/m³）	质量/kg（体积/m³）	
碎石	5~40	180	300	600	1226	0.6：1：2.2：4.09
		(0.18)	(0.30)	(0.44)	(0.82)	0.6：1：1.47：2.73
卵石	5~40	170	285	672	1248	0.6：1：2.36：4.38
		(0.17)	(0.28)	(0.45)	(0.83)	0.6：1：1.61：2.96

7）调制混凝土，需要先将砂石洗净，浇灌标石时，需要逐层充分捣固。

8）气温在 0℃ 以下时，需要加入防冻剂，拆模时间不得少于 24h。

9）拆模时间可以根据气温和外加剂性能决定，一般条件下，平均气温 0℃ 以上时，拆模时间不得少于 12h。

（3）变形点监测桩。变形点监测桩可以利用无缝钢管，内充混凝土，埋深基岩 30cm 即可。

6.1.4.2　降雨量监测点设计

在青海鸿鑫露天矿边坡附近建设一个降雨量自动监测点。本次拟选用容栅式雨量计，该雨量计通过容栅位移传感器检测降雨量的大小，由于容栅传感器的分辨率是 0.01，容栅雨量计的计量非常准确。另外，该雨量计采用上下电动阀控制进水和排水，又使得容栅雨量计在记录降水过程中雨量不流失，保证计量的准确性。容栅雨量计设置的基本要求如下。

（1）监测点选取。避开强风区，其周围应空旷、平坦、不受突变地形、树木和建筑物的影响。降雨量监测点距离边坡直线距离小于 1km。根据监测精度和监测范围（125ha），青海鸿鑫露天矿拟设置降雨量监测点 1 个。

（2）监测精度。当地区多年平均降雨量小于 800mm 地区，精度为 0.5mm；当多年平均降雨量大于 800mm 地区，精度为 1mm，如图 6-26 所示。

图 6-26　降雨量自动监测系统

（3）基台现场实施技术规范。雨量计基台设计如图 6-27 所示。

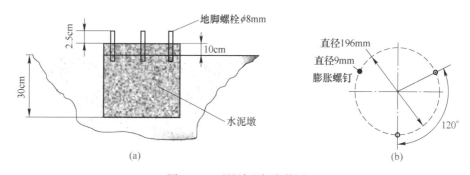

图 6-27　雨量计现场安装图

（a）雨量计水泥墩；（b）雨量计固定螺丝位图

（1）在混凝土基础上建设，依照 30cm×30cm×45cm 设计，要凿开原有混凝土至少 15cm，用清水冲洗干净，露出原有钢筋。根据雨量计本身需求，设计基台不需要配筋，砖石结构即可，在原有 24 基台上外涂抹砂灰厚度不小于 30mm，并外观抛光处理，并在基台顶端预埋固定钢件。

（2）在土质基础上建造，依照 30cm×30cm×70cm 设计，埋地深度不得小于 50cm；同时在基础周边 20cm 内以硬质砂子或砂石填埋夯实，确保稳定，并在基台顶端预埋固定钢件。

6.1.4.3 深部滑动力监测点设计

A 监测点选取

滑动力监测点建设成本较高,因此必须选择在危险监测区或重点监测区域内建立示范工程。重点区域是指露天矿边坡下方临近河流、居民房、厂房、铁路、公路等区域,危险监测区指露天矿山历史滑坡区、节理和断层发育区、岩石破碎区等。在这些区域要进行重点监测,采用的方法不能局限于一种或两种,要基于信息融合技术进行综合监测。

重点区和危险区深部滑动力监测点和监测线布置标准见表6-6。对于现场可疑点位,或者已经出现裂缝,或变形的点位设置不受监测网的限制。

表 6-6 滑动力监测点设计标准

工程重要性	测线间距/m	监测点密度/m
Ⅰ级	40	30
Ⅱ级	60	60
Ⅲ级	80	90

青海鸿鑫露天矿重点监测区域有以下两处。

(1)采场下盘监测区。该区域岩体完整性较差、第四系覆盖层厚度较大、边坡倾向与岩层倾向一致,易发育顺层滑坡灾害;另外本区域虽然为首采段,但是形成的边坡为最终边坡,边坡的稳定与否严重威胁着下方矿产资源的安全开采,并且影响时间贯穿整个采矿周期,因此在该区域建立深部滑动力监测点。

(2)采场北端帮。该区域为地表位移监测站建设场地,由于无法设置地表位移监测,为了确保监测站的稳定,拟在该区域建立深部滑动力监测点。

在上述两个区域共布设深部滑动力智能监测点9个,其中下盘监测区布设滑动力监测点6个,北端帮监测区布置滑动力监测点3个,具体分布如图6-28和表6-7所示。

各监测断面如图6-29所示。

B 监测精度与现场实施技术规范

根据现场边坡岩土体完整性等级和破碎情况。

(1)松散碎裂岩土体,精度为1kN,力学传感器峰值荷载为1500~2000kN。

(2)完整岩体,精度为0.5kN,力学传感器峰值荷载为2500~3000kN。

现场实施技术规范如下。

(1)锚索施工工序为:整理坡面→确定孔位→钻孔→清孔→锚索制安→注浆→支模→绑扎钢筋→浇注锚墩→养护→张拉锁定。

(2)每根锚索的预应力设计恒阻值为85t,张拉力值150t,锁定值为20t(已经考虑应力损失情况)。

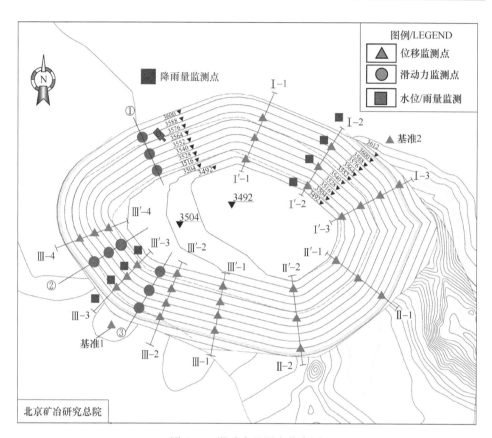

图 6-28　滑动力监测点分布图

表 6-7　青海鸿鑫露天矿滑动力监测点设计参数表

监测点号	总长/m	锚固段长/m	自由段长/m	恒阻值/t	张拉值/t	锁定值/t
No. 1-1	42	8	34	85	150	20
No. 1-2	42	8	34	85	150	20
No. 1-3	65	12	53	85	150	20
No. 2-1	64	12	52	85	150	20
No. 2-2	64	12	52	85	150	20
No. 2-3	42	8	34	85	150	20
No. 3-1	50	11	39	85	150	20
No. 3-2	72	13	59	85	150	20
No. 3-3	42	8	34	85	150	20
合计	483	92	391	—	—	—

注：实际孔深根据现场钻探情况确定，由建设单位、设计单位和施工单位三方确认生效。

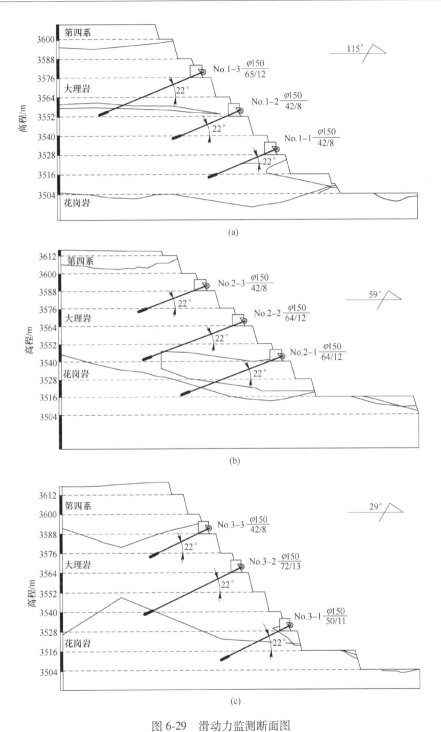

图 6-29　滑动力监测断面图

（a）①号监测断面；（b）②号监测断面；（c）③号监测断面

（3）锚索孔位测放力求准确，偏差不得超过±10cm，钻孔倾角按设计倾角允许误差±2°；考虑沉渣的影响，为确保锚索深度，实际钻孔要大于设计深度1.0m。

（4）锚索成孔禁止开水钻进，以确保锚索施工不至于恶化边坡工程地质条件。钻进过程中应对每孔地层变化（岩粉情况）、进尺速度（钻速、钻压等）、地下水情况以及一些特殊情况作现场记录。若遇塌孔，应采取跟管钻进。

（5）锚索孔径150mm，成孔后的孔径不得小于该值。钻孔完成之后必须使用高压空气（风压0.2~0.4MPa）清孔，将孔中岩粉全部清除孔外，以免降低水泥砂浆与孔壁土体的黏结强度。

（6）锚索材料采用高强度、恒阻、防断预应力钢绞线，直径$\phi15.24$mm，强度1860级。要求顺直、无损伤、无死弯。

（7）锚固段必须除锈、除油污，按设计要求绑扎架线环和箍线环（箍线环采用$\phi8$钢筋焊接成内径为4.0cm的圆环，锚索由其内穿过）；架线环与箍线环间距0.75m，箍线环仅分布在锚固段，与架线环相间分布，自由段除锈后，涂抹黄油并立即外套波纹管，两头用铁丝箍紧，并用电工胶布缠封，以防注浆时浆液进入波纹管内。

（8）锚索下料采用砂轮切割机切割，避免电焊切割。考虑到锚索张拉工艺要求，实际锚索长度要比设计长度多留2.0m，即锚索长度L锚＝L锚固段+L自由段+2.0m（张拉段）。锚具采用QM15-10型。

（9）锚索孔内灌注水灰比0.45，灰砂比1∶1砂浆体强度不低于30MPa。采用从孔底到孔口返浆式注浆，注浆压力不低于0.3MPa，并应与锚索拉拔试验结果一致。当砂浆体强度达到设计强度80%后，方可进行张拉锁定。

（10）锚索下端部锥形体和套管间放置树脂药卷，利用树脂药卷黏结力使其成为一个整体。套管和孔壁利用高压注浆措施进行锚固。

（11）锚墩采用C25钢筋砼现场浇注，浇注时预埋QM锚垫板及孔口PVC管。

（12）锚索张拉作业前必须对张拉设备进行标定。正式张拉前先对锚索行1~2次试张拉，荷载等级为0.1倍的设计拉力。

（13）锚索张拉分预张拉、张拉、超张拉进行，每级荷载分别为设计拉力的0.25倍、0.5倍、0.75倍、1.2倍，除最后一级需要稳定2~3天外，其余每级需要稳定5~10min，分别记录每一级锚索的伸长量。在每一级稳定时间里必须测读锚头位移5次。

6.1.4.4　水文监测点设计

监测点选取：水文监测点包含水位监测、水压监测、水温监测等。水文监测点位横向布置宜选在有代表性且能控制主要渗流情况区域，一般不少于两个，并尽量与位移监测断面相结合。测压管深度（点位埋深）应参考实际浸润线深度确定。水文监测点布置要求见表6-8。

表6-8　水文监测点布置要求

点位布置	一般要求	埋深应参考实际浸润线深度确定
	横向	有代表性且能控制主要渗流情况区域，一般不少于两个，并尽量与位移监测断面相结合
	纵向	尽量在滑坡中部

根据现场含水层分布和涌水量实测资料，青海鸿鑫露天矿拟设置两条水文监测测线，测线分布在采场上盘和下盘永久边坡上，每条测线布置四个水文监测点，监测点间距36~48m，根据每组监测数据，可以确定该断面水位、孔隙水压力分布特征，及其渗流场演变特征。水文监测参数见表6-9。

表6-9　青海鸿鑫露天矿水文监测点设计参数表

监测点号	钻孔深度/m	钻孔孔径/mm	钻孔位置
上盘-1	待定	110	3504m 台阶
上盘-2	待定	110	3540m 台阶
上盘-3	待定	110	3576m 台阶
上盘-4	待定	110	3612m 台阶
下盘-1	待定	110	3516m 台阶
下盘-2	待定	110	3552m 台阶
下盘-3	待定	110	3588m 台阶
下盘-4	待定	110	3612m 台阶

注：由于无法确定水位埋深，因此需要以现场实测为准。

精度要求：测量误差应小于10mm。

现场实施技术规范如下：

（1）初步检验及率定；

（2）获取零读数；

（3）在钻孔中的安装。

各类型的渗压计无论在有套管或无套管的钻孔里，都可以单支安装或多支安装，如果在一个特殊的地区监测微孔压力，就要特别注意钻孔的密封。推荐在钻孔中安装时使用加厚的聚乙烯护套供电电缆。

　　新造孔测压管采用 φ 75×5mm PVC 管，管下端封闭，在封闭端的管壁上钻孔，孔径 5mm，孔间纵距 100mm，每周共四个孔，钻孔段长度不少于 1m，在钻孔段外包裹一层土工布。

　　安装时不能使用随时间迅速下沉的材料（如返料）。钻孔应该钻至渗压计预定位置以下 15~30cm，并应洗净钻孔，然后将孔的底部用干净的细沙回填到渗压计端头以下 15cm 时，即可放入渗压计，最好是将渗压计封装在一个砂袋里，保持干净。用水浸透砂子，然后放到位（在电缆上做标志），仪器在这个位置时，应环绕渗压计周围放进干净的砂子，砂子可以放到渗压计以上 15cm。典型孔的安装如图 6-30 所示。

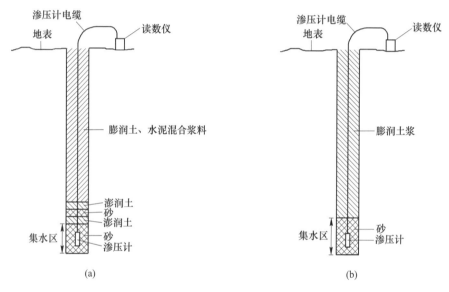

图 6-30　典型孔的安装
（a）A 类安装；（b）B 类安装

　　一旦到了"集水区"，就要将孔密封，可用两种方法，一是用膨润土和适量的砂回填交替层约 25cm，然后用普通的土回填，或是用不透水的膨润土与水泥浆的混合物回填。如果在一个单孔里安装多支渗压计，膨润土与砂应回填到上部渗压计的下部，并以每两个渗压计之间的距离为间隔交替进行。在设计与使用填塞工具时特别要小心，避免损坏渗压计的电缆。集水区不需要很大的尺寸，渗压计可以与大多数材质接触，因为这些材料的颗粒不能通过过滤器。

　　渗压计的饱和与处理方法如下：

　　（1）渗压计在安装前，应排除透水石内腔体中的空气，否则安装后将会产生严重的滞后或测量误差甚至读数不稳，因此排气是必须的；

（2）最恰当的方法是将渗压计前端的透水石取下，然后将渗压计完全浸泡在盛满净水的容器中，在水下将透水石缓慢重新装回渗压计上，并在安装前一直浸泡在水中；

（3）有时需要使用砂袋将渗压计包裹，这个过程可与上述操作一并进行，包裹后的渗压计也应在安装前一致浸泡在水中。

6.1.4.5 爆破震动监测点设计

A 确定监测点位

根据设计要求，将爆破震动测点布置在边坡表面固定岩体上。安装传感器时必须安装稳固，否则质点的速度监测数据将产生失真现象，一般采用石膏固定传感器效果较好，应要注意对传感器的保护，使其避免受到爆破碎石或其他物体的物理性损伤。另外必须注意传感器的方向性，监测点布置原则如下：

（1）最大震动断面发生的位置和方向监测；

（2）爆破地震效应跟踪监测；

（3）爆破地震衰减规律监测。

根据上述原则和爆破地震的传播规律和以往经验，露天矿山边坡监测点布置在距离爆破中心最近的边坡台阶表面，首采段拟建立 8 个爆破振动监测点，为了能够分析爆破振动衰减规律，在采场边坡四周各布置一组爆破振动监测点，每组设置监测点 2 个，编号分别为：B-i（i = 1，2，3，…，8），具体分布如图 6-31 所示。

B 现场实施技术规范

（1）传感器的测量方向必须准确，安装时应使用水平尺和罗盘，对传感器的安装进行调平及调方向，确保三维测量方向的正确。

（2）传感器安装位置应选择在与被监测物形成一体的结构上，并选取离爆破点最近的位置。

（3）传感器必须与被监测物可靠黏结，黏结剂可选择石膏粉、AB 胶，也可以选择以夹具或磁座方式，与被测物形成刚性连接。

（4）传感器与仪器的连接必须可靠，连接完成后，可以轻拽线缆，确认线缆已经接好；仪器进入信号等待状态后，轻轻用手敲击传感器，观察仪器是否记录，确保传感器及仪器的可靠工作。

6.1.4.6 综合监测点设计

按照上述监测内容和监测点分布特征，统计出青海鸿鑫矿业露天矿首采段边坡综合监测点分布，见表 6-10。

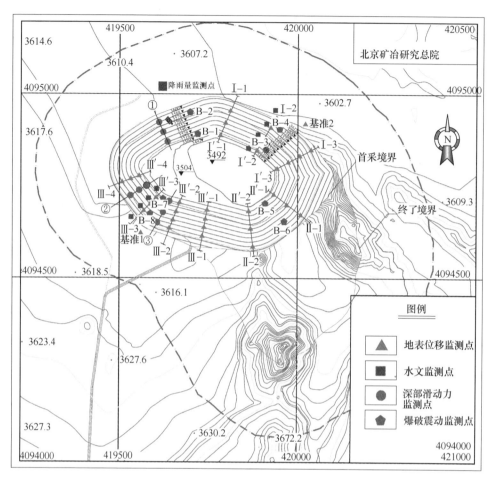

图 6-31　青海鸿鑫露天矿综合监测点平面分布图

表 6-10　首采段监测内容及综合监测点分布统计表

序号	监测项目	仪器名称	监测线/条	仪器设计量/套	工程部位
1	地表位移监测	自动全站仪	9	32	采场上盘、下盘、南帮
2	深部滑动力监测	三弦式力学传感器	3	9	采场下盘、北帮
3	渗透压监测	渗压计	2	8	上盘、下盘
4	降雨量监测	雨量计	1	1	全采场
5	爆破震动监测	测振仪	4	8	采场上盘、下盘、南帮、北帮

注：由于无法确定水位埋深，因此需要以现场实测为准。

6.1.5 最终边坡监测点布设及实施技术规范

6.1.5.1 地表位移监测网设计

青海鸿鑫露天矿最终边坡长边 786m，短边 513m，面积 $3.0×10^5 m^2$。最终边坡综合监测以地表位移监测为主导，降雨量监测、水位监测、水压监测、爆破振动监测为辅助，按照一定的设计原则，建立整体位移监测网。

（1）确定监测点位。

1）上盘永久边坡测线间距 120m，测点密度 36m；

2）下盘永久边坡测线间距 80m，测点密度 24m；

3）南端帮测线间距 120m，测点密度 36~48m。

滑坡监测点设计依据详见表 6-2。监测线和监测点的布置按照表 6-3 设计标准。

（2）确定基准点位。最终边坡的地表位移监测，仍采用首采段边坡设置的两个基准点进行观测，不再单独设置基准点。

（3）确定监测网。地表位移监测点分布见表 6-11 所示，监测点分布如图 6-32 所示。

表 6-11 最终边坡地表位移监测点分布设计

工程部位	序号	监测点编号	监测点位置	距主站水平距离/m
上盘边坡	1	Ⅰ-1-1	3504m 台阶	152
	2	Ⅰ-1-2	3540m 台阶	160
	3	Ⅰ-1-3	3576m 台阶	176
	4	Ⅰ-2-1	3504m 台阶	260
	5	Ⅰ-2-2	3540m 台阶	269
	6	Ⅰ-2-3	3576m 台阶	286
	7	Ⅰ-3-1	3504m 台阶	372
	8	Ⅰ-3-2	3540m 台阶	391
	9	Ⅰ-3-3	3576m 台阶	408
	10	Ⅰ-3-4	3612m 台阶	429
	11	Ⅰ-4-1	3516m 台阶	500
	12	Ⅰ-4-2	3552m 台阶	530
	13	Ⅰ-4-3	3588m 台阶	564
	14	Ⅰ-4-4	3624m 台阶	594
南端帮边坡	15	Ⅱ-1-1	3504m 台阶	615
	16	Ⅱ-1-2	3552m 台阶	646

工程部位	序号	监测点编号	监测点位置	距主站水平距离/m
南端帮边坡	17	Ⅱ-1-3	3600m 台阶	675
	18	Ⅱ-2-1	3528m 台阶	622
	19	Ⅱ-2-2	3564m 台阶	652
	20	Ⅱ-2-3	3600m 台阶	682
	21	Ⅱ-2-4	3648m 台阶	721
	22	Ⅱ-3-1	3540m 台阶	519
	23	Ⅱ-3-2	3564m 台阶	523
	24	Ⅱ-3-3	3588m 台阶	527
	25	Ⅱ-4-1	3540m 台阶	406
	26	Ⅱ-4-2	3564m 台阶	412
	27	Ⅱ-4-3	3588m 台阶	418
下盘边坡	28	Ⅲ-1-1	3528m 台阶	267
	29	Ⅲ-1-2	3552m 台阶	288
	30	Ⅲ-1-3	3576m 台阶	309
	31	Ⅲ-1-4	3600m 台阶	331
	32	Ⅲ-2-1	3528m 台阶	225
	33	Ⅲ-2-2	3552m 台阶	250
	34	Ⅲ-2-3	3576m 台阶	271
	35	Ⅲ-2-4	3600m 台阶	292
	36	Ⅲ-3-1	3540m 台阶	212
	37	Ⅲ-3-2	3564m 台阶	236
	38	Ⅲ-3-3	3588m 台阶	258
	39	Ⅲ-4-1	3540m 台阶	174
	40	Ⅲ-4-2	3564m 台阶	192
	41	Ⅲ-4-3	3588m 台阶	213
	42	基准点-1	下盘顶部裸露基岩	317
	43	基准点-2	上盘顶部裸露基岩	382

最终边坡地表位移监测方法和施工技术规范参照首采段设置。

6.1.5.2　深部滑动力监测点设计

在采场下盘监测区和采场北端帮的最终边坡区域共布设深部滑动力智能监测点 12 个,其中下盘监测区布设滑动力监测点 9 个,北端帮监测区布置滑动力监

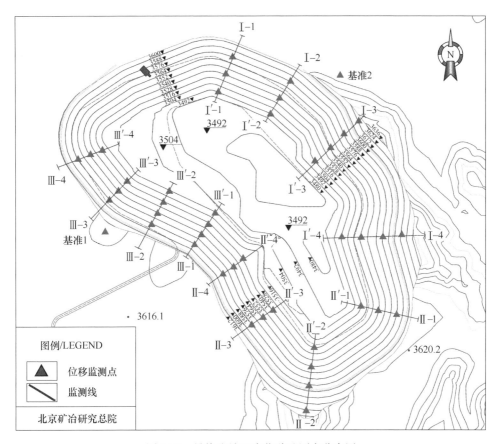

图 6-32　最终边坡地表位移监测点分布图

测点 3 个。但是由于在首采段设计中已经布设了 9 个监测点，本次只需要补充 3 个监测点即可。具体分布如图 6-33 和表 6-12 所示。

新增④号监测断面如图 6-34 所示。

6.1.5.3　水文监测点设计

最终边坡拟设置三条水文监测测线，测线分布在采场上盘、下盘和南端帮永久边坡上，每条测线布置四个水文监测点，监测点间距 36~48m，监测点分布如图 6-35 所示，监测参数见表 6-13。

6.1.5.4　爆破振动监测点设计

最终边坡的爆破振动监测，仍采用首采段边坡设置的八个爆破振动监测点，不再单独设置基准点，具体分布如图 6-35 所示。

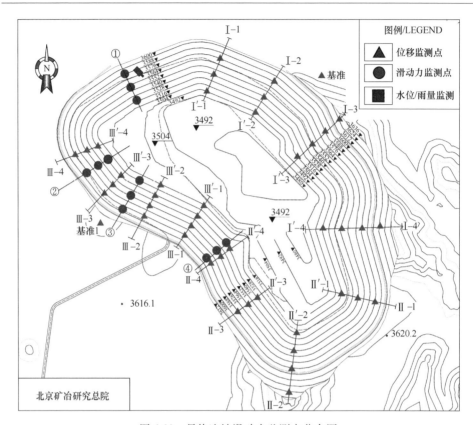

图 6-33　最终边坡滑动力监测点分布图

表 6-12　最终边坡滑动力监测点设计参数表

监测点号	总长/m	锚固段长/m	自由段长/m	恒阻值/t	张拉值/t	锁定值/t
No. 1-1	42	8	34	85	150	20
No. 1-2	42	8	34	85	150	20
No. 1-3	65	12	53	85	150	20
No. 2-1	64	12	52	85	150	20
No. 2-2	64	12	52	85	150	20
No. 2-3	42	8	34	85	150	20
No. 3-1	50	11	39	85	150	20
No. 3-2	72	13	59	85	150	20
No. 3-3	42	8	34	85	150	20
No. 4-1	60	12	48	85	150	20
No. 4-2	54	10	44	85	150	20
No. 4-3	54	10	44	85	150	20
合计	651	124	527	—	—	—

注：实际孔深根据现场钻探情况确定，由建设单位、设计单位和施工单位三方确认生效。

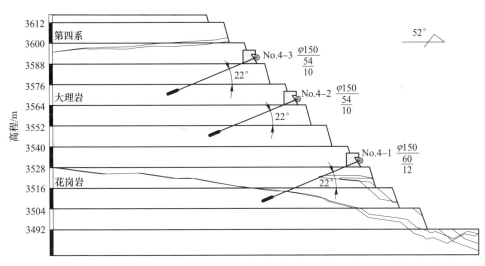

图 6-34 ④号监测断面图

表 6-13 青海鸿鑫露天矿水文监测点设计参数表

监测点编号	钻孔深度/m	钻孔孔径/mm	钻孔位置
U-1	待定	110	3504m 台阶
U-2	待定	110	3540m 台阶
U-3	待定	110	3576m 台阶
U-4	待定	110	3612m 台阶
D-1	待定	110	3516m 台阶
D-2	待定	110	3552m 台阶
D-3	待定	110	3588m 台阶
D-4	待定	110	3612m 台阶
S-1	待定	110	3516m 台阶
S-2	待定	110	3552m 台阶
S-3	待定	110	3588m 台阶
S-4	待定	110	3612m 台阶

注：由于无法确定水位埋深，以"待定"表示，需要以现场实测为准。

6.1.5.5 综合监测点设计

根据上述监测内容和监测点分布特征，统计出青海鸿鑫矿业露天矿最终边坡的综合监测点分布，见表 6-14。

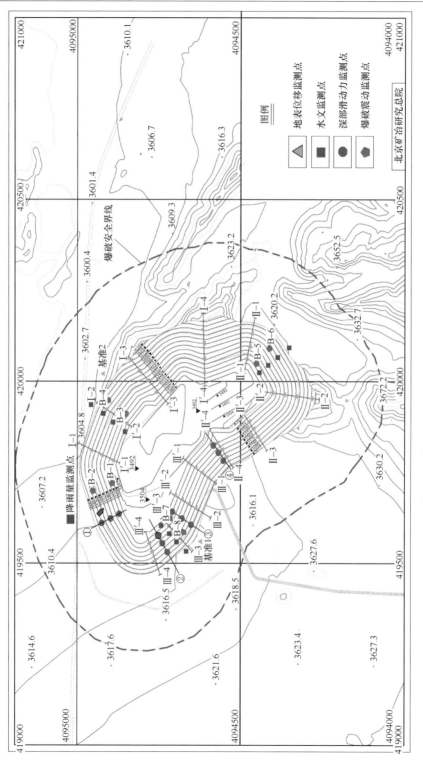

图 6-35　青海鸿鑫露天矿综合监测点平面分布图

表 6-14 最终边坡监测内容及综合监测点分布统计表

序号	监测内容	监测线/条	监测点/个	工程位置
1	地表位移监测	12	43	采场上盘、下盘、南帮
2	深部滑动力监测	4	12	采场下盘、北帮
3	渗透压监测	3	12	上盘、下盘、南端帮
4	降雨量监测	1	1	全采场
5	爆破震动监测	4	8	采场上盘、下盘、南帮、北帮

注　由于无法确定水位埋深，因此需要以现场实测为准。

6.1.6 预警准则和预警等级初步确定

6.1.6.1 地表位移监测预警准则

由于目前还未获得关于青海鸿鑫矿业露天矿的任何基本监测数据，因此本节参考原设计单位对坡体位移预警值的意见并做推荐预警设计如下。

（1）一级预警值（蓝色预警）：水平方向上连续 5 天日平均位移速率超过 1mm/d，且位移方向基本一致；5 日累计位移超过 6mm、期间日平均位移速率超过 0.5mm/d，且方向一致并未见收敛。垂直方向上按水平方向的 2 倍值控制。

（2）二级预警值（黄色预警）：水平方向上连续 5 天日平均位移速率超过 1.5mm/d，且位移方向基本一致；5 日累计位移超过 9mm、期间日平均位移速率超过 0.8mm/d 且方向一致并未见收敛。垂直方向上按水平方向的 2 倍值控制。

（3）三级预警值（橙色预警）：水平方向上连续 5 天日平均位移速率超过 2mm/d，且位移方向基本一致；5 日累计位移超过 15mm、期间日平均位移速率超过 1mm/d，且方向一致并未见收敛。垂直方向上按水平方向的 2 倍值控制。

（4）四级预警值（红色预警）：水平方向上连续 5 天日平均位移速率超过 3mm/d，且位移方向基本一致；5 日累计位移超过 25mm、期间日平均位移速率超过 1.5mm/d，且方向一致并未见收敛。垂直方向上按水平方向的 2 倍值控制。

监测系统运行稳定后可将实际监测数据报原设计单位并对预警值进行重新计算和优化调整。

6.1.6.2 深部滑动力监测预警准则

A 预警等级

根据边坡稳态确定不同滑坡类型，从而建立四级预警模式，按照边坡的危险程度划分为红（临滑预警）、橙（近滑预警）、黄（次稳预警）、蓝（稳定预警）四种颜色，具体等级及预警准则详见表 6-15。

表 6-15　预警等级及预警准则

预警等级	险情预报	一级准则：滑动力 T/t	二级准则：滑动力增量 $\Delta T/t$		
蓝色	稳定预警	0~30	2~5L 至黄色	5~10L 至橙色	>10L 至红色
黄色	次稳预警	30~60			
橙色	近滑预警	60~90			
红色	临滑预警	90 以上			

注：滑动力 $T = T_n - T_0$；滑动力增量 $\Delta T = T_n - T_{n-1}$；初始预应力 $T_0 = 30t$。

B　预警模式

基于滑动力监测原理，对大量实测曲线进行分析，根据滑动力随时间变化的特征提出了稳定模式、潜在不稳定模式、裂缝模式和滑移模式四种预警模式。

（1）稳定模式：滑动力随着时间 t 的延续没有明显变化，表明边坡处于稳定状态，如图 6-36(a) 所示。

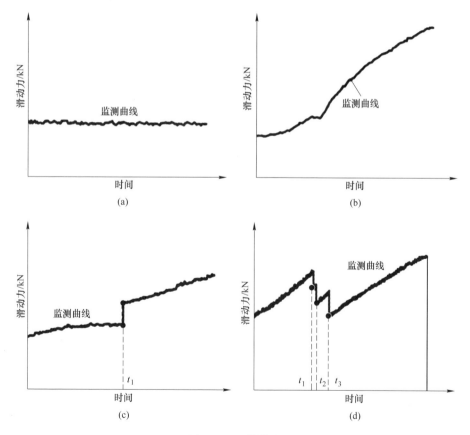

图 6-36　预警模式

（a）稳定模式；（b）潜在不稳定模式；（c）裂缝模式；（d）滑移模式

（2）潜在不稳定模式：随着时间 t 的延续，滑动力监测曲线上升，表明边坡处于潜在不稳定状态，如图 6-36(b)所示。

（3）裂缝模式：滑动力监测曲线产生突然上升的跳跃，表明边坡表面出现裂缝，根据大量实测数据总结得出，大跳跃表示大裂缝，小跳跃表示小裂缝，如图 6-36(c)所示。

（4）滑移模式：滑动力监测曲线出现近垂直的突降，这时现场边坡出现滑移现象，多次突降现象后，边坡失稳发生滑坡，如图 6-36(d)所示。

6.1.6.3　降雨量监测预警准则

国家气象局按照日降雨量（24h 内的降雨量）指标划分为六个等级，见表 6-16。

表 6-16　降雨量级别

序号	日降雨量/mm	等　级
1	<10	小雨
2	10.0~24.9	中雨
3	25.0~49.9	大雨
4	50.0~99.9	暴雨
5	100.0~250.0	大暴雨
6	>250.0	特大暴雨

来源：国家气象局。

现参考降雨级别对降雨量推荐预警设计如下：

（1）一级预警值（蓝色预警）——降雨速率 1.0mm/min、小时降雨量 15mm、日降雨量 50mm；

（2）二级预警值（黄色预警）——降雨速率 2.0mm/min、小时降雨量 30mm、日降雨量 100mm；

（3）三级预警值（橙色预警）——降雨速率 3.0mm/min、小时降雨量 45mm、日降雨量 150mm；

（4）四级预警值（红色预警）——降雨速率 4.0mm/min、小时降雨量 60mm、日降雨量 200mm。

监测系统运行稳定后可根据当地水文气象资料以及实际监测数据对预警参数进行优化调整。

6.1.7 露天矿山滑坡成功预警实例

6.1.7.1 某露天矿"7·31滑坡"和"8·5滑坡"成功预报

2010年7月，开挖和降雨联合诱发采场526m平台发生滑动力缓慢上升。7月20日10点10分，综合监测系统发出预警信息；7月26日15点，矿山领导根据滑动力监测曲线，下令危险区内的人员和设备撤离；7月31日10点05分，监测曲线突降，526m台阶发生局部滑移，滑移距离约1m，伴随滑移大量直径约1~2m的块石沿着坡面滚落到采场作业区内，如图6-37所示。由于撤离及时，避

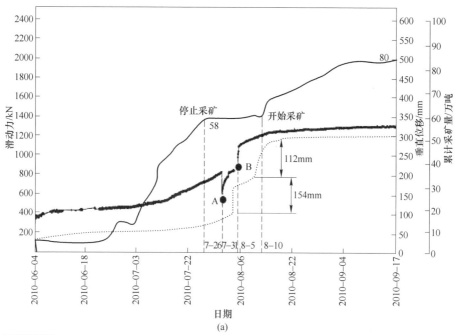

(a)

A点：526m平台发生滑移，两侧落差1m

B点：裂缝平均宽度1.2m，长48m

(b)

图6-37 "7·31滑坡"和"8·5滑坡"成功预报实例

(a) 监测曲线；(b) 现场破坏特征

免了滚石和滑体对人员和设备的损害，回避经济损失 15696 万元。

6.1.7.2 某露天铁矿"10·5 滑坡"成功预报

2011 年 10 月，开挖和降雨联合诱发采场 334m 平台发生滑动力缓慢上升。10 月 2 日 12 点整，监测系统发出预警信息；10 月 3 日 8 点，矿山领导根据滑动力监测曲线，下令危险区内的人员和设备撤离；10 月 5 日 21 点，监测曲线突降，334m 台阶发生滑坡灾害，滑坡体长 50m，高约 36m，滑体规模 $7.2 \times 10^3 m^3$，如图 6-38 所示。由于撤离及时，避免了滑坡对人员和设备的损害，回避经济损失 1152 万元。

6.1.7.3 某露天铁矿"8·4 滑坡"成功预报

2012 年 8 月 4 日，"达维"台风诱发采场 526m 平台发生滑动力缓慢上升。8 月 4 日 9 点 20 分，9 套监测系统发出预警信息；8 月 4 日 10 点 30 分，矿山领导根据滑动力监测曲线，下令 9 个监测点构成的危险区内人员和设备撤离；8 月 4 日 16 点，监测曲线突变，526m 台阶发生两处局部滑塌灾害，南侧下沉 1.03m，北侧下沉 0.98m，伴随着滑塌灾害的发生，0.7～1.8m 直径的石块沿着坡面从 526m 台阶滚落到采场底部作业区，如图 6-39 所示。由于撤离及时，避免了滑坡对人员和设备的损害，回避经济损失 6686 万元。

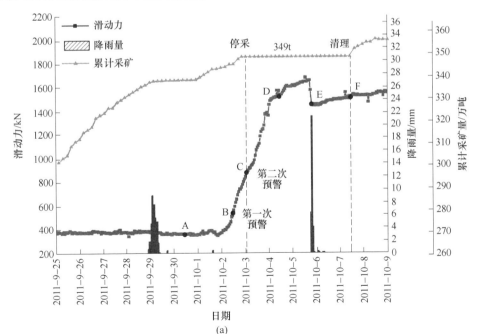

(a)

(b)

图 6-38　"10·5 滑坡"成功预报实例

（a）监测曲线；（b）现场破坏特征

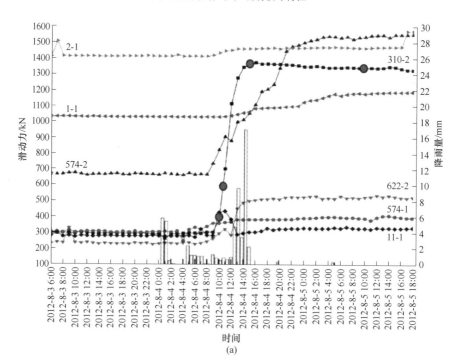

时间

(a)

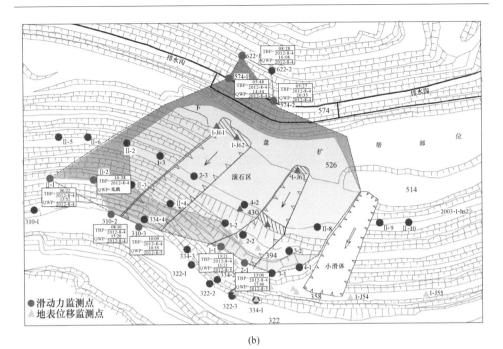

(b)

(c)　　　　　　　　　　　　　　　　(d)

图 6-39　"8·4 滑坡"成功预报实例

（a）监测曲线；（b）监测平面；（c）北侧滑坡；（d）南侧滑坡

扫描二维码
查看彩图

6.1.7.4　某露天铁矿"2·23 滑坡"和"2·25 滑坡"成功预报

2013 年 2 月 23 日，开挖诱发采场 502～526m 平台发生滑动
力缓慢上升。2 月 23 日 16 点整，监测系统发出预警信息；2 月 23 日 16 点 30
分，矿山领导根据滑动力监测曲线，下令危险区内的人员和设备撤离；2 月 23
日 22 点，监测曲线突降，505～526m 台阶发生滑坡灾害，滑体长 50m，高约
24m，滑体体积约 1.12×10⁴m³，提前 6h 发出了预警信息。

　　2013 年 2 月 25 日，开挖诱发采场 502~526m 平台再次发生滑动力缓慢上升。2 月 25 日 14 点，监测系统发出预警信息；2 月 25 日 14 点 30 分，矿山领导根据滑动力监测曲线，下令危险区内的人员和设备撤离；2 月 25 日 20 点整，监测曲线突降，505~526m 台阶再次发生滑坡灾害，滑体长 40m，高约 24m，滑体体积约 $7.08 \times 10^3 m^3$，提前 6h 发出预警信息，如图 6-40 所示。由于撤离及时，避免了滑坡对人员和设备的损害，回避经济损失 1720 万元。

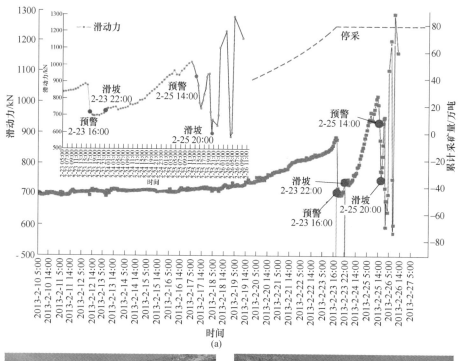

(a)

(b)

(c)

图 6-40　"2·23 滑坡"和"2·25 滑坡"成功预报实例

(a) 监测曲线；(b) "2.23 滑坡"现场特征；(c) "2.25 滑坡"现场特征

扫描二维码

查看彩图

6.2 边坡工程防护措施

6.2.1 各分区防治对策

按照本次调查的最终目的，现对每个工程地质分区的防治对策给予综合研究，并将研究结果用表格的形式列出，详见表6-17。

表 6-17 露天矿采场边坡综合防治对策

序号	分区编号	防 治 对 策	备 注
1	①区	(1) 边坡浮石清理； (2) 截碴平台清理； (3) 疏干孔工程； (4) 滚石或崩塌体防护网； (5) 第四系松散岩体喷砼加固工程	最终边坡
2	②区	(1) 边坡浮石清理； (2) 截碴平台清理； (3) 疏干孔工程； (4) 滚石或崩塌体防护网	最终边坡
3	③区	(1) 边坡浮石清理； (2) 截碴平台清理； (3) 疏干孔工程； (4) 滚石或崩塌体防护网； (5) 碎裂岩体全长黏结锚杆+挂网+喷砼局部加固工程	最终边坡
4	④区	(1) 边坡浮石清理； (2) 截碴平台清理； (3) 疏干孔工程； (4) 坡脚支挡工程； (5) 第四系松散岩体喷砼加固工程； (6) 碎裂岩体全长黏结锚杆+挂网+喷砼局部加固工程	最终边坡
5	⑤区	(1) 边坡浮石清理； (2) 截碴平台清理； (3) 疏干孔工程； (4) 坡脚支挡工程； (5) 滚石或崩塌体防护网	最终边坡
6	⑥区	(1) 边坡浮石清理； (2) 截碴平台清理； (3) 滚石或崩塌体防护网	临时边坡

注：为了描述方便，将首采区南帮统一划分为⑥区。

边坡稳定性综合治理加固工程分布如图 6-41 所示。

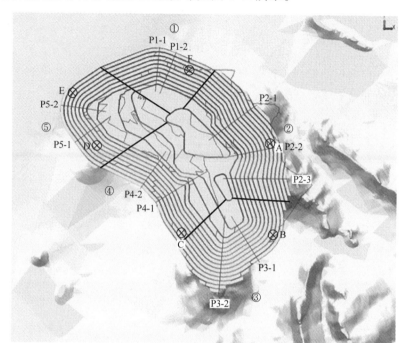

注：为了描述方便，将首采区南帮统一划分为⑥区。

（1）①区边坡以反倾为主，并且第四系覆盖层较厚，防护工程必须充分考虑滚石、崩塌和第四系局部滑塌等灾害，详细防治工程见表 6-17；

（2）②区边坡以反倾为主，并且第四系覆盖层较薄，防护工程必须充分考虑滚石、崩塌和裂隙水等灾害，详细防治工程见表 6-17；

（3）③区边坡与岩层大角度相交，相对稳定，并且第四系覆盖层较薄，防护工程以防止滚石、崩塌和裂隙水等灾害为主，详细见表 6-17；

（4）④区边坡以顺层为主，并且第四系覆盖层较厚，防护工程必须充分考虑滚石、崩塌和第四系局部滑塌、裂隙水、坡脚扰动失稳破坏等灾害，详细防治工程见表 6-17；

（5）⑤区边坡以顺层为主，但第四系覆盖层较薄，防护工程以裂隙水、坡脚扰动失稳灾害防护为主；

（6）⑥区边坡是临时边坡，不需要进行大型边坡防护工程，以浮石清理、滚石和崩塌灾害防护为主。

图 6-41　青海鸿鑫牛苦头露天矿边坡防治措施分布图

6.2.2　截碴平台清理

青海鸿鑫牛苦头露天矿首采区和最终境界内的清扫平台设计每年清扫两次，清理后的岩石运至最近排土场。考虑平台清理作业空间狭小，清扫难度大、设备效率难以发挥，清理岩石费用高于采场相应剥岩工艺环节费用，清扫量乘 1.5 的系数作为最终结算量。

6.2.3　松散岩体表面清理

采掘和扩帮过程中产生的浮石和预留台阶对边坡加固治理工程的顺利实施具有很大的影响，因此必须对坡面现有滑塌堆积体采取人工浮石清理和长臂钩机相结合的措施进行清除，以保证应急治理工程的顺利实施，保障治理效果。具体实施方案如下。

（1）清理内容为破碎松动岩体和危岩体，对局部陡倾坡段进行适当削方及强风化层挖除，坡面清理厚度一般以 0.5m 左右为宜，坡面清理不得有较大的突起和凹陷。

（2）清理施工应采用自上而下的顺序，分区跳段的方式进行，每段施工长度一般应为 15m。任何部位均不得采用自下而上的开挖方式施工。

（3）滑坡松动和坡面破碎松动岩体可采用人工或小型机械进行清理，不得使用爆破方法开挖。

（4）对已清理的切坡，应尽量减少暴露时间，按设计要求及时进行支护加固。

（5）清坡坡面尽量平滑，坡度不得超过设计要求，坡面上的大型孤石应予以清除。

6.2.4　局部钢筋网加固工程

对于①区、④区等第四系覆盖层较厚的分区，另外碎裂岩体发育广泛的区域，采取挂钢筋网的方式进行补强，防止局部失稳影响整体边坡稳定性。钢筋网选用 ϕ10mm 圆筋，网度为 400mm×400mm。挂网短锚杆选用 ϕ18mm 螺纹钢筋，成孔 ϕ45，深度 2m，采用 1∶1 水泥砂浆注浆，短锚杆网度 2000mm×2000mm，如图 6-42 和图 6-43 所示。

按平均面积计算，需材料量见表 6-18。

6.2.5　疏干工程

水是影响边坡稳定性的一个重要因素，岩体内部水对边坡稳定性起着至关重要的影响。因此，为确保牛苦头露天矿最终境界边坡的稳定性，需要按照设计要求进行疏干孔的施工，对深部积水进行疏导排泄。

（1）疏干孔设计方案。根据采场开采进度和地质调查结果，需要在上下盘台阶上设置疏干孔，疏干孔设置间距 50m，每隔一个台阶设置一排疏干孔。设计钻孔直径为 115mm，钻孔深度为 90~100m，仰角 5°~10°。

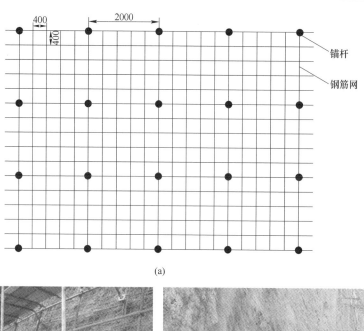

(a)

钢筋网　　　　　　　　　　　　　　　　　　喷砼

(b)

图 6-42　局部钢筋网布置和喷砼施工

（a）钢筋网布置示意图；（b）钢筋网布置现场照片

表 6-18　挂网材料量

种　类	型　号	网度/mm	长度/m	备　注
钢筋	$\phi10$	400×400	待定	按实际工程量确定
锚杆	$\phi18$	2000×2000	待定	按实际工程量确定
水泥砂浆	1∶1	2000×2000	—	按实际工程量确定

施工部位岩体岩石普氏系数 8~12，摩氏系数 5~6；岩层呈片状结构，层间存在夹泥层，岩石裂隙发育，存在潜在滑层，给钻机钻孔带来不便。钻孔位置依据设计，孔间距为 50m 特殊区域需结合现场实际情况确定。

（2）施工过程设计。

1）作业现场安全确认。喷锚网加固设计方案如图 6-43 所示。

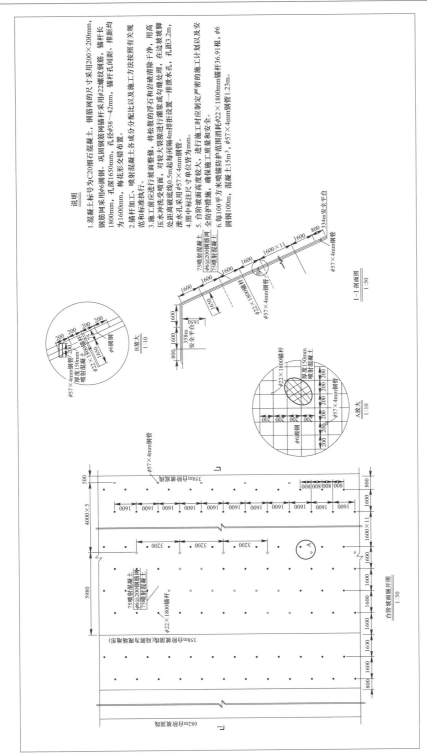

说明

1. 混凝土标号为C20细石混凝土，钢筋网为φ6圆钢。巩固面钢筋网采用200×200mm，钢筋网的尺寸采用200×200mm，锚杆采用φ22螺纹钢筋，锚杆长为1600mm，梅花形交错布置。排距均1800mm，孔深1650mm，孔径φ38～42mm，排距均为1600mm，梅花形交错布置。

2. 锚杆加工、喷射混凝土各成分分配比以及施工方法按照有关规范和标准执行。

3. 施工前应进行坡面整修，将松散的浮石和岩碴清除干净，用高压水冲洗变喷面，对较大裂隙进行灌浆或勾缝处理，在边坡脚处每间隔4m排拒设置一排泄水孔，泄水孔采用φ57×4mm钢管。

4. 图中标注尺寸单位均为mm。

5. 台阶坡面高度较大，进行施工时应制定严密的施工计划以及安全防护措施，确保施工质量和安全。

6. 每100平方米喷锚防护范围消耗φ22×1800mm锚杆36.91根，φ6圆钢100m，混凝土15m³，混凝土1.23m³。

图 6-43 喷锚网加固设计方案

现场安全、生产主管人员安全主管人员对作业现场设备停放部位的安全情况进行详细检查，发现安全隐患，及时整改，并进行复检，保证作业时的安全，并做好详细的安全检查记录。

2）清理边坡及施工场地和道路。

3）定孔位。根据设计图纸和现场实际情况在现场测量放线选定穿凿位。

4）穿凿作业和PPR管加工并验收。CM351钻机行驶到指定位置，钻孔时垂直台阶境界线，钻孔高度距设备作业水平2.5m，钻孔直径115mm，仰角5°~8°，钻孔深度在90~100m。依据对PPR管的技术要求，对PPR管进行加工，如图6-44所示。

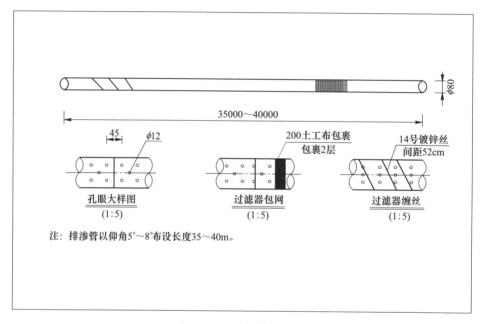

图6-44　排渗管结构图

5）排水管埋设及质量验收。组织人员进行下管，安装导向头，在管的连接处，用管接头连接，速干胶进行加固。安排人员对边坡进行监察，防止掉块，造成人员、设备受伤。

排水管埋设过程，甲方安排人员作为旁站监理，全程监控排水管加工质量及埋设质量。

（3）技术指标。

1）钻孔：钻孔直径115mm，仰角5°~8°，钻孔深度70~100m，钻孔方向垂直台阶境界线，钻孔高度距设备作业水平2.5m。

2）管材：PVC管，外径75mm，壁厚8mm，管壁上有红线或蓝线。在红线或蓝线两侧各 90°范围内钻直径 12mm 渗水孔，沿管长度方向孔距为 100mm，环向布置三排。

3）管材连接：管接头专用快干胶进行黏接。管接头内径不小于 75mm，外径不大于 100mm。

4）管材外包 400g 无纺布，将无纺布裁成 100mm 宽长条，缠在管外壁上，每圈搭接 20mm，缠两层。无纺布固定采用 14 号线螺旋缠绕，缠绕的 14 号线间距 100mm，16 号线两端要穿过渗水孔进行固定。

6.2.6 全长黏结锚杆+挂网+喷砼综合加固工程

对于一些膨胀性较大的岩土体，当边坡岩体发生超过 1m 的裂缝变形时，边坡不发生滑塌破坏。因此，针对膨胀性较强的岩体边坡不能够采用刚性加固策略，如框架梁、挡土墙等结构。而且其他露天铁矿曾在历史上使用过框架梁和挡土墙对边坡进行局部加固，结果随着滑体的变形，框架梁整体破坏，部分锚索被拉断、框架梁结构变形，钢筋外露等现象，如图 6-45 所示。

图 6-45　某露天矿环境下边坡刚性加固治理结构变形破坏

因此，本书针对③区和④区可能出现边坡变形破坏严重的区域建议采用表面挂网喷砼的"刚柔结合"加固措施。该措施的优点既具有框架梁的强度（钢筋混凝土面层），又具有钢筋网的韧性（钢筋网和锚杆持力层），有效的利用混凝土面层和钢筋网自身的强度限制坡面岩石块体的临空向位移，提高边坡岩体的抗变形刚度，增强边坡的整体稳定性。

其技术实施方案如下。

（1）喷砼材料标准为 C20，厚度为 100mm。细度模数大于 2.5 的硬质洁净砂或粗砂，粒径 5~12mm 连续级配碎（卵）石，化验合格的拌合用水。

（2）喷射混凝土严格按照设计配合比拌合及搅拌的均匀性每班检查不少于两次。

（3）喷射混凝土前，认真检查坡面尺寸，对欠挖部分及所有开裂、破碎、崩解的破损岩石进行清理和处理，清除浮石和墙角虚碴。

（4）网片采用成品镀锌机编低碳钢丝网，钢丝直径 2mm，网格尺寸 5cm×5cm，钢丝抗拉强度不小于 380MPa，网片之间采用同规格钢丝绑扎连接。

（5）锚固筋根据实际情况采用"深-浅"搭配布置，锚固筋采用 φ12~16mm 螺纹钢筋制作，长度 0.5~4m，孔径 50mm，孔内灌注水灰比 0.5：1 的纯水泥浆，锚固筋外露端头与镀锌钢丝网绑扎牢固。

（6）为控制砼的厚度，喷射砼前在边坡中钉长 100mm 钢筋作为控制砼保护厚度标志。

（7）钢筋保护层标志安装完后，用水将岩体表面冲刷干净，湿润岩层表面，使砼与岩层良好的黏结在一起。

（8）部分岩壁高度较高需搭设脚手架，搭设脚手架前，先把地面松土浮碴打夯两遍后安装脚手架，脚手架底座采用 300mm×300mm 木板作为垫板，防止脚手架在松土上下沉。搭设脚手架应与边坡岩壁楔紧，脚手架外满挂安全防护网以确保安全。

（9）喷射混凝土分段、分块、自下而上的顺序进行；喷射作业时，喷嘴做反复缓慢的螺旋运动，螺旋直径约 20~30m，以保证混凝土喷射密实。同时掌握风压、水压及喷射距离，减少混凝土的回弹量。

（10）边坡喷射混凝土厚度大于 5cm 时，分两层作业。第二次喷射混凝土如在第一层混凝土终凝 1h 后进行，需冲洗第一层混凝土面，每次喷射厚度控制在 5cm。喷层每隔 20~30m 设 2cm 宽的变形缝，缝内填塞沥青麻筋。

（11）喷射混凝土终凝 2h 后，进行喷水养护，养护时间不少于 14 天。

（12）在有水地段，喷射混凝土采取以下措施。

1）当水量不多时，可设导管引排水后再喷射混凝土；当涌水量范围大时，可设树状导管后喷射混凝土；当涌水严重时可设置泄水孔，然后喷射混凝土。

2）增加水泥用量，改变配合比，喷射混凝土由远而近逐渐向涌水点逼近，然后在涌水点安设导管将水引出，再向导管附近喷射混凝土。

（13）喷射机开始时应先给风，再开机，后送料，结束时待料喷完，先停机，后关风。工作中应经常检查输料管，出料弯管等有无磨薄击穿及连接不牢固的现象，发现问题应及时处理，当喷不出料时，检查输料管是否堵塞，但一定要把喷头避开有人的方向，严防高压水和高压风伤人。

6.2.7　坡脚支挡工程

采场下盘边坡以表层顺层滑坡为主，主要成因为表层岩体沿着结构面从台阶开挖形成的坡脚处滑出。因此本次治理工程要充分考虑到这个现象，重点对部分台阶坡脚进行支挡工程设计。

（1）技术实施方案。本次设计以坡脚重力式挡土墙为主，这种挡土墙能够抵抗侧向压力，用来支撑天然边坡或人工边坡，保持岩体稳定的建筑物。

坡脚重力式挡墙计算参数如下。

1）滑动稳定安全系数：1.4。

2）倾覆稳定安全系数：1.5。

3）基地偏心距容许值：0.250。

4）截面偏心距容许值：0.3。

5）抗震滑动稳定安全系数：1.1。

6）抗震倾覆稳定安全系数：1.2。

本次坡脚重力式支挡结构（见图6-46）采用C15毛石混凝土，毛石粒径20~40cm，可以就地取材，利用扩帮废石充当毛石。

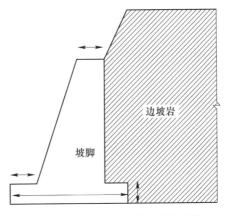

图6-46　坡脚重力式挡土墙示意图

（2）技术工序为：

施工准备→施工放线→基槽开挖→验槽→基础（座浆）砌筑→墙身砌筑→基坑回填夯实→砂浆勾缝→墙顶混凝土抹面→墙背回填。

参 考 文 献

[1] 杨天鸿, 张锋春, 于庆磊, 等. 露天矿高陡边坡稳定性研究现状及发展趋势 [J]. 岩土力学, 2011, 32 (5): 1437-1451, 1472.

[2] 聚焦国土. 百年托起强国梦——中国地质调查百年历史回眸 [J]. 国土资源, 2016 (11): 4-10.

[3] 王森, 陆志宇, 朱新平. 露天矿山边坡稳定性评价的定性分析应用 [J]. 矿业工程, 2018, 16 (1): 12-16.

[4] 刘强, 胡斌, 蒋海飞, 等. 改进的边坡楔形体破坏定性分析方法 [J]. 人民长江, 2013, 44 (22): 69-71, 78.

[5] 伍法权, 徐嘉谟, 王思敬. 尺度相似变换中边坡工程行为变化的定性分析 [J]. 工程地质学报, 1998 (2): 33-38.

[6] 蒋爵光. 用赤平投影进行节理岩体稳定性分析的方法 [J]. 西南交通大学学报, 1985 (2): 37-44.

[7] Romana M R. 23-A Geomechanical Classification for Slopes: Slope Mass Rating [J]. Rock Testing & Site Characterization, 1993 (3): 575-600.

[8] 孙东亚, 陈祖煜, 杜伯辉, 等. 边坡稳定评价方法 RMR-SMR 体系及其修正 [J]. 岩石力学与工程学报, 1997 (4): 4-8, 11.

[9] 陈祖煜. 滑坡和建筑物抗滑稳定分析中的可靠度分析和分项系数设计方法 [C]. 中国水利水电勘测设计协会、中国水利学会水资源专业委员会、中国水力发电工程学会水电站运行管理专业委员会. 水利水电工程风险分析及可靠度设计技术进展. 中国水利水电勘测设计协会、中国水利学会水资源专业委员会、中国水力发电工程学会水电站运行管理专业委员会: 中国水利水电勘测设计协会, 2010: 34-46.

[10] Karhn J. Stability Modeling With SLOPE/W An Engineering Methodology [S]. GEO-SLOPE/W International Ltd. Canada, 2004.

[11] 钱家欢, 殷宗泽. 土工原理与计算 [M]. 北京: 中国水利水电出版社, 1996.

[12] Fellenius W. Erdstatiche Berechnungen mit Reibung and Kohasion [M]. German: Ernst Berlin, 1927.

[13] Janbu N. Earth pressures and bearing capacity calculations by generalized procedure of slices [C]. Proceeding of the fourth international conference on soil mechanics and foundation engineering, 1957 (2).

[14] Bishop A W. The use of the Slip Circle in the Stability Analysis of Slopes [J]. Géotechnique, 1955, 5 (1): 7-17.

[15] 潘家铮. 建筑物的抗滑稳定和滑坡分析 [M]. 北京: 水利出版社, 1980.

[16] 卢坤林, 朱大勇, 甘文宁, 等. 一种边坡稳定性分析的三维极限平衡法及应用 [J]. 岩土工程学报, 2013, 35 (12): 2276-2282.

[17] 郭子仪, 范振华, 朱云升, 等. 边坡稳定性分析中的有限元极限平衡法 [J]. 武汉理工大学学报 (交通科学与工程版), 2014, 38 (1): 79-84.

[18] 曾亚武, 田伟明. 边坡稳定性分析的有限元法与极限平衡法的结合 [J]. 岩石力学与工

程学报，2005（S2）：5355-5359.

[19] 张均锋，丁桦.边坡稳定性分析的三维极限平衡法及应用 [J].岩石力学与工程学报，2005（3）：365-370.

[20] Abramson L W, Lee T S. Slope stability and stabilization methods [J]. A Wiley-Interscience Publication, 2001.

[21] 王泳嘉，刑纪波.离散单元法及其在岩土力学中的应用 [M].沈阳：东北工学院出版社，1991.

[22] Itasca Consulting Group, Fast Lagrangian Analysis of Continua in 3 Dimension, Version 3.0, User's Manuals [M]. Minneapolis: Itasca Consulting Group, 2005.

[23] 石根华.块体系统不连续变形数值分析方法 [M].北京：科学出版社，1993.

[24] 辛格 V K，普拉萨德 M，达尔 B B，等.用数值模拟法进行露天矿边坡稳定性分析[J].国外金属矿山，1995（2）：7-14.

[25] 蔡跃，三谷泰浩，江琦哲郎.反倾层状岩体边坡稳定性的数值分析 [J].岩石力学与工程学报，2008，27（12）：2517-2522.

[26] 林杭，曹平.锚杆长度对边坡稳定性影响的数值分析 [J].岩土工程学报，2009，31（3）：470-474.

[27] Zienkiewicz O C, Humpheson C, Lewis R W. Associated and non-associated visco-plasticity and plasticity in soil mechanics [J]. Géotechnique, 1975, 25（4）：671-689.

[28] 赵尚毅，郑颖人，邓卫东.用有限元强度折减法进行节理岩质边坡稳定性分析 [J].岩石力学与工程学报，2003（2）：254-260.

[29] Ugai K, Leshchinsky D. Three-dimensional limit equilibrium and finite element analysis. Soils and Foundations, 1995, 49（6）：835-840.

[30] 马建勋，赖志生，蔡庆娥，等.基于强度折减法的边坡稳定性三维有限元分析 [J].岩石力学与工程学报，2004（16）：2690-2693.

[31] 傅立.灰色系统理论及其应用 [M].北京：科学技术文献出版社，1992.

[32] 陈新民，罗国煜.基于经验的边坡稳定性灰色系统分析与评价 [J].岩土工程学报，1999（5）：638-641.

[33] 白明洲，许兆义，王连俊，等.隧道围岩分级的模糊信息分析模型及应用研究 [J].铁道学报，2001（6）：85-88.

[34] 李华.基于模糊 AHP 的隧道围岩分级方法研究 [D].湖南：中南大学，2006.

[35] 柳厚祥，胡勇军，曹志伟，等.基于模糊聚类理论的公路边坡稳定性分区研究 [J].公路交通科技，2015，32（5）：49-55.

[36] 邬书良，周智勇，陈建宏，等.直觉模糊集 TOPSIS 的露天矿岩体质量评价 [J].中南大学学报（自然科学版），2016，47（7）：2463-2468.

[37] 周闻铨.矿山测量 [M].北京：煤炭工业出版社，1959.

[38] 彭小云，高德彬，毕选生，等.高陡边坡稳定性的概率分析 [J].长安大学学报（地球科学版），2003（3）：67-70.

[39] 彭长胜，杨有海.用人工神经网络评价边坡稳定性 [J].兰州铁道学院学报，2003（4）：98-100.

[40] 陈昌彦, 王思敬, 沈小克. 边坡岩体稳定性的人工神经网络预测模型 [J]. 岩土工程学报, 2001 (2): 157-161.

[41] 黄志全, 崔江利, 刘汉东. 边坡稳定性预测的混沌神经网络方法 [J]. 岩石力学与工程学报, 2004 (22): 3808-3812.

[42] 李育超, 凌道盛, 陈云敏, 等. 蒙特卡洛法与有限元相结合分析边坡稳定性 [J]. 岩石力学与工程学报, 2005 (11): 1933-1941.

[43] 肖专文, 张奇志, 梁力, 等. 遗传进化算法在边坡稳定性分析中的应用 [J]. 岩土工程学报, 1998 (1): 44-46.

[44] 张子新, 徐营, 黄昕. 块裂层状岩质边坡稳定性极限分析上限解 [J]. 同济大学学报 (自然科学版), 2010, 38 (5): 656-663.

[45] 方薇, 杨果林, 刘晓红. 非均质边坡稳定性极限分析上限法 [J]. 中国铁道科学, 2010, 31 (6): 14-20.

[46] Razdolsky A G. Slope stability analysis based on the direct comparison of driving forces and resisting forces [J]. Source: International Journal for Numerical and Analytical Methods in Geomechanics, 2007, 33 (8): 1123-1124.

[47] Razdolsky A G. Response to the criticism of the paper "Slope stability analysis based on the direct comparison of driving forces and resisting forces" [J]. Source: International Journal for Numerical and Analytical Methods in Geomechanics, 2011, 35 (9): 1076-1078.

[48] Baker R. Comment on the paper slope stability analysis based on the direct comparison of driving forces and resisting forces by Alexander G. Razdolsky [J]. International Journal for Numerical and Analytical Methods in Geomechanics, 2009, 33: 1123-1134.

[49] Razdolsky A G, Yankelevsky D Z, Karinski Y S. Analysis of slope stability based on evaluation of force balance [J]. Structural Engineering and Mechanics, 2005, 20 (3) 313-314.

[50] 郭明伟, 葛修润, 王水林, 等. 基于矢量和方法的边坡动力稳定性分析 [J]. 岩石力学与工程学报, 2011, 30 (3): 572-579.

[51] 郭明伟, 李春光, 葛修润, 等. 基于矢量和分析方法的边坡滑面搜索 [J]. 岩土力学, 2009, 30 (6): 1775-1781.

[52] 雷远见, 王水林. 基于离散元的强度折减法分析岩质边坡稳定性 [J]. 岩土力学, 2006, 27 (10): 1693-1698.

[53] 徐卫亚, 周家文, 邓俊晔, 等. 基于 Dijkstra 算法的边坡极限平衡有限元分析 [J]. 岩土工程学报, 2007, 29 (8): 1159-1172.

[54] 吴顺川, 金爱兵, 高永涛. 基于广义 Hoek-Brown 准则的边坡稳定性强度折减法数值分析 [J]. 岩土工程学报, 2006, 28 (11): 1975-1980.

[55] 宗全兵, 徐卫亚. 基于广义 Hoek-Brown 强度准则的岩质边坡开挖稳定性分析 [J]. 岩土力学, 2008, 29 (11): 3071-3076.

[56] 李湛, 栾茂田, 刘占阁. 渗流作用下边坡稳定性分析的强度折减弹塑性有限元法 [J]. 水利学报, 2006, 37 (5): 554-559.

[57] 唐春安, 李连崇, 李常文, 等. 岩土工程稳定性分析 RFPA 强度折减法. 岩石力学与工程学报, 2006, 25 (8): 1522-1530.

［58］ 李连崇，唐春安，邢军，等. 节理岩质边坡变形破坏的 RFPA 模拟分析［J］. 东北大学学报（自然科学版），2006，27（5）：559-562.

［59］ Cheng Y M, Lansivaara T, Wei W B. Reply to "comments on two-dimensional slope stability analysis by limit equilibrium and strength reduction methods"［J］. Computers and Geotechnics, 2008, 35（2）：309-311.

［60］ Bojorque J, De Roeck G, Maertens J. Comments on "Two-dimensional slope stability analysis by limit equilibrium and strength reduction methods"［J］. Computers and Geotechnics, 2008, 35（2）：305-308.

［61］ 蒋青青，胡毅夫，赖伟明. 层状岩质边坡遍布节理模型的三维稳定性分析［J］. 岩土力学，2009，30（3）：712-716.

［62］ 刘爱华，赵国彦，曾凌方，等. 矿山三维模型在滑坡体稳定性分析中的应用. 岩石力学与工程学报［J］. 2008，27（6）：1236-1242.

［63］ 王瑞红，李建林，刘杰. 考虑岩体开挖卸荷动态变化水电站坝肩高边坡三维稳定性分析［J］. 岩石力学与工程学报，2007，26（增1）：3515-3521.

［64］ Chih W L, Shing C L. Application of Finite Element Method for safety factor analysis of slope stability［C］. International Conference on Consumer Electronics, Communications and Networks（CECNet），2011：3954-3957.

［65］ D'Acunto B, Parente F, Urciuoli G. Numerical models for 2D free boundary analysis of groundwater in slopes stabilized by drain trenches［J］. Computers & Mathematics with Applications, 2007, 53（10）：1615-1626.

［66］ Li X. Finite element analysis of slope stability using a nonlinear failure criterion［J］. Source：Computers and Geotechnics, 2007, 34（3）：127-136.

［67］ 陈昌富，朱剑锋. 基于 Morgenstern-Price 法边坡三维稳定性分析［J］. 岩石力学与工程学报，2010，29（7）：1473-1480.

［68］ 邓东平，李亮，赵炼恒. 一种三维均质土坡滑动面搜索的新方法［J］. 岩石力学与工程学报，2010，29（增2）：3719-3727.

［69］ Brideau M A, Pedrazzini A, Stead D, et al. Three-dimensional slope stability analysis of South Peak, Crowsnest Pass, Alberta, Canada［J］. Landslides, 2011, 8（2）：139-158.

［70］ Muhsiung C. Three-dimensional stability analysis of the Kettleman Hills landfill slope failure based on observed sliding-block mechanism［J］. Computers and Geotechnics, 2005, 32（8）：587-599.

［71］ Griffiths D V, Marquez R M. Three-dimensional slope stability analysis by elasto-plastic finite elements［J］. Geotechnique, 2007（6）：537-546.

［72］ 高玮. 基于蚁群聚类算法的岩石边坡稳定性分析［J］. 岩土力学，2009，30（11）：3476-3480.

［73］ 徐兴华，尚岳全，王迎超. 基于多重属性区间数决策模型的边坡整体稳定性分析［J］. 岩石力学与工程学报，2010，29（9）：1840-1849.

［74］ 孙书伟，朱本珍，马惠民. 一种基于模糊理论的区域性高边坡稳定性评价方法［J］. 铁道学报，2010，32（3）：77-83.

［75］杨静，陈剑平，王吉亮. 均匀设计与灰色理论在边坡稳定性分析中的应用［J］. 吉林大学学报（地球科学版），2008，38（4）：654-658.

［76］刘思思，赵明华，杨明辉，等. 基于自组织神经网络与遗传算法的边坡稳定性分析方法［J］. 湖南大学学报（自然科学版），2008，35（12）：7-12.

［77］于怀昌，刘汉东，余宏明，等. 基于 FCM 算法的粗糙集理论在边坡稳定性影响因素敏感性分析中的应用［J］. 岩土力学，2008，29（7）：1889-1894.

［78］黄建文，李建林，周宜红. 基于 AHP 的模糊评判法在边坡稳定性评价中的应用［J］. 岩石力学与工程学报，2007，26（增1）：2627-2632.

［79］Xie S H，Rao W B. Analysis of RBF Neural Network in Slope Stability Estimation［J］. Source：Journal of Wuhan University of Technology（Information & Management Engineering），2009，31（5）：698-700.

［80］Sengupta A，Upadhyay A. Locating the critical failure surface in a slope stability analysis by genetic algorithm［J］. Applied Soft Computing，2009，9（1）：387-392.

［81］Zolfaghari A R，Heath A C，McCombie P F. Simple genetic algorithm search for critical non-circular failure surface in slope stability analysis［J］. Computers and Geotechnics，2005，32（3）：139-152.

［82］刘立鹏，姚磊华，陈洁，等. 基于 Hoek-Brown 准则的岩质边坡稳定性分析［J］. 岩石力学与工程学报，2010，29（增1）：2879-2886.

［83］邬爱清，丁秀丽，卢波，等. DDA 方法块体稳定性验证及其在岩质边坡稳定性分析中的应用［J］. 岩石力学与工程学报，2008，27（4）：664-672.

［84］高文学，刘宏宇，刘洪洋. 爆破开挖对路堑高边坡稳定性影响分析［J］. 岩石力学与工程学报，2010，29（增1）：2982-2987.

［85］沈爱超，李铀. 单一地层任意滑移面的最小势能边坡稳定性分析方法［J］. 岩土力学，2009，30（8）：2463-2466.

［86］许宝田，钱七虎，阎长虹，等. 多层软弱夹层边坡岩体稳定性及加固分析［J］. 岩石力学与工程学报，2009，28（增2）：3959-3964.

［87］黄宜胜，李建林，常晓林. 基于抛物线型 D-P 准则的岩质边坡稳定性分析［J］. 岩土力学，2007，28（7）：1448-1452.

［88］张永兴，宋西成，王桂林，等. 极端冰雪条件下岩石边坡倾覆稳定性分析［J］. 岩石力学与工程学报，2010，29（6）：1164-1171.

［89］周德培，钟卫，杨涛. 基于坡体结构的岩质边坡稳定性分析［J］. 岩石力学与工程学报，2008，27（4）：687-695.

［90］姜海西，沈明荣，程石，等. 水下岩质边坡稳定性的模型试验研究［J］. 岩土力学，2009，30（7）：1993-1999.

［91］李宁，钱七虎. 岩质高边坡稳定性分析与评价中的四个准则［J］. 岩石力学与工程学报，2010，29（9）：1754-1759.

［92］Zamani M. A more general model for the analysis of the rock slope stability［J］. Sadhana，2008，33（4）：433-441.

［93］Hadjigeorgiou J，Grenon M. Rock slope stability analysis using fracture systems［J］. International

Journal of Surface Mining, Reclamation and Environment, 2005, 19 (2): 87-99.

[94] 陈昌富, 秦海军. 考虑强度参数时间和深度效应边坡稳定性分析 [J]. 湖南大学学报 (自然科学版), 2009, 36 (10): 1-6.

[95] Kyung S C, Tae H K. Evaluation of slope stability with topography and slope stability analysis method [J]. KSCE Journal of Civil Engineering, 2011, 15 (2): 251-256.

[96] Turer D, Turer A. A simplified approach for slope stability analysis of uncontrolled waste dumps [J]. Waste Management & Research, 2011, 29 (2): 146-156.

[97] Legorreta-Paulin G, Bursik M. Logisnet: a tool for multimethod, multiple soil layers slope stability analysis [J]. Computers & Geosciences, 2009, 35 (5): 1007-1016.

[98] Conte E, Silvestri F, Troncone A. Stability analysis of slopes in soils with strain-softening behaviour [J]. Computers and Geotechnics, 2010, 37 (5): 710-722.

[99] Huat B B K, Ali F H, Rajoo R S K. Stability analysis and stability chart for unsaturated residual soil slope [J]. American Journal of Environmental Sciences, 2006, 2 (4): 154-159.

[100] Chen W W, Jung-Tz L, Ji-Hao L, et al. Development of the vegetated slope stability analysis system [J]. Journal of Software Engineering Studies, 2009, 4 (1): 16-25.

[101] Roberto M, Del-Marco D, Erica B, et al. Dynamic slope stability analysis of mine tailing deposits: the case of Raibl Mine [J]. AIP Conference Proceedings, 2008, 1020: 542-549.

[102] Kalinin E V, Panas'yan L L, Timofeev E M. A New Approach to Analysis of Landslide Slope Stability [J]. Moscow University Geology Bulletin, 2008, 63 (1): 19-27.

[103] Perrone A, Vassallo R, Lapenna V, et al. Pore water pressures and slope stability: a joint geophysical and geotechnical analysis [J]. Journal of Geophysics and Engineering, 2008, 5 (3): 323-337.

[104] Navarro V, Yustres A, Candel M, et al. Sensitivity analysis applied to slope stabilization at failure [J]. Computers and Geotechnics, 2010, 37 (7-8): 837-845.

[105] Bui H H, Fukagawa R, Sako K, et al. Slope stability analysis and discontinuous slope failure simulation by elasto-plastic smoothed particle hydrodynamics (SPH) [J]. Geotechnique, 2011, 61 (7): 565-574.

[106] 王栋, 金霞. 考虑强度各向异性的边坡稳定有限元分析 [J]. 岩土力学, 2008, 29 (3): 667-672.

[107] 周家文, 徐卫亚, 邓俊晔, 等. 降雨入渗条件下边坡的稳定性分析 [J]. 水利学报, 2008, 39 (9): 1066-1072.

[108] 吴长富, 朱向荣, 尹小涛, 等. 强降雨条件下土质边坡瞬态稳定性分析 [J]. 岩土力学, 2008, 29 (2): 386-391.

[109] 廖红建, 姬建, 曾静. 考虑饱和-非饱和渗流作用的土质边坡稳定性分析 [J]. 岩土力学, 2008, 29 (12): 3229-3234.

[110] 刘才华, 陈从新. 地震作用下岩质边坡块体倾倒破坏分析 [J]. 岩石力学与工程学报, 2010, 29 (增1): 3193-3198.

[111] 谭儒蛟, 李明生, 徐鹏逍, 等. 地震作用下边坡岩体动力稳定性数值模拟 [J]. 岩石力

学与工程学报，2009，28（增2）：3986-3992.

[112] 张国栋，刘学，金星，等 . 基于有限单元法的岩土边坡动力稳定性分析及评价方法研究进展 [J]. 工程力学，2008，25（增2）：44-52.

[113] Presti D, Fontana T, Marchetti D. Slope stability analysis in seismic areas of the northern apennines（Italy）[J]. AIP Conference Proceedings, 2008, 1020: 525-534.

[114] Latha G M, Garaga A. Seismic Stability Analysis of a Himalayan Rock Slope [J]. Rock Mechanics and Rock Engineering, 2010, 43（6）: 831-843.

[115] Chehade F H, Sadek M, Shahrour I. Non linear global dynamic analysis of reinforced slopes stability under seismic loading [C]. International Conference on Advances in Computational Tools for Engineering Applications（ACTEA）, 2009: 46-51.

[116] Li A J, Lyamin A V, Merifield R S. Seismic rock slope stability charts based on limit analysis methods [J]. Computers and Geotechnics, 2009, 36（1-2）: 135-148.

[117] 高荣雄，龚文惠，王元汉，等 . 顺层边坡稳定性及可靠度的随机有限元分析法 [J]. 岩土力学，2009，30（4）：1165-1169.

[118] 谭晓慧 . 边坡稳定的非线性有限元可靠度分析方法研究 [D]. 合肥：合肥工业大学，2008.

[119] 吴振君，王水林，汤华，等 . 一种新的边坡稳定性因素敏感性分析方法——可靠度分析方法 [J]. 岩石力学与工程学报，2010，29（10）：2050-2055.

[120] Abbaszadeh M, Shahriar K, Sharifzadeh M, et al. Uncertainty and Reliability Analysis Applied to Slope Stability: A Case Study From Sungun Copper Mine [J]. Geotechnical and Geological Engineering, 2011, 29（4）: 581-596.

[121] Massih D Y A, Harb J. Application of reliability analysis on seismic slope stability [C]. International Conference on Advances in Computational Tools for Engineering Applications（ACTEA）, 2009: 52-57.

[122] 徐卫亚，蒋中明 . 岩土样本力学参数的模糊统计特征研究 [J]. 岩土力学，2004，25（3）：342-346.

[123] 徐卫亚，蒋中明，石安池 . 基于模糊集理论的边坡稳定性分析 [J]. 岩土工程学报，2003，25（4）：409-413.

[124] 蒋中明，张新敏，徐卫亚 . 岩土边坡稳定性分析的模糊有限元方法研究 [J]. 岩土工程学报，2005，27（8）：922-927.

[125] 蒋坤，夏才初 . 基于不同节理模型的岩体边坡稳定性分析 [J]. 同济大学学报（自然科学版），2009，37（11）：1440-1445.

[126] 冯树荣，赵海斌，蒋中明 . 节理岩体边坡稳定性分析新方法 [J]. 岩土力学，2009，30（6）：1639-1642.

[127] 陈安敏，顾欣，顾雷雨，等 . 锚固边坡楔体稳定性地质力学模型试验研究 [J]. 岩石力学与工程学报，2006，25（10）：2092-2101.

[128] Yoon W S, Jeongu J, Kim J H. Kinematic analysis for sliding failure of multi—faced rock slopes [J]. Engineering Geology, 2002, 67（1）: 51-61.

[129] 李爱兵，周先明 . 露天采场三维楔形滑坡体的稳定性研究 [J]. 岩石力学与工程学报，

2002，21（1）：52-55.

［130］陈祖煜，汪小刚，邢义川，等．边坡稳定分析最大原理的理论分析和试验验证［J］．岩土工程学报，2005，27（5）：495-499.

［131］Chen Z Y. A generalized solution for tetrahedral rock wedge stability analysis［J］. International Journal of Rock Mechanics and Mining Sciences，2004，41（4）：613-628.

［132］Nouri H，Fakher A，Jones C J F P. Development of Horizontal slice Method for seismic stability analysis of reinforced slopes and walls［J］. Geotextiles and Geomembranes，2006，24（2）：175-187.

［133］Kumsar H，Aydano U R. Dynamic and static stability assessment of rock slope against wedge failures［J］. Rock Mechanics and Rock Engineering，2000，33（1）：31-51.

［134］McCombie P F. Displacement based multiple wedge slope stability analysis［J］. Computers and Geotechnics，2009，36（1-2）：332-341.

［135］刘志平，何秀凤，何习平．基于多变量最大 Lyapunov 指数高边坡稳定分区研究［J］．岩石力学与工程学报，2008，22（增2）：3719-3724.

［136］黄润秋，唐世强．某倾倒边坡开挖下的变形特征及加固措施分析［J］．水文地质工程地质，2007（6）：49-54.

［137］曹平，张科，汪亦显，等．复杂边坡滑动面确定的联合搜索法［J］．辽宁工程技术大学学报，2010，29（4）：814-821.

［138］Nizametdinov F K，Urdubayev R A，Ananin A I，et al. Methodology of Valuating Deep Open Pit Slopes State and Zoning By Stability Factor［J］. Transactions of University，Karaganda State Technical University，2010（4）：44-46.

［139］乔兰，蔡美峰，李长洪．应力解除法若干新技术在某金矿地应力场测量中的应用［J］．华北水利水电学院学报，1994（4）：79-84.

［140］刘允芳．在同一钻孔中水压致裂法地应力测量与套钻孔应力解除法测量成果的比较［J］．地震研究，1995（1）：80-85.

［141］张飞，赵亚军，龙华．地应力测量的智能化［J］．包头钢铁学院学报，1997（2）：88-91.

［142］王衍森，吴振业．基于有限元模型的三维地应力求解方法［J］．岩土工程学报，2000（4）：426-429.

［143］葛修润，侯明勋．一种测定深部岩体地应力的新方法——钻孔局部壁面应力全解除法［J］．岩石力学与工程学报，2004（23）：3923-3927.

［144］葛修润，侯明勋．三维地应力 BWSRM 测量新方法及其测井机器人在重大工程中的应用［J］．岩石力学与工程学报，2011，30（11）：2161-2180.

［145］杨仁树，陈骏，薛华俊，等．应力解除法测量煤矿地应力精度的影响因素研究［J］．中国矿业，2014，23（8）：136-139.

［146］刘世煌．试谈在峡谷地区用水压致裂法测量原始地应力的精度［J］．西北水电，1991（3）：48-51.

［147］刘允芳．水压致裂法地应力测量的校核和修正［J］．岩石力学与工程学报，1998（3）：297-304.

[148] 刘允芳, 罗超文, 景锋. 水压致裂法三维地应力测量及其修正和工程应用 [J]. 岩土工程学报, 1999 (4): 465-470.

[149] 韩金良, 吴树仁, 谭成轩, 等. 东秦岭东江口花岗岩体水压致裂法与 AE 法地应力测量对比研究 [J]. 岩石力学与工程学报, 2007 (1): 81-86.

[150] 梁海林. 用声发射监测与预测边坡变形可行性研究 [J]. 露天采煤技术, 1998 (3): 17-20.

[151] 曹振兴, 彭勃, 王长伟, 等. 声发射与电磁辐射综合监测预警技术 [J]. 煤矿安全, 2010, 41 (11): 58-60, 64.

[152] 唐然. 监测技术及其在滑坡防治过程中的应用研究 [D]. 成都: 成都理工大学, 2007.

[153] Glade T. Models of antecedent rainfall and soil water statusapplied to different regions in New Zealand [J]. In: 23rd general assembly of the European Geophysical Society; hydrology, oceans & atmosphere, Anonymou, Annales Geophysicae, 2008, 16 (Suppl.): 24-70.

[154] Caine N. The rainfall intensity-duration control of shallow landslides and debris flows [J]. Geografiska Annaler. Series A: Physical Geography, 1980, 62 (1-2): 23-27.

[155] Band E W, Premchitt J. Relationship between rainfall and landslide in HongKong [C]. Proceeding 4th International Symposium Landslides, Toronto, 1984: 1377-1384.

[156] Cannon S H, Ellen S D. Rainfall conditions for abundant debris avalanches, San Francisco Bay region, California [J]. California Geology, 1985, 38 (12): 267-272.

[157] Wieczorek G F. Effect of Rainfall Intensity and Duration on Debris Flows in Central Santa Cruz Mountains, California [M]. Debris Flows/Avalanches: Processes, 1987.

[158] 谢剑明, 刘礼领, 殷坤龙, 等. 浙江省滑坡灾害预警预报的降雨阀值研究 [J]. 地质科技情报, 2003 (4): 101-105.

[159] 张珍, 李世海, 马力. 重庆地区滑坡与降雨关系的概率分析 [J]. 岩石力学与工程学报, 2005 (17): 3185-3191.

[160] 丁继新, 尚彦军, 杨志法, 等. 降雨型滑坡预报新方法 [J]. 岩石力学与工程学报, 2004 (21): 3738-3743.

[161] 李铁锋, 丛威青. 基于 Logistic 回归及前期有效雨量的降雨诱发型滑坡预测方法 [J]. 中国地质灾害与防治学报, 2006 (1): 33-35.

[162] Hosseyni S, Bromhead E N, Majrouhi S J. Real-time landslides monitoring and warning using RFID technology for measuring ground water level [J]. WIT Transactions on the Built Environment, 2011, 119: 45-54.

[163] 陈梦熊, 马凤山. 中国地下水资源与环境 [M]. 北京: 地震出版社, 2002.

[164] 孙华芬. 尖山磷矿边坡监测及预测预报研究 [D]. 昆明: 昆明理工大学, 2014.

[165] 何秀凤, 桑文刚, 贾东振. 基于 GPS 的高边坡形变监测方法 [J]. 水利学报, 2006 (6): 746-750.

[166] 王劲松, 陈正阳, 梁光华. GPS 一机多天线公路高边坡实时监测系统研究 [J]. 岩土力学, 2009, 30 (5): 1532-1536.

[167] Strozzi T, Farina P, Corsini A, et al. Survey and monitoring of landslide displacements by means of L-band satellite SAR interferometry [J]. Landslides, 2005, 2 (3): 193-201.

[168] 董秀军，黄润秋．三维激光扫描技术在高陡边坡地质调查中的应用［J］．岩石力学与工程学报，2006（S2）：3629-3635.

[169] 董秀军．三维激光扫描技术及其工程应用研究［D］．成都：成都理工大学，2007.

[170] Rau J Y, Chang K T, Shao Y C, et al. Semi-automatic shallow landslide detection by the integration of airborne imagery and laser scanning data［J］．Natural Hazards, 2012, 61（2）：469-480.

[171] 杨红磊，彭军还，崔洪曜．GB-InSAR 监测大型露天矿边坡形变［J］．地球物理学进展，2012，27（4）：1804-1811.

[172] 谭捍华，傅鹤林．TDR 技术在公路边坡监测中的应用试验［J］．岩土力学，2010，31（4）：1331-1336.

[173] 彭小平．基于 TDR 技术的边坡自动化监测系统的应用分析［J］．黑龙江交通科技，2015，38（9）：23-24.

[174] 朱正伟．边坡监测的复合光纤装置法研究及其应用［D］．重庆：重庆大学，2011.

[175] Wang B J, Li K, Shi B, et al. Test on application of distributed fiber optic sensing technique into soil slope monitoring［J］．Landslides, 2009, 6（1）：61-68.

[176] 李爱国，岳中琦，谭国焕，等．香港某边坡综合自动监测系统的设计和安装［J］．岩石力学与工程学报，2003（5）：790-796.

[177] 丁新启，张华，李运．采空区影响下的高边坡稳定性综合分析［J］．有色金属（矿山部分），2009，61（3）：39-43.